U0876804

国家级一流本科专业建设成果教材

石油和化工行业“十四五”规划教材

化工专业实验及虚拟仿真

叶向群　主编

徐佳慧　黄正梁　黄灵仙　副主编

化学工业出版社

·北京·

内容简介

《化工专业实验及虚拟仿真》为化工专业实验课程教材，包含实验基础知识和化工实验项目。基础知识涵盖实验规范、技术及报告撰写，重点培养学生的实验安全意识。实验项目涉及化工热力学、化学反应工程、化工工艺学、高分子化学、药物合成及制药分离工程等多门化工专业课程。

本书采用虚拟仿真与实体实验相结合的方式，支持线下、线上以及线上线下混合式的实验教学模式，适合用作普通高等学校化学工程与工艺及相关专业学生的化工专业实验教材，也可作为相关专业技术人员的参考用书。

图书在版编目（CIP）数据

化工专业实验及虚拟仿真 / 叶向群主编 ； 徐佳慧，黄正梁，黄灵仙副主编. -- 北京 ： 化学工业出版社，2025. 9. --（石油和化工行业“十四五”规划教材）（国家级一流本科专业建设成果教材）. -- ISBN 978-7-122-49068-1

Ⅰ. TQ016

中国国家版本馆 CIP 数据核字第 2025EY5553 号

责任编辑：任睿婷　杜进祥　　　文字编辑：崔婷婷
责任校对：宋　玮　　　装帧设计：关　飞

出版发行：化学工业出版社（北京市东城区青年湖南街 13 号　邮政编码 100011）
印　　装：北京科印技术咨询服务有限公司数码印刷分部
787mm×1092mm　1/16　印张 12¾　字数 312 千字
2026 年 1 月北京第 1 版第 1 次印刷

购书咨询：010-64518888　　　售后服务：010-64518899
网　　址：http://www.cip.com.cn
凡购买本书，如有缺损质量问题，本社销售中心负责调换。

定　　价：39.00 元

前言

化工专业实验课程是化工专业教育体系中不可或缺的重要组成部分，涵盖了化工热力学、化学反应工程、化工工艺学、高分子化学、药物合成及制药分离工程等核心理论课程的实践环节。作为一门必修的实践课程，它不仅为学生提供了将理论知识应用于实际操作的机会，还培养了学生的创新思维和解决问题的能力。

基于多年化工实验教学，浙江大学化工实验教学中心积累了丰富的教学资源。在当今信息化、智能化的时代，我们致力于采用计算机网络、虚拟现实（VR）、增强现实（AR）等先进技术，推动线上线下混合式实验教学模式的改革与创新。这种教学模式不仅突破了传统实验教学的时间和空间限制，还极大地提升了学生的学习兴趣和实验效果。通过虚拟仿真实验与实体实验的有机结合，学生可以在虚拟环境中进行预实验，熟悉实验流程和操作要点，再通过实体实验进行验证和深化，从而获得更加全面和深入的学习体验。本教材的编写正是基于这一教学理念，采用实体实验与虚拟仿真实验相结合的方式，力求为化工专业实验教学提供一套系统、科学、实用的教学资源。

本教材内容结构清晰、层次分明，严格按照化工专业实验的教学大纲进行编排。全书分为实验基础知识、化工专业基础实验和化工专业综合实验三大部分。其中，实验基础知识部分包括化工专业实验规范、化工专业实验技术以及实验报告撰写三个章节，旨在为从事化工实验工作的相关人员提供扎实的基础知识和操作技能。第 4 章和第 5 章则重点介绍了实体实验与虚拟仿真实验相结合的具体项目，内容涵盖了典型的化工专业实验项目以及基于科研成果的新型实验项目，如高分子加工与合成类实验、药物合成反应类实验、制药分离工程类实验以及微反应器实验等。每个实验项目均通过实验背景的介绍，激发学生的学习兴趣和探索欲望，相关的虚拟仿真实验则可以通过线上平台进行拓展和延伸。

本教材在课程思政建设方面进行了系统化设计，将思政教育融入化工专业实验教学全过程。通过实验项目和课堂讨论环节，提出问题，引导学生深入思考化工行业的发展方向与技术创新路径，着力培养学生的工程伦理意识和社会责任感，激发学生的家国情怀和创新精神。

本书由叶向群担任主编，负责全书的统筹与定稿工作。第 1 章至第 4 章由徐佳慧编写，第 5 章由黄正梁编写，黄灵仙、李勇和介素云参与了部分实验内容的编写工作。本书的编写也得益于浙江大学前辈教师们多年来的经验积累，在此向他们致以诚挚的感谢。

由于编者水平所限，书中难免存在疏漏与不足之处，恳请广大师生及相关专家不吝赐教，提出宝贵意见与建议。

编者

2025 年 3 月

目录

第0章

绪论

第一节　化工专业实验开设的目的和意义

“三传一反”（动量传递、热量传递、质量传递及化学反应工程）是化学工程学科的核心理论基础，其对应的化工专业实验在化工课程体系中占据重要地位。化工专业实验不仅是理论知识的实践延伸，更是培养学生工程思维和创新能力的关键途径。本化工专业实验课程体系涵盖了化工热力学、化学反应工程、化工工艺学、高分子化学等专业理论课程的实验环节，紧密契合新工科建设背景下化工新兴产业领域的发展需求。通过实验教学，学生能够深入理解化工过程的本质，掌握从实验室研究到工业化生产的全流程思维。

本课程旨在培养学生建立系统的工程观念，提升实验操作技能、团队协作能力及科研创新能力，使学生掌握规范的实验操作方法，强化将理论知识应用于解决工程实际问题的能力，同时增强其环保意识与安全防范意识。在当今绿色化工和可持续发展的背景下，实验课程还特别注重培养学生的绿色化学理念，引导学生在实验设计和操作中减少资源消耗和环境污染。本教材所涉及的化工专业实验项目主要包括精细有机合成及检测、高分子化合物合成及加工、不同类型反应器流动特性研究等前沿领域，旨在为学生提供从基础到前沿的全面实验训练。

第二节　化工专业实验分类

本教材将化工专业实验体系科学划分为基础性实验和综合性实验两大模块，通过循序渐进的实验内容设计，帮助学生逐步掌握化工实验的核心技能，并培养其解决复杂工程问题的能力。

基础性实验模块着重于化工专业课程基本理论知识的实验演示与验证，以及基础合成实验操作。通过该模块可以夯实学生的化工实验基础技能，巩固专业理论知识体系。实验项目设计遵循循序渐进的原则，由浅入深、由简至繁，确保学生能够在掌握基本操作技能的同时，逐步理解化工过程的本质。本教材共设置八项基础性实验，包括：汽液平衡数据的测定、CO_2临界状态观测及 p-V-T 关系测试、乙酸乙酯水解反应动力学的测试、多釜串联流动特性的测定、膨胀计法测定聚合反应速率、有机玻璃的制备、间溴硝基苯的合成、固体酸催化酯化合成乙酸丁酯。

综合性实验模块是在学生具备扎实的专业理论知识和基本实验技能的基础上，通过整合多门课程知识体系，对学生实验技能和工程能力进行系统化训练的高阶实验环节。该模块着重培养学生运用专业理论知识研究和解决化工生产过程中实际工程问题的能力。通过综合性实验，学生能够将理论知识与实际工程问题相结合，提升其综合分析能力和创新思维。本教材共设置八项综合性实验，包括：气固流化床反应器的流化特性研究、瞬间快速反应法测定气膜和液膜传质系数、乙苯脱氢制苯乙烯工艺研究、釜式反应器混合特性研究、对映异构体的分离技术、阿司匹林的合成工艺、PVC 抗冲改性剂 ACR 的制备及性能测试、微反应器中气液两相流动特性研究。

将基础性实验与综合性实验有机结合，可以系统性地培养学生的实验操作技能和工程实践能力。循序渐进的教学模式不仅夯实了学生的化工实验基础，更注重培养其创新思维和解决复杂工程问题的能力，为未来从事科研创新和工程实践奠定坚实基础。

第 1 章

化工专业实验规范

第一节 实验室安全守则

① 严格遵守实验室各类安全管理规定，严格按照仪器设备操作规程进行实验操作。

② 不得在实验室内留宿，禁止与实验无关的外来人员进入实验室。

③ 不得在实验室区域内使用明火、吸烟、饮食，不单独在实验室进行危险实验操作。

④ 对于剧毒化学品、第一类易制毒化学品，严格遵守双人保管、双人收发、双人使用、双人运输、双人双锁的“五双”制度。精确计量和记录上述化学品的使用情况，防止被盗、丢失、误领、误用。

⑤ 对于管控类的易制毒、易制爆、麻醉类及精神类化学品，使用和存储时按照学校相关管理规定执行。

⑥ 危险性气体（包括氢气、笑气、各种氮氧化物、乙炔、乙烯、氨气、液化石油气、氯气、硅烷、一氧化碳、二氧化硫、硫化氢等）以及压力设备在使用前必须向实验室安全责任人申报，实验室安全责任人必须亲自审查，确认过程安全后方可准许使用。

⑦ 禁止在无人情况下将实验设备开机过夜，特殊情况需预先备案并采取安全措施或值班措施。

⑧ 伴有电加热、电动搅拌、磁力搅拌及其他动力装置和使用加压设备、易燃气体及有毒气体钢瓶的化学反应及反应物后处理过程中，实验人员不得擅自离开实验装置。

⑨ 严禁将易燃、易爆化学试剂存储于未经防爆改装的非防爆冰箱中。

⑩ 实验废液应分类收集并交由专业机构处理，严禁将实验废液倒入实验室水槽，排入下水道。

⑪ 严格执行实验室安全、卫生、值日登记制度。

⑫ 实验结束后，关闭水、电、门、窗等设施后方可离开实验室。

第二节 科学实验学术规范

参与实验的人员必须秉持严谨、端正的态度，恪守客观诚实的原则，严格遵守实验操作规程，尊重他人的研究成果，养成良好的实验习惯。实验数据是实验结果的核心依据，必须确保原始数据和实验现象的真实、完整和及时记录。

① 确保实验操作和技术的可靠性，保证数据的客观真实性，严禁任何形式的臆想或虚构。

② 保持原始实验数据的完整性，不得随意舍弃任何实测数据点。

③ 严禁以任何理由对原始数据进行人为加工或篡改。

④ 数据记录应与数据获取同步进行，禁止事后回忆记录。原始数据应妥善保存并备份。

⑤ 不得删除或涂改实验数据和现象的记录。如需改正错误记录，应确保原错误描述清晰可见，并在修改处签名，注明修改时间及原因。

⑥ 对于失败的实验，应根据实验现象和数据，深入分析原因，必要时重新进行实验。

第三节　化学反应过程危险性

原国家安监总局分两批编制的《重点监管的危险化工工艺目录》和《重点监管的危险化工工艺安全控制要求、重点监控参数及推荐的控制方案》列出了 18 类危险化工工艺，包括光气及光气化工艺、电解工艺、氯化工艺、硝化工艺、合成氨工艺、裂解工艺、氟化工艺、加氢工艺、重氮化工艺、氧化工艺、过氧化工艺、胺基化工艺、磺化工艺、聚合工艺、烷基化工艺、新型煤化工工艺、电石生产工艺、偶氮化工艺等。结合化工专业实验课程涉及的反应过程，各类反应过程主要存在的危险性如下[1]。

（1）电解反应

电解反应是指电流通过电解质溶液或熔融电解质时，在两个电极上引发的化学变化。该过程存在高强度电流和危险化学品的双重风险。例如，在氯碱生产过程中，电解食盐水会产生易燃的氢气和剧毒的氯气。这两种气体混合后极易发生爆炸，尤其是当氯气中氢含量超过5%时，遇光照或受热可能引发爆炸。

（2）氯化反应

氯化是向化合物的分子中引入氯原子的反应。氯化反应过程存在多种危险性，尤其在较高温度下进行氯化反应时反应更为剧烈，反应速率快，放热量较大。所用的原料大多具有燃爆危险性。常用的氯化剂氯气本身为剧毒化学品，氧化性强，储存压力较高，一旦泄漏危险性较大。氯气中的杂质，如水、氢气、氧气、三氯化氮等，特别是三氯化氮积累后，容易引发爆炸危险。生成的氯化氢气体遇水后生成盐酸，腐蚀性强。氯化反应尾气则可能形成爆炸性混合物。

（3）硝化反应

硝化反应是指在有机化合物分子中引入硝基（$—NO_2$），取代氢原子而生成硝基化合物的反应。这类反应均为放热反应，其危险特点表现在反应速率快，放热量大，容易引起局部过热而发生事故。尤其在硝化反应开始阶段，停止搅拌或由于搅拌叶片脱落等造成搅拌失效是非常危险的，一旦搅拌再次启动，就会引发局部激烈反应，瞬间释放大量的热量而引起爆炸事故。反应物料具有燃爆危险性。硝化剂具有强腐蚀性和强氧化性，与油脂、有机化合物（尤其是不饱和有机化合物）接触即能引起燃烧或爆炸，硝化产物、副产物也具有爆炸危险性。

（4）氟化反应

氟化反应是通过向化合物分子中引入氟原子来实现的。反应物料通常具有燃爆性，且反应为强放热过程，若热量未能及时移除，可能导致超温超压，进而引发设备爆炸。此外，大多数氟化剂具有强腐蚀性和剧毒性，操作不当或泄漏可能造成严重危害。

（5）氧化反应

广义上来说，失电子为氧化反应，得电子为还原反应。有机反应中将有机物引入氧或脱去氢的过程称为氧化；引入氢或失去氧的过程称为还原。一般物质与氧气发生氧化时放热，物质与氧缓慢反应缓缓发热而不发光的氧化为缓慢氧化，如金属锈蚀、生物呼吸等。该类反应危险特点表现在反应原料及产品具有燃爆危险性，如氯酸钾、高锰酸钾、铬酸酐、氧气等都属于具有燃爆危险性的氧化剂，如遇高温或受撞击、摩擦以及与有机物、酸类接触，皆能引起火灾爆炸。反应气相组成容易达到爆炸极限，具有闪爆危险。某些氧化反应易生成过氧化物，其化学稳定性差，受高温、摩擦或撞击作用易分解而发生燃烧或爆炸。

（6）氨化反应

氨化反应通常为放热反应，但放热强度较低。其主要危险在于氨气泄漏可能导致中毒，且氨气具有强碱性，可能引发腐蚀。

（7）磺化反应

磺化反应是指在有机化合物分子中引入磺酸基（$—SO_3H$）的反应。常用的磺化剂（如硫酸）具有强氧化性，反应为放热过程，遇易燃物质可能引发火灾。此外，磺化试剂具有强腐蚀性，操作时需格外注意。

（8）中和反应

中和反应的危险主要来源于反应热量的释放。反应进行的速率越快，热量的释放过程越集中，危险性就越大。降低反应物浓度、控制反应温度，都是行之有效的安全措施。

（9）聚合反应

聚合反应是将小分子化合物转化为大分子化合物（聚合物）的过程。反应中使用的单体、溶剂、引发剂和催化剂多具有易燃易爆性，且反应通常在高压下进行，反应速率快且不易控制，容易引发火灾或爆炸。随着反应的进行，产物分子量增加，体系黏度增大，可能导致局部过热。若反应热未能及时导出，或发生停水、停电、搅拌故障等情况，可能引发挂壁、堵塞，甚至飞温爆炸。此外，聚合反应中使用的引发剂多为过氧化物或偶氮类化合物，活性极强，一旦失控可能导致爆聚，引发爆炸。

（10）加氢反应

加氢反应是指在有机化合物分子中引入氢原子的过程。反应物料具有燃爆性，氢气的爆炸极限范围宽（4%～75%），燃爆风险极高。加氢反应为强放热反应，氢气在高温高压下与钢材接触可能导致氢脆，降低设备强度。此外，加氢催化剂的再生和活化过程也可能引发爆炸，尾气中未完全反应的氢气与其他物质混合时易引发着火或爆炸。

（11）脱氢反应

脱氢反应是指在高温及催化剂（如氧化铬、氧化铁）或脱氢剂（如硫、硒）存在的条件下，有机化合物分子脱去氢原子的过程。脱氢反应可分为热脱氢和催化脱氢，工业生产中以催化脱氢为主。催化脱氢包括碳-氢键、氧-氢键和氮-氢键的脱氢，以及有氧参与的氧化脱氢。脱氢过程通常在高温下进行，例如乙苯脱氢制苯乙烯的反应温度高达540～600℃，需注意高温部件的烫伤风险。脱氢产物氢气为极易燃易爆气体，且催化剂若局部过热可能烧结并堵塞通道，导致反应器内压力骤增，引发爆炸。

第四节 危险化学品信息及应急处理方式

一、实验室常用危险化学品种类

化工专业实验中常使用易燃、易爆及有毒物质，主要包括以下几类[2]。

（1）爆炸品

爆炸品在热力学上极不稳定，受到轻微摩擦、撞击、高温等因素的激发即发生剧烈的化学变化，短时间内释放大量气体和热量，导致周围压力急剧上升，发生爆炸，对周围环境造成破坏，并伴有热和光等效应。此外，无整体爆炸危险但具有燃烧、抛射及较小爆炸危险的物质也属于爆炸品，如过氧化物、氮的卤化物、硝基或亚硝基化合物、乙炔类化合物等。

（2）可燃气体

可燃气体遇火、受热或与氧化剂相接触能引起燃烧或爆炸，如氢气、甲烷、乙烯、煤气、液化石油气、一氧化碳等。

（3）易燃液体

易燃液体在常温下呈液态，具有挥发性，闪点低，如乙醚、丙酮、汽油、苯、乙醇等。

（4）易燃固体

易燃固体遇火、受热、撞击、摩擦或与氧化剂接触能燃烧，如木材、石蜡、合成纤维等。化学药品中的五硫化磷、三硫化磷等也属于易燃固体。易自燃的物质包括发火物质和自热物质，如白磷、三乙基铝等。遇水自燃物是指与水接触时能发生剧烈化学反应，释放易燃气体和热量，甚至引起燃烧或爆炸的物质，如钾、钠、电石等。

（5）氧化性物质和有机过氧化物

氧化性物质本身不一定可燃，但通常因放出氧或发生氧化反应而引起或促使其他物质燃烧，如过氧化钠、高氯酸钾等。有机过氧化物是指分子结构含有过氧基的有机物质，具有热不稳定性，可能发生放热的自加速分解反应。该类物质还可能具有以下一种或数种性质：①发生爆炸性分解；②迅速燃烧；③对碰撞或摩擦敏感；④与其他物质起危险反应；⑤损害眼睛，如过氧化苯甲酰、过氧化甲乙酮等。

（6）毒性物质和感染性物质

毒性物质是指人类或动物经吞食、吸入或皮肤接触后可能严重受伤或有损健康甚至造成死亡的物质，大多数危险化学品均有一定的毒性。感染性物质是指含有病原体的物质，包括生物制品、诊断样品、基因突变的微生物、生物体和其他媒介，如病毒蛋白等。

（7）腐蚀性物质

腐蚀性物质是通过化学作用使生物组织接触时造成严重损伤，或渗漏时会严重损害甚至毁坏其他货物或运输工具的物质，如硫酸、盐酸、氢氧化钠等。

二、化工专业实验常用易燃易爆化学品信息

化工专业实验防燃防爆的关键在于对易燃物和易爆物的用量及其蒸气浓度进行有效控制。部分可燃气体和蒸气的爆炸极限见表 1.1[2]。

表 1.1　部分可燃气体和蒸气的爆炸极限

物质名称	化学式	沸点/℃	闪点/℃	自燃点/℃	爆炸极限（体积分数）
氢气	H_2	−252.3	—	510	4.0%～75%
苯乙烯	$C_6H_5CH{=}CH_2$	145	32	490	1.1%～6.1%
乙苯	$C_6H_5CH_2CH_3$	36.2	15	420	0.9% ～3.9%
一氧化碳	CO	−192.2	—	651	12.5%～74%
氨	NH_3	−33	—	—	16%～27%
乙烯	$CH_2{=}CH_2$	−103.9	—	540	3.1%～32%
丙烯	$CH_3CH{=}CH_2$	−47	—	460	2.4%～10.3%
丙烯腈	$CH_2{=}CHCN$	77	0～25	480	3%～17%
乙炔	$CH{\equiv}CH$	−84	—	335	2.3%～32%
苯	C_6H_6	81.1	−15	580	1.4%～7.1%
甲醇	CH_3OH	64.7	9.5	455	6%～36.5%
乙醛	CH_3CHO	20.8	−40	175	4%～57%
乙醇	CH_3CH_2OH	78.8	11	423	3.01%～20%
异丙醇	$CH_3CHOHCH_3$	82.5	12	400	2%～12%
丙酮	CH_3COCH_3	56.5	−17	500	2.2%～13%
乙醚	$(CH_3CH_2)_2O$	34.6	−45	180	1%～48%

三、防燃防爆措施

① 控制易燃易爆物的用量，原则上应按照实际需求领取，用多少领多少。剩余物品必须存放于防爆药品柜内，严禁随意放置。

② 加强室内的通风，确保实验室内易燃易爆物质在空气中的浓度低于其爆炸下限的1/4。

③ 加强密闭，在使用和处理易燃易爆物质（气体、液体、粉尘）时，确保容器、设备和管道的密闭性，防止泄漏。

④ 在爆炸性混合物中充入惰性气体，以缩小或消除爆炸范围，并有效制止火势蔓延。

⑤ 管理好明火及高温设备，在有易燃易爆物质的场所，严禁使用明火（如电热板、开式电炉、电烘箱、马弗炉、煤气灯等）及白炽灯照明。

⑥ 实验室内严禁吸烟。

⑦ 摩擦和冲击可能导致过热甚至产生火花，应尽量避免。

⑧ 杜绝电气火花，防止高压电火花放电、弧光放电等各类放电现象的产生。

⑨ 在可能发生燃爆危险的场所，设置可燃气体浓度检测报警仪器。报警浓度通常设定在气体爆炸下限的25%，一旦浓度超标，仪器将发出声光报警，以便及时采取紧急防范措施。

四、消防措施

消防的基本方法主要包括以下几种。

（1）隔离法

将火源与周围的可燃物移开或隔开，使燃烧区因缺少可燃物而停止燃烧。

（2）冷却法

通过降低燃烧物的温度至其燃点以下来灭火，常用的灭火剂是水和二氧化碳。

（3）窒息法

通过隔绝空气或稀释助燃剂（如氧气）来灭火，常用的材料包括黄沙、石棉毯、湿麻袋、二氧化碳和惰性气体等。

（4）抑制灭火法

通过向燃烧区喷洒化学灭火剂，灭火剂参与燃烧反应，使燃烧链反应中断，从而终止燃烧。常用的抑制灭火剂包括干粉和卤代烷等。此方法适用于初期火灾的快速扑灭，但需注意对环境和人体的潜在危害。

灭火剂的种类和选用：灭火时必须根据火灾的大小、燃烧物的类别及其环境情况选用合适的灭火剂，见表 1.2[2]。通常实验室发生火灾时可按下述顺序选用灭火器材：二氧化碳灭火器、干粉灭火器、泡沫灭火器。

表 1.2　实验室常用的灭火剂

灭火剂	一般火灾	可燃液体火灾	带电设备起火
水（直射）	适用	禁用	禁用
水（喷雾）	适用	适用	适用
泡沫	适用	适用	禁用
CO_2	适用	适用	适用
干粉（磷酸盐类等）	适用	适用	适用

灭火器材的使用方法：拿起软管，将喷嘴对准着火点，拔出保险销，用力压下并抓住杠杆压把，灭火剂即喷出。用完后要排出剩余压力，待重新装入灭火剂后备用。

五、有毒物质的基本预防措施

化工实验室中使用的多数化学药品都具有不同程度的毒性。表 1.3 列出了一些常见有毒物质在空气中的最高允许浓度。毒物可通过皮肤接触、消化道摄入和呼吸道吸入等途径侵入人体。为有效预防有毒物质对人体的危害，实验室应根据毒物的危害程度采取相应的防护措施。只有严格执行预防措施，才能有效降低有毒物质对人体的危害风险，确保实验室安全[2]。

主要预防措施包括：

① 正确使用个人防护装备，常规操作时佩戴过滤式防毒面具，紧急事态抢救或撤离时使

用自给式呼吸器，佩戴安全防护眼镜，使用防苯耐油手套，穿着透气型防毒服等。

② 规范实验室行为，严禁在实验现场吸烟、进食和饮水，实验结束后及时更换和清洗实验服，实验前后避免饮酒。

③ 严格要求实验安全操作：实验装置应尽可能保持密闭状态，采取有效措施防止冲料、溢料、跑料和冒料等事故发生，配备完善的通风、排毒和隔离设施。

④ 在保证实验效果的前提下，优先选用无毒或低毒物质替代有毒、剧毒物质。

表 1.3　常见有毒物质在空气中的最高允许浓度

物质名称	最高允许浓度/（mg/m^3）	物质名称	最高允许浓度/（mg/m^3）
汞	0.1	一氧化碳	30
氰化氢	0.3	苯乙烯	40
氯	2	甲醇	50
酚	5	二甲苯	100
甲醛	5	氯化氢	150
四氯化碳	5	溶剂汽油	350
硫酸及硫酐	10	丙酮	400
二硫化碳	10	苯	500
乙苯	25	乙醚	500
氨	30	乙醇	1500

六、电气设备对人体的危害及防护

电气设备事故往往没有预兆，瞬间发生且造成的伤害较大，甚至危及生命。电对人的伤害可分为内伤与外伤两种，可单独发生，也可同时发生。因此，掌握一定的电气安全知识十分必要。

实验室常规电气设备使用的是 220～380V，频率为 50Hz 的交流电。人的心脏每跳动一次有 0.1～0.2s 的间歇时间，此时对电流最为敏感。电流经过人体脊柱和心脏时危害极大。

人体的电阻分为皮肤电阻（潮湿时约为 2000Ω，干燥时为 5000Ω）和体内电阻（150～500Ω）。随着电压升高，人体电阻相应降低。触电时，因皮肤破裂而使人体电阻骤然降低，此时通过人体的电流随之增大而危及生命。

当电流达到 20mA 时，将引起人体肌肉收缩，无法自行脱离触电电源；而当电流超过 100mA 时，则几乎致命。电压小于 45V 对人体无生命安全威胁；当电压在 100V 以上时，危险性较大，可能危及生命；当电压达到 3000V 及以上时，人体将被带电体吸引，此时最小安全距离为 15cm。

防止触电的注意事项如下：

① 电气设备应配备可靠的接地线，通常应使用三孔插座。

② 一般情况下应避免带电操作。在特殊情况下必须带电操作时，需要穿戴绝缘胶鞋、橡胶手套等防护用具。

③ 应安装漏电保护装置。通常规定其动作电流不超过 30mA，切断电源时间应低于 0.1s。

④ 实验室内严禁随意拖拉电线。

⑤ 对于使用高电压、大电流的实验，至少应由 2～3 人共同进行实验操作。

七、带压气瓶的使用

气瓶是实验室中广泛使用的一种移动式压力容器，主要用于储存和运输压缩气体或液化气体。气瓶通常采用优质无缝碳素钢或合金钢制造，具有较高的承压能力和安全性。国家标准规定，气瓶的设计工作压力一般不超过 15MPa（150atm），适用于储存压缩气体或常温下与饱和蒸气压相平衡的液化气体。

为确保使用安全并便于识别，我国对气瓶实行严格的颜色标识管理制度。GB/T 7144—2016《气瓶颜色标志》标准要求，不同种类的气体必须使用相应颜色的气瓶，并在瓶体显著位置标注气体名称、化学式等识别信息。部分气体钢瓶颜色标志见表 1.4，标准化颜色标识系统有助于快速识别气瓶内容物，防止误用。

表 1.4　部分气体钢瓶颜色标志

物质名称	化学式	体色	字样	字色
氧	O_2	淡（酞）蓝	氧	黑
氢	H_2	淡绿	氢	大红
氮	N_2	黑	氮	白
氦（液体）	He	银灰	液氦	深绿
氨	NH_3	淡黄	液氨	黑
氯	Cl_2	深绿	液氯	白
二氧化碳	CO_2	铝白	液化二氧化碳	黑
二氧化硫	SO_2	银灰	液化二氧化硫	黑
乙炔	C_2H_2	白	乙炔 不可近火	大红

在实际使用过程中，操作人员必须熟悉各类气瓶的颜色标志，严格按照操作规程进行操作，定期检查气瓶状态，确保气瓶在有效检验周期内使用，以保障实验室安全。

实验室高压气体钢瓶安全使用的注意事项有：

① 氧气瓶和可燃气体瓶应避免阳光直射，远离热源，与电源保持至少 5m 的安全距离。室内严禁明火，钢瓶存放处应配备固定装置。

② 搬运钢瓶时，必须安装防护帽，严禁摔落或撞击，以防阀门损坏引发事故。

③ 氢气瓶和氧气瓶的减压阀结构不同，螺纹方向相反，严禁互换使用。氧气钢瓶阀门及减压阀严禁接触油脂。

④ 开启钢瓶时，操作者应侧身避开气体出口方向。确认减压阀与钢瓶接口无泄漏后，先打开钢瓶阀门，再调节减压阀。关闭时，先关闭钢瓶阀门，排空减压阀内残余气体，然后松开减压阀螺杆。

⑤ 钢瓶内气体（液体）不得完全用尽；低压液化气瓶应保持 0.3～0.5MPa 的余压，高压气瓶应保持约 0.5MPa 压力，以防止其他气体倒灌。

⑥ 领用高压气瓶（特别是可燃、有毒气体钢瓶）前，应先通过感官和气味检查是否泄漏。

对于有毒气体钢瓶，可使用皂液（氧气瓶除外）或其他安全有效的方法检测钢瓶是否泄漏。若发现泄漏，应拒绝领用。使用过程中如发现泄漏，应立即关闭钢瓶阀门，标记泄漏点，并由专业人员处理。

八、实验事故的应急处理

在实验操作过程中，可能发生各种危害事故，如火灾、烫伤、中毒、触电等。在紧急情况下，必须在现场立即采取正确的应急处理措施，以减少损失。不允许擅自离开而造成更大的危害。

（1）火灾应急处理

发生火灾时，应选用正确的消防器材及时灭火。当电器发生火灾时，应立即切断电源并进行灭火。在特殊情况下不能切断电源时，不能用水来灭火，以防二次事故发生。若火势较大，应立即报告消防队，并说明情况。

（2）可燃、易爆物质泄漏处理

由于设备跑、冒、滴、漏等使可燃、易爆物质逸散在实验室内，不可随意切断电源（包括仪器设备上的电源开关）。某些电气设备是非防爆型的，启动开关瞬间产生的微弱火花可能会引发重大事故。此时应打开门窗进行自然通风，切断相邻室内的火源，及时疏散人员。有条件时可用惰性气体稀释室内气体，同时立即报告消防队进行处理。

（3）中毒事故应急处理

① 急性呼吸系统中毒：立即将患者转移到空气新鲜的地方，解开衣服，放松身体。若中毒者呼吸能力减弱，需马上进行人工呼吸。

② 口服中毒：为降低胃中药品的浓度，延缓毒物侵害速度，可口服牛奶、淀粉糊、橘子汁等。也可用 3%～5%小苏打溶液或 1∶5000 高锰酸钾溶液洗胃，边喝边使伤者呕吐，可用手指、筷子等压舌根进行催吐。

③ 皮肤、眼、咽喉受毒物侵害：应立即用大量水进行冲洗，尤其当眼睛受到毒物侵害时，不要使用化学解毒剂，以防造成重大伤害。

（4）烫伤或烧伤现场急救

① 视实际情况暴露创伤面，若覆盖物与创伤面紧贴或粘连时，不可随意拉脱覆盖物，以免造成更大的伤害。

② 用水冷却，冷却水的温度在 10～15℃为宜。如没有水直接进行冲洗冷却时，可用水润湿的毛巾包上冰片，敷于烧伤面上，但要注意经常移动毛巾以防同一部位过冷，同时立即送医院治疗。

（5）触电事故处理

① 迅速切断电源，如不能及时切断电源，应立即使用绝缘工具使触电者脱离电源。

② 将触电者移至适当地方，解开衣服，使全身舒展，并立即送医处理。

③ 如触电者已处于休克状态，应立即实施人工呼吸及心肺复苏，直至救护医生到达现场。

第2章

化工专业实验技术

第一节 常用实验设计方法

在自然科学与工程技术领域，实验是一种系统性的研究活动，其核心在于通过科学的设计方法，以最少的实验次数和最短的时间实现研究目标。合理的实验设计不仅能显著提高研究效率，还能有效避免资源浪费。相反，不当的实验设计往往会导致人力、物力和财力的巨大消耗，甚至可能使整个研究徒劳无功。

在进行实验设计之前，研究者必须对研究课题有全面的理解，包括明确实验目的、识别影响实验结果的关键因素、确定各因素的合理变化范围等。这些前期准备工作是选择适当实验设计方法的基础。科学的实验设计不仅能够减少实验过程中的盲目性，增强实验的系统性和计划性，还能从众多可能的实验方案中，依据特定规律筛选出最具代表性的实验组合。

目前，常用的实验设计方法主要包括优选法、正交实验设计法、均匀设计法、回归正交实验设计法以及配方实验设计法等。这些方法各有特点，适用于不同的研究场景，研究者应根据具体的研究需求和条件选择最合适的设计方法。其中，优选法和正交实验设计法因其高效性和实用性，在科研实践中得到了广泛应用。

一、优选法

优选法（optimum seeking method）是一种科学方法，旨在根据生产和科研中的不同问题，利用数学原理合理安排实验点，减少实验次数，从而迅速找到最佳点。优选法适用于实验指标与因素间无法用数学形式表达或表达式复杂的情况。优选法包括单因素优选法和双因素优选法[3]。

单因素优选法来源于来回调试法。如图2.1所示，首先选取一点x_1进行实验，得到$y_1=f(x_1)$；再选取另一点x_2进行实验，得到$y_2=f(x_2)$。假设$x_2>x_1$，如果$y_2>y_1$，则最大值肯定不在区间(a,x_1)内，因此只需在(x_1,b)内寻求最大值。接着在(x_1,b)内取一点x_3，进行实验得$y_3=f(x_3)$，如果$x_3>x_2$且$y_3<y_2$，则去掉(x_3,b)，再在(x_1,x_3)中取一点x_4，……，如此往复，通过来回调试，实验范围逐渐缩小，最终可以找到$f(x)$的最大值。

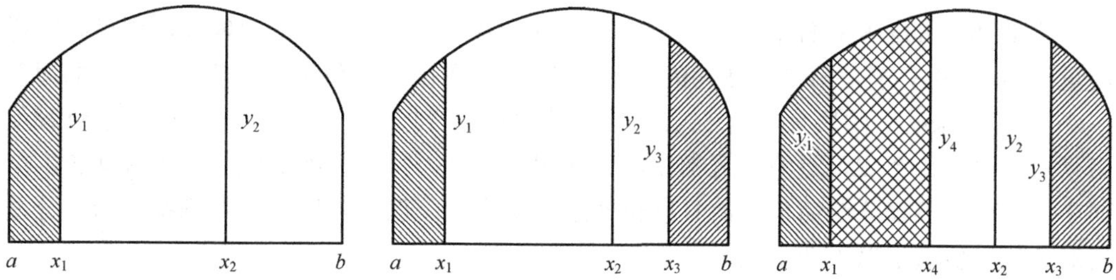

图 2.1　来回调试法图例

这种方法取点是任意的，每次只要在上次剩下的范围内取点即可。那么，如何安排实验点才能快速接近最大值呢？下面介绍几种优化实验次数的实验方法。

1. 黄金分割法

所谓黄金分割指的是将长为 L 的线段分为两部分，使其中一部分与全部之比等于另一部分与该部分之比，这个比例就是 $w=\frac{\sqrt{5}-1}{2}=0.6180339887\cdots$，其三位有效近似值为 0.618，故黄金分割法（golden cut method）又称为 0.618 法。具体做法如图 2.2 所示，将第一个实验点安排在实验范围内的 0.618 处（距左端点 a），即

$$x_1=a+(b-a)\times 0.618 \tag{2.1}$$

得到实验结果 $y_1=f(x_1)$；再在 x_1 的对称点 x_2，即

$$x_2=b-(b-a)\times 0.618=a+(b-x_1)=a+(b-a)\times 0.382 \tag{2.2}$$

处进行实验，得到实验结果 $y_2=f(x_2)$：比较 $y_1=f(x_1)$及 $y_2=f(x_2)$，如果 $f(x_1)$大，舍弃（a, x_2）段，在剩下的（x_2, b）中已有实验点 x_1，继续使用对称点的方法，直到达到要求为止。在黄金分割法中，所有相互比较的两个实验点都在所在区间的两个黄金分割点上，即 0.618 和 0.382 处，且这两个点一定是对称的。

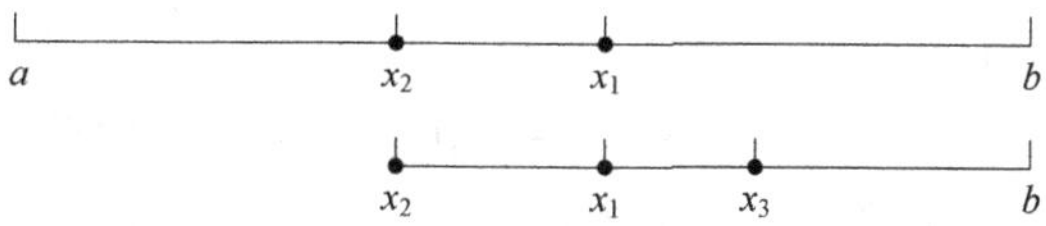

图 2.2　黄金分割法示例

2. 分数法

分数法适用于实验点只能取整数的情况。例如，在配制某种清洗液时，要优选某材料的加入量，其加入量用 150mL 的量杯来量取，量杯的量程分为 15 格，每格代表 10mL。由于量杯是锥形的，每格的高度不等，难以量出几毫升或几点几毫升，因此不便使用 0.618 法。此时可将实验范围定为 0～130mL，中间正好有 13 格，以 8/13 替代 0.618。第一次实验点在 80mL 处，第二次实验点选在 8/13 的对称点 5/13 处，即 50mL 处，然后通过来回调试找到满意的结果。在使用分数法进行单因素优选时，应根据实验区间选择合适的分数，所选择的分数不同，实验次数也不同。

3. 对分法

上述两种方法都是先做两个实验，再通过比较，找出最佳点所在的倾向性以不断缩小实验范围，最后找到最佳点。但并非所有的情况都要先做两个实验，有时可以只做一个实验。

例如，称量 20～60g 某种样品时，第一次砝码的质量为 40g，如果砝码偏轻，则可判断样品的质量为 40～60g，于是第二次砝码的质量为 50g，如果砝码又偏轻，则可判断样品的质量为 50～60g，接下来砝码的质量应为 55g，如此称下去，直到天平平衡为准。这个称量过程就是使用了对分法，每个实验点的位置都在实验区间的中点，每做一次实验，实验区间长度就缩短一半，对分法不仅分法简单，而且能快速逼近最优点。但不是所有的问题都能用对分法，使用对分法需要满足以下两个条件：

① 要有一个标准（或具体指标），用于鉴别实验结果的好坏。在上述例子中，天平是否平衡就是一个标准。

② 要预知该因素对指标的影响规律，即能够从一个实验的结果直接分析出该因素的值是取大了还是取小了，如果没有这一条件就不能确定取舍，也就无从着手做下一次实验。对于上例，可以根据天平倾斜的方向来判断是砝码重还是样品重，进而可以判断样品的质量范围，即获得实验区间。

4. 抛物线法

抛物线法是根据已得的三个实验数据，确定这三点的抛物线方程，再求出该抛物线的极大值，作为下次实验的依据。

5. 分批实验法

在生产和科学实验中，为加速实验的进行，常常采用一批同时做几个实验的方法，即分批实验法。分批实验法可分为均分法和比例分割法两种。

① 均分法：假设第一批做 $2n$（n 为任意正整数）个实验，先把实验范围等分为（$2n+1$）段，在 $2n$ 个分点上做第一批实验，比较结果，留下较好的点及其左右一段。然后把这两段都等分为（$n+1$）段，在分点处做第二批实验（共 $2n$ 个实验），如此不断地做下去，就能找到最佳点。

② 比例分割法：假设每一批做（$2n+1$）个实验，第一步，把实验范围划分为（$2n+2$）段，相邻两段长度为 a 和 b（$a>b$），这里有两种排法，一种自左至右先排短段，后排长段；另一种是先长后短。在（$2n+1$）个分点上做第一批实验，比较结果，在较优实验点左右留下一长一短（也有两种情况，长在左短在右和短在左长在右）两段，实验范围变成 $a+b$。第二步，把 a 分成（$2n+2$）段，相邻两段为 a_1、b_1（$a_1>b_1$），且 $a_1=b$，即第一步中短的一段在第二步变成长段。持续如此，就能找到最佳点。

6. 逐步提高法（爬山法）

逐步提高法适用于某些可变因素不允许大幅度调整的情况。具体方法如下：先找一个起点（可以根据经验预估或成批生产中采用原来生产的点），定义为 a 点，在 a 点做实验后向该因素的减少方向找一点 b，做实验。如 b 点的实验结果优于 a 点，则继续减少，否则朝因素增加的方向选一点 c，做实验，如 c 点的实验结果更优，则继续增加，一步一步地提高。如爬到某点 e，再改变时结果变差，则 e 就是该因素的最佳点。显然爬山法的效果和快慢与起点关系很大，起点选得好可以极大减少实验次数。故对爬山法来说实验范围的正确与否非常重要。此外，每步间隔的大小，对实验效果影响也很大。在实践中往往采取“两头小、中间大”的办法，即先在各个方向上用小步试探一下，找出有利于寻找目标的方向，待方向确定后，再根据具体情况跨大步，到接近最佳点时再改为小步。如果由于估计不正确，大步跨过了最佳点，则可退回一步，在这一步内改用小步进行。通常越接近最佳点，实验指标随因素的变化越缓慢。

7. 多峰情况

上述方法只适用于“单峰”情况，遇到“多峰”（即有几个点，其附近的点都相对更差）则可以采用下述两种方法。

① 无论是“单峰”还是“多峰”，都可用上面介绍的方法做下去，找到一个“峰”后，如果达到生产要求，就先按它生产，以后再找其他更高的“峰”（即分区寻找）。

② 先做一批实验点分布较均匀、疏松的实验，根据实验结果判断是否存在“多峰”现象。如果有，则在每个可能出现“高峰”的范围内做实验，把这些“峰”找出来。第一批实验点最好以 0.618∶0.382 的比例划分。

除了单因素优选法，还有双因素优选法，双因素优选法就是要迅速地找到二元函数 $z=f(x,y)$ 的最大值，及其对应的 (x,y) 点，这里 x, y 代表的是双因素。假定处理的是单峰问题，也就是把 x, y 平面作为水平面，实验结果 z 看成 (x,y) 点的高度，这样的图形就像一座山，双因素优选法的几何意义在于找出该山峰的最高点。如果在水平面上作出该山峰的等高线（z 值相等的点构成的曲线在 x-y 上的投影），则最里边的一圈等高线即为最佳点所在的等高线。

二、正交实验设计法

在工业生产和科学研究中，实验设计是一个关键环节。当考察的因素较多且每个因素的水平数较多时，全面实验的次数会呈几何级数增长。例如，对于一个包含 3 因素 4 水平的实验，若在每个因素与每个水平的组合（或称水平组合）上做 1 次实验，就需要做 $4^3=64$ 次实验，如果是 4 因素 4 水平的实验，全面组合实验次数至少为 $4^4=256$ 次，对于 5 因素 4 水平的实验，全面实验次数至少为 $4^5=1024$ 次。另外还需对众多的实验数据进行统计分析计算，导致实验成本和时间成本大幅增加。

正交设计是一种有效的实验设计方法，通过选择部分有代表性的实验组合，能够大幅减少实验次数，同时简化统计分析[3]。

1. 等水平正交表

等水平正交表是指各因素的水平数相同的正交表。下面介绍两张常用的等水平正交表，见表 2.1 与表 2.2。

表 2.1　正交表 $L_8(2^7)$

实验号	列号						
	1	2	3	4	5	6	7
1	1	1	1	1	1	1	1
2	1	1	1	2	2	2	2
3	1	2	2	1	1	2	2
4	1	2	2	2	2	1	1
5	2	1	2	1	2	1	2
6	2	1	2	2	1	2	1
7	2	2	1	1	2	2	1
8	2	2	1	2	1	1	2

表 2.2　正交表 $L_9(3^4)$

实验号	列号			
	1	2	3	4
1	1	1	1	1
2	1	2	2	2
3	1	3	3	3
4	2	1	2	3
5	2	2	3	1
6	2	3	1	2
7	3	1	3	2
8	3	2	1	3
9	3	3	2	1

两表中的 $L_8(2^7)$、$L_9(3^4)$ 是正交表的记号，等水平的正交表可用 $L_n(r^m)$ 符号表示，其中 L 为正交表代号；n 为正交表横行数（需要做实验的次数）；r 为因素水平数；m 为正交表纵列数（最多能安排因素的个数）。

正交表 $L_8(2^7)$ 总共有 8 行、7 列（见表 2.1），最多可以安排 7 个 2 水平的因素，实验次数为 8，而 7 因素 2 水平的全面实验次数为 2^7=128 次，显然采用正交实验能极大地减少实验次数。

等水平正交表特点：

① 表中任意一列，不同的数字出现的次数相同。即每个因素的每一个水平都重复相同的次数。例如，在表 $L_8(2^7)$ 中不同数字（或称水平）只有“1”“2”两个，在每列中它们各出现 4 次；表 $L_9(3^4)$ 中，不同数字“1”“2”“3”在每列中各出现 3 次。

② 表中任意两列，把同一行的两个数字看成有序数字对时，所有可能的数字对（或称水平搭配）出现的次数相同。这里所指的数字对实际上是由两个因素组成的全面实验方案。例如，在表 2.1 的任意两列中，同一行的所有可能有序数字对为 (1, 1)，(1, 2)，(2, 1)，(2, 2)，共 4 种，它们各出现 2（$=8/2^2$）次；表 2.2 的任意两列中，同一行的所有可能有序数字对为 (1, 1)，(1, 2)，(1, 3)，(2, 1)，(2, 2)，(2, 3)，(3, 1)，(3, 2)，(3, 3)，共有 9 种，它们各出现 1（$=9/3^2$）次。

这两个性质合称为“正交性”，使得实验点在实验范围内排列整齐、规律，也使实验点在实验范围内分布均匀，即“整齐可比、均衡分散”。

2. 混合水平正交表

在实际的科学实践中，有时由于实验条件限制，某些因素不能多取水平；有时需要重点考察的因素应多取一些水平，而其他因素的水平数可适当减少。针对这些情况就产生了混合水平正交表。混合水平正交表就是各因素的水平数不完全相同的正交表，如 $L_8(4^1\times2^4)$ 就是一个混合水平正交表（如表 2.3 所示）。

表 2.3　正交表 $L_8(4^1\times2^4)$

实验号	列号				
	1	2	3	4	5
1	1	1	1	1	1

续表

实验号	列号				
	1	2	3	4	5
2	1	2	2	2	2
3	2	1	1	2	2
4	2	2	2	1	1
5	3	1	2	1	2
6	3	2	1	2	1
7	4	1	2	2	1
8	4	2	1	1	2

正交表 L_8（$4^1×2^4$）也可以简写为 L_8（$4×2^4$），它共有 8 行、5 列，以此正交表安排实验，需要做 8 次实验，最多可安排 5 个因素，其中 1 个是 4 水平因素（第 1 列），4 个是 2 水平因素（第 2～5 列）。以 L_8（$4^1×2^4$）为例，可见混合水平正交表有两个重要性质：

① 表中任意一列，不同的数字出现的次数相同。在表 L_8（$4^1×2^4$）中，第 1 列有“1”“2”“3”“4”四个数字，它们各出现 2 次；第 2～5 列，只有“1”“2”两个数字，在每列中它们各出现 4 次。

② 每两列，同行两个数字组成的各种不同的水平搭配出现的次数是相同的，但不同的两列间所组成的水平搭配种类及出现次数是不完全相同的。例如，在表 L_8（$4^1×2^4$）中，第 1 列是 4 水平的列，它与其他任何一个 2 水平列所组成的同行数字对一共有 8 种：(1, 1)，(1, 2)，(2, 1)，(2, 2)，(3, 1)，(3, 2)，(4, 1)，(4, 2)，它们各出现 1 次。第 2～5 列都是 2 水平列，任意两列组成的同行数字对为 (1, 1)，(1, 2)，(2, 1)，(2, 2)，共 4 种，各出现 2 次。

从这两个性质可以看出，用混合水平的正交表安排实验时，每个因素的各水平之间的搭配也是均衡的。

3. 正交实验设计的基本步骤

① 明确实验目的，确定评价指标：任何一个实验都是为了解决某一个（或某些）问题，或为了得到某些结论而进行的，所以设计任何一个正交实验都应该有一个明确的指标，这是正交实验设计的基础。实验指标是正交实验中用来衡量实验结果的特征量，分为定量指标和定性指标。定量指标是直接用数量表示的指标，如产量、效率、尺寸、强度等；定性指标是不能直接用数量表示的指标，如颜色、手感、外观等表示实验结果特性的指标。

② 选择因素，确定水平：影响实验指标的因素往往很多，但由于实验条件所限，不可能全面考察，所以应对实际问题进行具体分析。根据实验目的，确定主要因素，略去次要因素，以减少要考察的因素数。选择的实验因素不应过多，一般以 3～7 个为宜，以免增加无效实验工作量。若第一轮实验后达不到预期目的，可在第一轮实验的基础上，调整实验因素，再次进行实验。确定因素的水平数时，一般重要因素可多取一些水平；各水平的数值应适当拉开，以利于对实验结果的分析。当因素的水平数相等时，可方便实验数据处理。最后列出因素水平表。

③ 选正交表，进行表头设计：根据因素数和水平数来选择合适的正交表。一般要求，因

素数≤正交表列数，因素水平数与正交表对应的水平数一致，在满足上述条件的前提下，可选择较小的表。例如，对于 4 因素 3 水平的实验，满足要求的表有 $L_9(3^4)$、$L_{27}(3^{13})$ 等，一般可以选择 $L_9(3^4)$。但是如果要求精度高，并且实验条件允许，可以选择较大的表。若各实验因素的水平数不相等，一般应选用相应的混合水平正交表；若考虑实验因素间的交互作用，应根据交互作用因素的多少和交互作用安排原则选用正交表。表头设计就是将实验因素安排到所选正交表相应的列中。当实验因素数等于正交表的列数时，优先将水平改变较困难的因素放在第 1 列，水平改变容易的因素放到最后一列，其余因素可任意安排；当实验因素数少于正交表的列数，表中有空列时，若不考虑交互作用，空列可作为误差列，其位置一般放在中间或靠后。

④ 明确实验方案，实施实验，得到结果：根据正交表和表头设计确定每组实验的方案，开展实验，得到以实验指标形式表示的实验结果。

⑤ 对实验结果进行统计分析：通常采用两种方法分析正交实验结果，一种是直观分析法（或称极差分析法）；另一种是方差分析法。通过实验结果分析可以得到因素主次顺序、优选方案等有用信息。

⑥ 进行验证实验，作进一步分析：最优方案是通过统计分析得出的，还需要进行实验验证，以保证最优方案与实际一致，否则还需要进行新的正交实验。

通过以上步骤，正交实验设计能够有效地减少实验次数，提高实验效率。

第二节　常用反应器类型

化工专业实验涉及的反应类型较多，各个产物都有各自的反应过程及相应的反应装置。化学反应器的分类方法很多，常按下列几种方法进行分类[4]。

（1）按反应系统涉及的相态分类

① 均相反应器：发生气相均相反应或液相均相反应的反应器；

② 非均相反应器：发生气-固相、气-液相、液-固相、固-固相、气-液-固相等反应的反应器。

（2）按操作方式分类

① 间歇反应器：一批物料投入反应器后，经过一定时间的反应后出料；

② 连续流动反应器：反应物料连续地通过反应器；

③ 半间歇反应器：反应器中的物料部分是分批加入或取出，另一些则是连续流动通过反应器。

（3）按反应器类型来分类

① 管式反应器：一般长径比大于 30；

② 釜式反应器：一般高径比为 1～3；

③ 塔式反应器：一般高径比在 3～30 之间。

（4）按传热条件分类

① 等温反应器：整个反应器维持恒温操作；

② 绝热反应器：反应器与外界没有热量交换，全部反应热效应使反应物系升温或降温；

③ 非等温非绝热反应器：与外界有热量交换且非等温。

反应器的结构型式大致可分为管式、塔式、釜式、固定床、移动床和流化床等各种类型，每一类型之中又有不同的具体结构。表 2.4 中列举了常规反应器的类型与特性。应当指出，反应器类型的正确选择并不是一件容易的事，不能仅以此表作为选型的依据。不同的反应体系都有其自身的特点，只有对反应及装置两方面的特性都充分了解，才能做出合理的选择。其中重要的是掌握反应过程的基本原理[5]。

表 2.4　常规反应器的类型与特性[5]

反应器类型	适用的反应类型	特性	应用举例
搅拌槽（一级或多级串联）	液相，液-液相，液-固相	温度、浓度容易控制，产品质量可调	苯的硝化，氯乙烯聚合，釜式法高压合成聚乙烯，顺丁橡胶聚合等
管式	气相，液相	返混小，所需反应器容积较小，传热面积大，但对慢速反应，管要很长，压降大	石脑油裂解，甲基丁炔醇合成，管式法高压合成聚乙烯
空塔或搅拌塔	液相，液-液相	结构简单，返混程度与高径比及搅拌有关，轴向温差大	苯乙烯的本体聚合，己内酰胺缩合，醋酸乙烯溶液聚合等
鼓泡塔或挡板鼓泡塔	气-液相，气-液-固（催化剂）相	气相返混小，但液相返混大，温度较易调节，气体压降大，流速有限制，有挡板可减少返混	苯的烷基化，乙烯基乙炔的合成，二甲苯氧化等
填料塔	液相，气-液相	结构简单，返混小，压降小，有温差，填料装卸麻烦	化学吸收，丙烯连续聚合
板式塔	气-液相	逆流接触，气液返混均小，流速有限制，如需传热，常在板间另加传热面	苯连续磺化，异丙苯氧化
喷雾塔	气-液相快速反应	结构简单，液体表面积大，停留时间受塔高限制，气流速度有限制	氯乙醇制丙烯腈，高级醇的连续硝化
湿壁塔	气-液相	结构简单，液体返混小，温度及停留时间易调节	苯的氯化
固定床	气-固（催化或非催化）相	返混小，高转化率时催化剂用量少，催化剂不易磨损，传热控温不易，催化剂装卸麻烦	乙苯脱氢，乙炔法制氯乙烯，合成氨，乙烯法制醋酸乙烯等
流化床	气-固（催化或非催化）相，催化剂失活很快的反应	传热好，温度均匀，易控制，催化剂有效系数大，粒子输送容易，但磨耗大，床内返混大，对高转化率不利，操作条件限制较大	萘氧化制苯酐，石油催化裂化，乙烯氧氯化制二氯乙烷，丙烯氨氧化制丙烯腈等
	气-固（催化或非催化）相，催化剂失活很快的反应	固体返混小，固气比可变性大，粒子传送较易，床内温差大，调节困难	石油催化裂化，矿物的焙烧或冶炼
	气-液-固（催化剂）相	催化剂带出少，分离容易，气液分布要求均匀，温度调节较困难	焦油加氢精制和加氢裂解，丁炔二醇加氢等
蓄热床	气相，以固相为热载体	结构简单，材料容易获得，调节范围较广，但切换频繁，温度波动大，收率较低	石油裂解，天然气裂解
回转筒式	气-固相，固-固相，高黏度液相，液-固相	颗粒返混小，相接触界面小，传热效能低，设备容积较大	苯酐转位成对苯二甲酸，十二烷基苯的磺化
载流管	气-固（催化或非催化）相	结构简单，处理量大，瞬间传热好，固体传送方便，停留时间有限制	石油催化裂化
	气相，高速反应的液相	传热和传质速率快，流体混合好，反应物急冷易，但操作条件苛刻	天然气裂解制乙炔，氯化氢的合成
螺旋挤压式	高黏度液相	停留时间均一，传热较困难，能连续处理高黏度物料	聚乙烯醇的醇解，聚甲醛及氯化聚醚的生产

第三节　常用分离技术

在化工专业实验中，反应结束后得到的产物通常纯度较低，往往是由多种成分组成的混合物。这些混合物可能包含溶剂、目标产物、反应副产物、未反应的反应物、催化剂以及各种助剂等。为了获得高纯度的产品，必须对反应结束后的混合物进行有效的分离。分离过程的基础在于混合物中各组分在物理、化学或生物学性质上至少存在一项显著差异。常见的化工分离技术包括过滤、蒸馏、结晶与沉淀、萃取以及干燥等[6]。

一、过滤

过滤是一种利用多孔介质在外力作用下实现固液（气）分离的操作过程。具体而言，悬浮液中的液体通过介质的孔道，而固体颗粒则被截留在介质表面，从而达到分离目的。在这一过程中，所使用的多孔物质称为过滤介质，待处理的悬浮液称为滤浆或料浆，通过介质孔道的液体称为滤液，被截留的固体物质则称为滤饼或滤渣。

过滤介质主要分为三类：

① 织物介质，即由棉、毛、麻或各种合成材料制成的滤布；

② 粒状介质，如细砂、木炭、碎石等；

③ 多孔固体介质，如多孔陶瓷、塑料、玻璃等。

过滤效率与介质的孔隙特性密切相关，孔隙越大、数量越多，过滤速度越快，效率越高，但分离效果可能相应降低。因此，在实际应用中，应在确保分离效果的前提下选择具有适当孔隙率的介质。此外，在确定介质后，还可以通过施加外力（如加压过滤、真空过滤或离心过滤）来进一步提高过滤效率。

实验室常用的真空过滤装置如图 2.3 所示，其标准操作步骤如下：

（1）准备工作

选择适当尺寸的抽滤瓶和砂芯漏斗。先用清水或酒精彻底清洗砂芯漏斗并烘干，随后将其紧密插入抽滤瓶的橡胶塞中。用橡胶管连接抽滤瓶和水环式真空泵，确保各接口密封良好，无漏气现象。

（2）系统检查

开启水环式真空泵电源，将少量待分离混合物的清液倒入砂芯漏斗，依次检查以下项目：漏斗接缝是否漏液、孔道是否畅通、真空泵运行是否正常、抽滤瓶和管路接缝是否漏气。

（3）过滤操作

将固液混合物倒入砂芯漏斗进行分离。随着过滤的进行，系统负压逐渐上升，此时需观察抽滤瓶中滤液的液位变化。注意液位不得超过出液口，以防滤液进入真空泵。若发现真空泵水箱内气泡过多，可适量滴加硅油作为消泡剂。

（4）结束操作

过滤完成后，关闭真空泵，取下漏斗。使用洁净的药匙将固体滤饼从漏斗中取出，并倒出滤液。整个操作过程需保持实验环境的整洁，并及时清理实验器具。

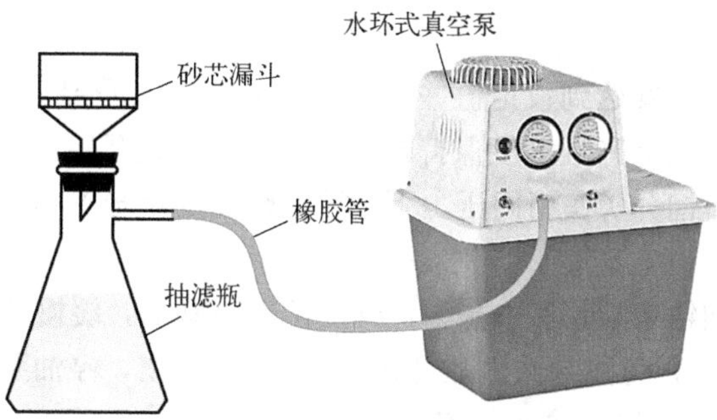

图 2.3 真空抽滤装置示意图

二、蒸馏

蒸馏是化工领域中一种典型的单元操作，主要用于分离液体混合物。其基本原理是利用混合物中各组分相对挥发度的差异实现分离。通常情况下，沸点较低的组分更容易挥发，而沸点较高的组分较难挥发。通过加热使混合液部分汽化，再将汽化的组分冷凝，即可获得高浓度的低沸点组分。根据蒸馏方式的不同，可分为简单蒸馏、精馏和特殊蒸馏等；按操作压强则可分为常压蒸馏、减压蒸馏和加压蒸馏。

对于某些物质，尤其是高沸点的有机化合物，在常压下蒸馏时往往会发生分解、氧化或聚合等反应。针对这种情况，可采用减压蒸馏。纯液体的沸点是指其饱和蒸气压等于外界压力时的沸腾温度，而液体的沸点会随外界压力的变化而变化。降低系统压力可以相应降低液体的沸点，这便是减压蒸馏操作的理论基础。减压蒸馏需要使用能够降低压力的密闭装置，通常由蒸馏装置与真空系统连接组成（见图 2.4），真空系统则包括泵及其保护装置[6]。

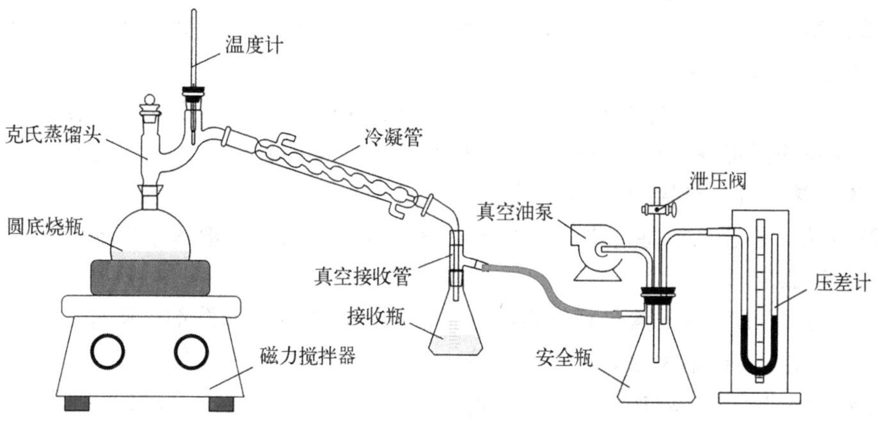

图 2.4 实验室减压蒸馏装置示意图

常规实验室减压蒸馏的操作步骤如下：

① 检查装置气密性　启动油泵，缓慢关闭安全瓶上泄压阀的活塞，记录压力。若压力不符合要求，需检查所有连接点是否严密。只有在系统达到良好的真空度后，才能进行后续操作。

② 解除真空　缓慢打开泄压阀活塞，使内外连通，关闭油泵，解除真空。

③ 加入待蒸馏液　向烧瓶中加入待蒸馏液（通常不超过烧瓶容积的 1/2），启动电磁搅拌（替代毛细管鼓泡），打开油泵（此时安全瓶上的泄压阀应处于开启状态），然后关闭

泄压阀活塞。

④ 加热升温　当真空度达到设定值并稳定后，开始加热升温。

⑤ 开始蒸馏　当蒸气上升且温度保持恒定时，蒸馏正式开始，记录蒸馏时的温度和压力。

⑥ 收集馏分　当新馏分（在相同压力下，沸点较高的组分）蒸出时，更换接收瓶，收集相应的馏分。

⑦ 结束蒸馏　蒸馏结束后，移去热源，待蒸馏瓶冷却后，缓慢打开安全瓶泄压阀（若开启过快，水银柱迅速上升，可能导致测压计破裂），解除真空，停油泵，移去接收瓶。所有玻璃仪器拆卸后应及时清洗，以防接头粘连。

三、结晶与沉淀

结晶与沉淀分离法是基于物质在溶液中溶解度的差异，使溶质以固体形式从溶液中析出的分离方法。当析出物为晶体时称为结晶，析出无定形物质时则称为沉淀。这两种方法虽然同属固相析出技术，但在实际应用中存在显著差异。

晶体形成过程中，溶质分子需要规则排列，因此结晶过程具有较慢的析出速度和良好的选择性。通过结晶分离，大部分杂质可保留在母液中，再经后续的过滤、洗涤等操作，即可获得高纯度晶体。相比之下，沉淀过程中的分子呈无规则排列，具有较快的析出速度，但选择性相对较差。

溶质析出的必要条件是形成过饱和溶液。根据溶质浓度与溶解度的关系，溶液可分为饱和溶液（溶质浓度等于溶解度）和过饱和溶液（溶质浓度超过溶解度）。形成过饱和溶液的常用方法有：

① 冷却法　适用于溶解度随温度升高显著增加的体系，要求溶解度随温度变化的幅度适中。

② 溶剂蒸发法　适用于溶解度随温度变化不显著或随温度升高而降低的体系。可通过减压或常压蒸馏实现快速蒸发。

③ 真空蒸发冷却法　结合溶剂蒸发和冷却过程，在真空条件下实现快速蒸发和绝热冷却。

④ 化学反应结晶法　通过化学反应生成溶解度更低的新物质，当浓度超过饱和溶解度时析出晶体。常用方法包括调节 pH 值等。

⑤ 解析法　通过添加特定物质降低溶质溶解度，包括水溶液体系中的盐析法和有机溶液体系中的溶析法。

影响结晶质量的关键因素包括过饱和度、温度、搅拌强度和溶剂性质等。过饱和度与晶体形态密切相关：高过饱和度导致快速成核，形成细小晶体；低过饱和度则有利于生成粗大晶体。搅拌可促进扩散，增加晶核数量，提高结晶速率。对于含有杂质的粗大晶体，通常需要采用重结晶工艺进行精制。

在实际应用中，结晶法虽然选择性好，但速度较慢，而沉淀法则具有快速、操作简便、经济性好的特点，尤其适用于溶质与杂质溶解度差异较大的体系。常见的沉淀方法包括水溶液体系的盐析法和有机体系的不良溶剂沉淀法。

四、萃取

萃取是一种用于分离液体、固液或固体混合物的单元操作。其基本原理是利用特定溶剂

（萃取剂）选择性地溶解混合物中的某些组分，而其他组分则保持不溶或微溶状态，从而实现分离。间歇萃取过程通常包括以下步骤：首先，将适量萃取剂加入原料液中，并通过搅拌或脉冲等外加能量促进两者的混合。在此过程中，溶质通过相界面从原料液向萃取剂中扩散。随后，停止搅拌，由于两液相不互溶且密度不同而分层。其中一层以溶剂为主，并溶解了较多的溶质，称为萃取相；另一层则以原溶剂（稀释剂）为主，含有未被完全萃取的溶质，称为萃余相。若萃取剂与原溶剂部分互溶，则萃取相中会含有少量原溶剂，萃余相中也会含有少量萃取剂。最终，通过除去溶剂或结晶析出固体，即可获得目标组分。

与蒸馏相比，萃取在以下情况下具有显著优势：

① 原料液中各组分的沸点非常接近，即相对挥发度接近于1，采用蒸馏方法极不经济。

② 原料液在蒸馏时形成恒沸物，普通蒸馏方法无法达到所需纯度。

③ 原料液中需分离的组分含量极低且为难挥发组分，若采用蒸馏方法，需将大量稀释剂汽化，能耗较高。

④ 原料液中需分离的组分为热敏性物质，蒸馏时易发生分解、聚合或其他性质变化。

⑤ 混合物中各组分在某些溶剂中的溶解度差异显著。

萃取在这些特定条件下是一种更为高效和经济的分离方法。

五、干燥

干燥是化工生产中不可或缺的分离方法，其主要目的是去除物料中的水分。由于大多数化学品对水分含量都有严格的要求，因此干燥过程在化工生产中具有重要地位。

化工领域常用的干燥方法主要包括以下几种：

① 机械去湿法　通过物理机械作用去除水分，常用的方法包括离心分离和过滤等。这种方法特别适用于物料含水量较高的情况，可有效去除大量游离水。

② 吸附去湿法　利用干燥剂（如氯化钙、硅胶等）的低平衡水汽分压特性，使物料中的水分向干燥剂转移。这种方法适用于需要精确控制湿度的场合。

③ 化学除水法　通过化学反应直接转化水分，常用于去除溶剂中的微量水分。这种方法具有较高的除水效率，但需要考虑化学反应的副产物。

④ 供热干燥法　主要用于固体物料或沸点高于水的液体除水。该方法以热空气或其他高温气体为干燥介质，这种基于对流传热的干燥方式在工业生产中应用最为广泛，被称为对流干燥。

在实际应用中，往往需要根据物料的特性、含水量要求以及生产成本等因素，选择合适的干燥方法或多种方法的组合，以达到最佳的干燥效果。

第四节　常用分析仪器及使用方法

一、阿贝折射仪

当单色光从一种介质进入另一种介质时，会发生折射现象。在恒定温度下，入射角 i 的

正弦和折射角 r 的正弦之比等于光在两种介质中传播速度 v_1 和 v_2 之比，即

$$\frac{\sin i}{\sin r}=\frac{v_1}{v_2}=n_{1,2} \tag{2.3}$$

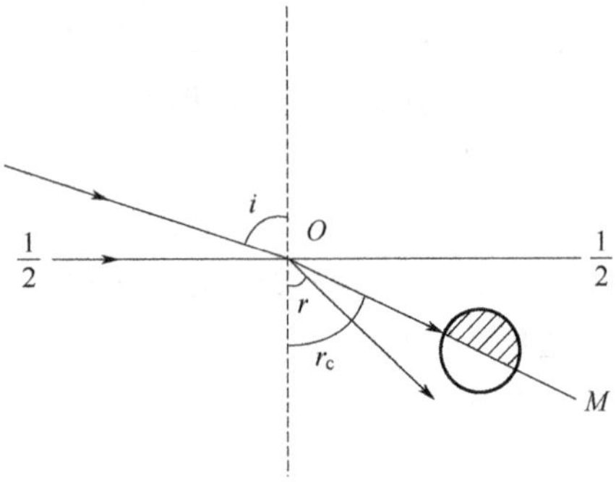

图 2.5　光的折射

式中，$n_{1,2}$ 称为折射率，对于给定的温度和介质，$n_{1,2}$ 是一个常数。当 $n_{1,2}>1$ 时，由上式可知，入射角 i 大于折射角 r，此时光线从第一种介质进入第二种介质时会向法线方向偏折，如图 2.5 所示。在恒定温度下，折射率 $n_{1,2}$ 对于给定的两种介质为一常数，因此当入射角 i 增大时，折射角 r 也会相应增大。当 i 达到最大值 $\pi/2$ 时，所得到的折射角 r_c 称为临界折射角。显然，从法线左侧入射的光线在进入第二种介质时，其折射光线都应落在临界折射角 r_c 之内。此时，若在位置 M 处放置一目镜，目镜中会出现半明半暗的现象。基于上述关系，对于某种介质，其临界折射角 r_c 和折射率之间存在简单的函数关系[7]。

单目阿贝折射仪的侧面及正面图如图 2.6 所示。

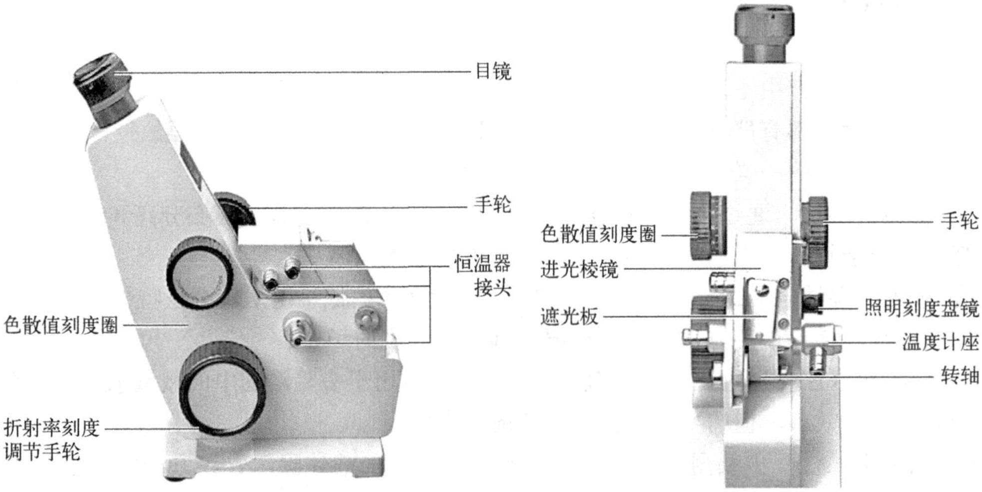

(a) 侧面图　　(b) 正面图

图 2.6　单目阿贝折射仪

在使用阿贝折射仪测试折射率之前，需要对其进行校准。通常选用蒸馏水作为校准液。根据不同温度下蒸馏水的参考折射率数值，将折射率刻度调至对应温度下的折射率参考值（见表 2.5），然后将折光仪目镜视野中的明暗交界线手动调至中心。

表 2.5　蒸馏水的温度与折射率

温度/℃	折射率	温度/℃	折射率
15	1.33339	18	1.33316
16	1.33331	19	1.33307
17	1.33324	20	1.33299

续表

温度/℃	折射率	温度/℃	折射率
21	1.33290	26	1.33240
22	1.33280	27	1.33229
23	1.33271	28	1.33217
24	1.33261	29	1.33206
25	1.33250	30	1.33194

校准步骤：

① 连接恒温水浴　将阿贝折射仪与恒温水浴连接，设置所需温度，并检查保温套的温度计是否准确。待温度稳定后，顺时针旋转手轮，打开折射棱镜。用丝绢或擦镜纸蘸取少量乙醇或丙酮，轻轻单向擦拭上下镜面，避免来回擦拭。待镜面晾干后即可使用。

② 滴加校准液　阿贝折射仪的量程为1.3000～1.7000，精密度为±0.0001，温度应控制在±0.1℃范围内。恒温至设定温度后，将1～2滴蒸馏水滴于折射棱镜表面（注意滴管尖端不要直接接触镜面，以免造成划痕），迅速盖上棱镜。

③ 调节光线　打开遮光板，使光线射入棱镜，观察目镜视野，调节目镜视度使视野清晰。

④ 调节折射率　读取仪器上温度计的示数，对照表2.5得到该温度下蒸馏水的折射率参考值。转动折射率刻度调节手轮，将折射率刻度调至参考值。

⑤ 调节色散　调节色散手轮，使彩色画面变为黑白画面，并确保圆形光斑中的黑白分界线清晰。

⑥ 校准分界线　用小号螺丝刀对准调节孔轻轻转动，同时通过目镜观察黑白分界线的移动方向，直至分界线位于圆形光斑的正中心。

至此，校准步骤完成，即可进行样品折射率的测试。重复上述步骤①、②、③、⑤，将步骤②中的蒸馏水替换为待测样品。在调节出清晰的黑白分界线后，转动折射率刻度调节手轮，使分界线位于圆形光斑的正中心，此时读取折射率的刻度值和温度计的读数，即可得到该温度下样品的折射率。

二、电导率仪

电解质溶液的导电性依赖于溶液中正负离子的定向移动。其导电能力通常用电导 G 与电导率 k 来表示。电导是电阻的倒数，因此电导的测量实际上是通过测量电阻来实现的。假设将面积为 A、距离为 l 的两片铂电极插入电解质溶液中，根据电阻定律，溶液的等效电阻 R 可表示为[8]：

$$R=\rho\frac{l}{A} \tag{2.4}$$

将 $G=1/R$ 代入上式，得到：

$$G=\frac{1}{\rho}\times\frac{A}{l}=k\frac{A}{l} \tag{2.5}$$

令 $l/A=K_{\text{cell}}$，则可得到：

$$k = G\frac{l}{A} = GK_{cell} \tag{2.6}$$

式中，ρ为电阻率，Ω·m；G为电导，S；k为电导率，S/m；K_{cell}为电导池常数。

电导率仪是用于测量电解质溶液电导率的仪器。其测量原理是将两块平行的极板放到被测溶液中，并在极板的两端加上一定的电势（通常为正弦波电压），然后测量极板间流过的电流。

电导率是截面积 1cm^2、距离 1cm 的两个电极间所测得电阻的倒数，电导率仪可以直接读取该值。电解质的电导率与电解质种类、溶液浓度及温度有关，电导率仪中常用的电极有铂黑电极和铂光亮电极，统称为电导电极，其结构如图 2.7 所示。对于某一给定的电极来说，l/A 为常数，称为电极常数，其值由制造厂家提供。

电导率仪是由振荡器、电导池、放大器和指示器等部分组成。其工作原理如图 2.8 所示[1]。

根据欧姆定律，可以得到：

$$E_m = \frac{ER_m}{R_m + R} = \frac{ER_m}{R_m + K_{cell}/k} \tag{2.7}$$

式中，E 为振荡器产生的交流电压，V；R 为电导池的等效电阻，Ω；R_m 为分压电阻，Ω；E_m 为 R_m 上的交流分压，V。

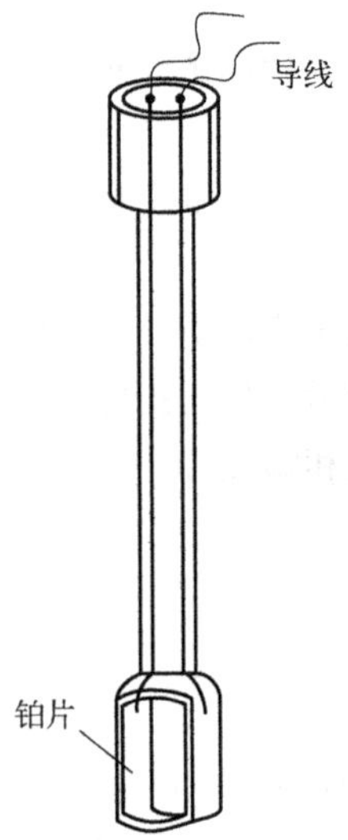

图 2.7　电导电极结构示意图

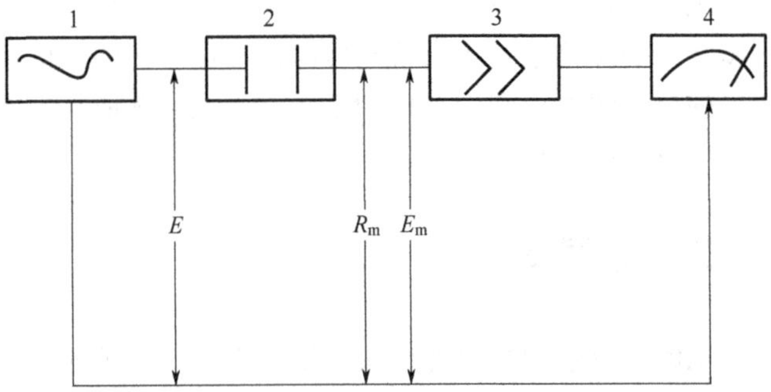

图 2.8　电导率仪工作原理示意图

1—振荡器；2—电导池；3—放大器；4—指示器

当 E、R_m 和 K_{cell} 均为常数时，电导率 k 的变化会引起 E_m 的相应变化，因此，通过测量 E_m 的大小，即可测得溶液的电导率。E_m 经过交流放大器放大后，再经过信号整流，最终输出直流信号推动表头，表头直接显示电导率。

电导率是电解质溶液导电能力的体现，在大多数情况下与溶液中离子的浓度成正比。因此，通过测量电导率可以确定溶液中离子的总浓度或含盐量。

电导率仪的使用方法（以 DDS-11A 型数显电导率仪为例）[9]，见图 2.9。

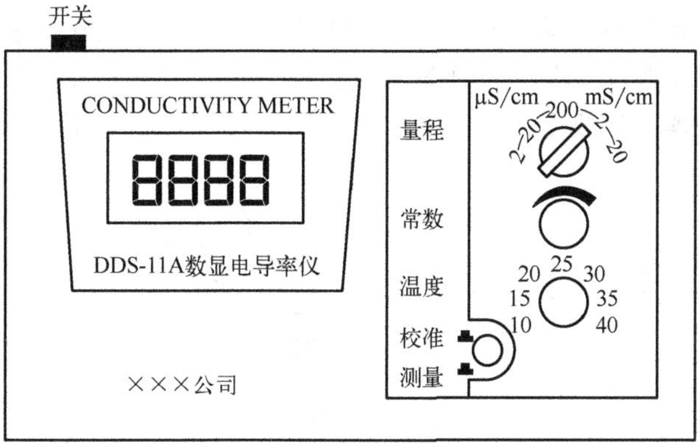

图 2.9　DDS-11A 型数显电导率仪面板示意图

该电导率仪在全量程范围内均配用常数为“1”的电极，能够检测 0.1～0.05μS/cm（10～200MΩ）高纯水的电导率，测量范围可达 0～2×10^5μS/cm。在全量程范围内，测量误差小于±1%。具体操作步骤如下：

① 开机预热　打开电源开关，预热 10min。

② 设置温度　用温度计测出溶液温度后，将“温度”旋钮置于被测溶液实际温度的相应位置。若将“温度”旋钮置于“25℃”位置，则无温度补偿作用。

③ 安装电极　将电极浸入待测溶液，并将电极插头插入电极插座。

④ 校正数据　将“校正-测量”开关扳向“校正”，调节“常数”旋钮，使显示数值与所使用电极的常数标称值一致。例如，若电极常数为 0.85，则调节“常数”旋钮，使显示数值为“850”。

⑤ 测量数据　将“校正-测量”开关扳向“测量”，将“量程”开关调至合适的量程挡，待显示值稳定后，仪器显示的数值即为溶液在实际温度下的电导率。

三、气相色谱仪

气相色谱法是一种利用气体作为流动相的层析分离分析方法。在此过程中，气化的样品被载气（流动相）带入色谱柱中。由于柱中的固定相与样品中各组分分子的相互作用力不同，各组分从色谱柱中流出的时间也不同，从而实现组分的分离。通过适当的检测和记录系统，可以绘制出各组分流出色谱柱的时间和浓度的色谱图。根据色谱图中的出峰时间和顺序，可以对化合物进行定性分析；根据峰的高低和面积大小，可以对化合物进行定量分析。

气相色谱法具有高效、高灵敏度、高选择性、分析快速、应用广泛和操作简便等特点，适用于易挥发有机化合物的定性和定量分析。对于非挥发性的液体和固体物质，可以高温裂解气化后进行色谱分析[1]。

气相色谱仪通常由五个部分组成：载气系统、进样系统、色谱柱和柱箱、检测系统以及记录系统。载气系统包括气源、气体净化、气体流速控制和测量装置；进样系统包括进样器和汽化室；色谱柱和柱箱包括恒温控制装置，是色谱仪的核心部分；检测系统包括检测器和控温装置；记录系统包括放大器、记录仪和数据处理装置。

检测流程如图 2.10 所示，载气由高压钢瓶 1 供给，经减压阀 2 减压后，进入载气净化干燥管 3 以除去载气中的水分。由针形阀 4 控制载气的压力和流量。流量计 5 和压力表 6 用于指示载气的柱前流量和压力。再经过进样器（包括汽化室）7，试样在进样器注入（如为液体试样，经汽化室瞬间汽化为气体）。由不断流动的载气携带试样进入色谱柱 8，将各组分分离，各组分依次进入检测器 9 后放空，检测器信号由记录仪 10 记录，即可得到色谱图。

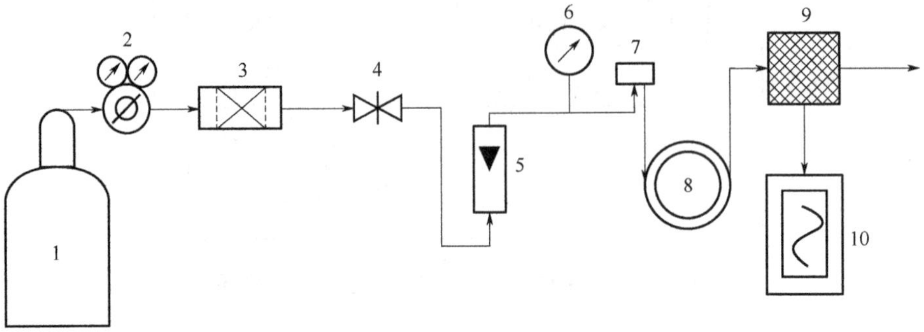

图 2.10　气相色谱检测流程图

1—高压钢瓶；2—减压阀；3—载气净化干燥管；4—针形阀；5—流量计；6—压力表；7—进样器；8—色谱柱；9—检测器；10—记录仪

气相色谱仪常用的检测器有火焰离子化检测器（FID）和热导检测器（TCD）。这两种检测器都对多种分析成分有灵敏的响应，可以测定较宽范围的浓度。TCD 本质上是通用的，可以用于检测除载气之外的任何物质（只要其热导性能在检测器检测的温度下与载气不同），而 FID 主要对烃类响应灵敏。FID 对烃类的检测比 TCD 更灵敏，但不能用来检测水。由于 TCD 的检测是非破坏性的，可与破坏性的 FID 串联使用（连接在 FID 之前），从而对同一分析物给出两个相互补充的分析信息。此外，还有 ECD（电子捕获检测器）、FPD（火焰光度检测器）和 NPD（氮磷检测器），其中 ECD 适用于含有电负性强的元素的物质，如含卤素、S、P、N 等元素；FPD 专用于含 P、S 化合物；NPD 则是专用于含 P、N 化合物。

根据气相色谱仪输出的谱图可进行定性分析和定量分析。其中定性分析法包括已知物对照法和相对保留值法。已知物对照法是指在相同的操作条件下，分别测出已知物和未知物的保留值，在未知样品色谱图中对应于已知物保留值的位置上有峰，则判定样品可能含有此已知物组分；而相对保留值法是指在给定的条件下，组分在色谱柱内移动速度的调整保留时间是判断组分是什么物质的指标。对于一些组分简单且已知范围的混合物，在无已知物的情况下，可用这种方法分析。将所得各组分的相对保留时间与色谱手册数据对比定性，其中 t'_{R_1} 为未知物，t'_{R_2} 为标准物，$r_{1,2}$ 为 t'_{R_1} 和 t'_{R_2} 的比值。

$$r_{1,2}=\frac{t'_{R_1}}{t'_{R_2}} \tag{2.8}$$

由式（2.8）可知，$r_{1,2}$ 的数值只取决于组分的性质、柱温与固定液的性质，而与固定液的用量、柱长、流速和填充情况等无关。

根据色谱设备手册的实验条件及所用的标准物质进行实验。将规定的标准物质加入被测样品中，混匀，进样，再求出 $r_{1,2}$，与手册数据对比定性。需要注意的是，相同物质具有相同保留值的色谱峰，但相同保留值的色谱峰不一定是一种物质。因此，为了更好地对色谱峰进行定性分析，常结合其他手段，如气相色谱和质谱或光谱联用、使用选择性色谱检测器、化学试剂检测和利用化学反应等。

色谱定量分析的依据是组分的量（m_i）与检测器的响应信号（峰面积 A_i）成比例。但由于同一检测器对不同物质具有不同的响应值，故两个相等量的物质出的峰面积往往不相等，因此不能单用峰面积直接计算物质的量。为了使检测器产生的响应信号能真实反映物质的含量，应对响应值进行校正，因此引入“定量校正因子”（quantitative calibration factor）。根据进样量与响应信号的正比关系，列式如下[10]：

$$m_i = f_i' A_i \tag{2.9}$$

式中，f_i' 为绝对质量校正因子，即单位峰面积所代表物质的质量，主要由仪器的灵敏度决定，由于 f_i' 不易准确测定，也无法直接应用，在定量工作中使用的是相对校正因子，即某物质与标准物质的绝对校正因子的比值。平常所指及文献查得的校正因子均为相对校正因子。常用的标准物质，热导检测器采用苯，氢焰检测器采用正庚烷。根据被测组分使用的计量单位，相对校正因子可分为质量校正因子、摩尔校正因子和体积校正因子（通常省略“相对”二字）。

质量校正因子 f_m 可表示为：

$$f_m = \frac{f'_{i(m)}}{f'_{s(m)}} = \frac{A_s m_i}{A_i m_s} \tag{2.10}$$

式中，m_i 和 m_s 分别为组分和标准物的质量，A_i 和 A_s 分别为组分和标准物的峰面积。

摩尔校正因子 f_M 以物质的量计：

$$f_M = \frac{f'_{i(M)}}{f'_{s(M)}} = \frac{A_s m_i M_s}{A_i m_s M_i} = f_m \frac{M_s}{M_i} \tag{2.11}$$

体积校正因子以体积计量：

$$f_V = \frac{f'_{i(V)}}{f'_{s(V)}} = \frac{A_s m_i M_s \times 22.4}{A_i m_s M_i \times 22.4} = f_M \tag{2.12}$$

定量分析法包括归一化法、内标法和外标法。

（1）归一化法

将组分的色谱峰面积乘以各自的定量校正因子，按式（2.13）计算组分含量：

$$C_i = \frac{A_i f_i}{\sum_{i=1}^{n} A_i f_i} \times 100\% \tag{2.13}$$

归一化法的优点是简便，定量结果与进样量无关，操作条件的变化对结果影响较小；缺点是必须所有组分在色谱图中都能给出各自的峰面积，且必须知道各组分的校正因子。

（2）内标法

以一定量的纯物质作为内标物，加入准确称量的样品中，根据样品和内标物的质量及其在色谱图中相应的峰面积比，得到某组分的含量。例如，称取样品 m，将内标物 m_s 加入其中，进行色谱分析后，得到待测定组分与内标物的色谱峰面积分别为 A_i 和 A_s，则可确定测定样品中的组分 i（质量 m_i）的百分含量 C_i[10]：

$$C_i = \frac{m_s}{m} \times \frac{A_i f_i}{A_s f_s} \times 100\% \tag{2.14}$$

内标法的优点是通过测定内标物及被测组分的峰面积的相对值来进行计算。由于操作条件而引起的误差，会同时反映在内标物及被测组分上而被抵消，因此可得到较准确的结果。不足之处是要求准确称取样品和内标物的质量，选择合适的内标物。内标物应满足：样品中不存在、加入量接近被测组分、色谱峰位于被测组分色谱峰附近或中间，并与这些组分完全分离。

（3）外标法（又称定量进样-标准曲线法）

用待测组分的纯物质做标准曲线，这与分光光度分析中的标准曲线法相同。在待测组分的纯物质中加稀释剂（液体试样用溶剂稀释，气体试样用载气或空气稀释），配成不同质量分数的标准溶液，取固定量标准溶液进样分析，从所得色谱图上测出响应信号（峰面积或峰高等），绘制响应信号（纵坐标）对质量分数（横坐标）的标准曲线，求出斜率、截距。通常截距应为零，若截距较大，则说明存在一定的系统误差。分析试样时，取和制作标准曲线同样量的试样（固定量进样），测得该试样的响应信号，对照标准曲线即可得其质量分数。

当被测试样中各组分浓度变化范围不大时（例如工厂控制分析），可不绘制标准曲线，而用单点校正法。即配制一个和被测组分含量十分接近的标准溶液，定量进样，由被测组分和外标组分峰面积比或峰高比来求被测组分的质量分数，进而计算出样品的含量：

$$\omega_i = \frac{m_i}{m} = \frac{A_i}{(A_i)_s} \times \frac{(m_i)_s}{m} = \frac{A_i}{(A_i)_s}\omega_s \tag{2.15}$$

式中，m_i 和 A_i 分别代表样品溶液进样中所含 i 组分的质量及相应信号峰面积，$(m_i)_s$ 及 $(A_i)_s$ 分别代表 i 组分标准溶液进样中所含 i 组分的质量及相应信号峰面积，ω_i 和 ω_s 分别表示组分 i 在进样量为 m 的样品溶液和标准溶液中的质量分数。其中，ω_s 和 $(A_i)_s$ 均为已知值，因此测得 A_i 即可计算被测组分 i 的质量分数。

外标法的优点是操作简单，计算方便；其结果的准确度主要取决于进样量的重现性和操作条件的稳定性。

四、旋光仪

单一构型的手性分子都有旋光性，旋光性是指当偏振光通过某种介质时，介质具有使偏振光的振动方向发生旋转的性能，此偏振光振动方向旋转的角度称为旋光度。两个构型不同的手性分子使偏振光向右和向左旋转的能力相同，只是方向不同。右旋和左旋分别用“+”和“-”表示。等量左旋体和右旋体混合得到的是外消旋体，常用“±”表示。

旋光仪是常用的检测旋光性的仪器，其结构示意图如图 2.11 所示。从钠光灯光源射出的单色光通过起偏镜成为单一方向的平面偏振光，在样品管内无样品时，调节检偏镜，使光轴的轴向角度与起偏镜一致，此时该平面偏振光全部能透过检偏镜，视野最明亮。如果旋转检偏镜，则透过检偏镜的光强将减弱。当检偏镜光轴与起偏镜垂直时，偏振光全部不能透过检偏镜，视野黑暗，此时如果样品管中充满含有旋光性物质的溶液，溶液会使从起偏镜中出来的平面偏振光旋转某一角度α，视野又会变得明亮，只有将检偏镜也相应地转过α角度后，视野才能重新变成黑暗。由于检偏镜与刻度盘同轴转动，转过的角度α即为样品管中旋光性物质的旋光角度，可从刻度盘上直接读出[11]。

由于肉眼判断视野的黑暗程度存在人为误差，因此在起偏镜后装入一块具有旋光性的石英片（半渡片）形成“三分视界”（见图 2.12），即原视野最亮时，通过石英片的偏振光旋转角度α，中间一条比两旁稍暗［图 2.12（a)］；原视野黑暗时，中间一条稍亮［图 2.12（b)］。

此时如将检偏镜旋转$\alpha/2$角度（称为“半暗角”），三分视界消失［图 2.12（c）］，用这样的比较鉴别法是最灵敏的，因为此时只要略微向左或右转动检偏镜便会出现两边比中间暗[图 2.12（b）］或两边比中间亮［图 2.12（a）］的情况。因此，将样品管中没有旋光性物质时出现上述“暗度一致”的位置作为仪器的零点，若在样品管中装入含旋光性物质的溶液后，调节检偏镜转动角度α，使视野再次出现“暗度一致”，则旋转的角度α为待测液的“旋光度”，可以从刻度盘上直接读出。检偏镜顺时针转动称为“右旋”，逆时针转动则称为“左旋”。必须注意的是，如果将“半暗角”暗度一致的位置再转过 90°，整个视野会变得特别明亮［图 2.12（d）］，此时左右旋转检偏镜并不出现明显的明暗交替，很难判断三分视界是否消失，不应将其误认为零点和测量的位置[9]。

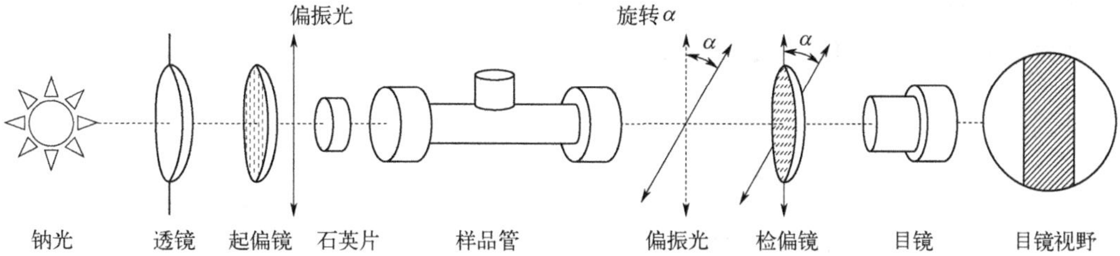

图 2.11　旋光仪结构示意图

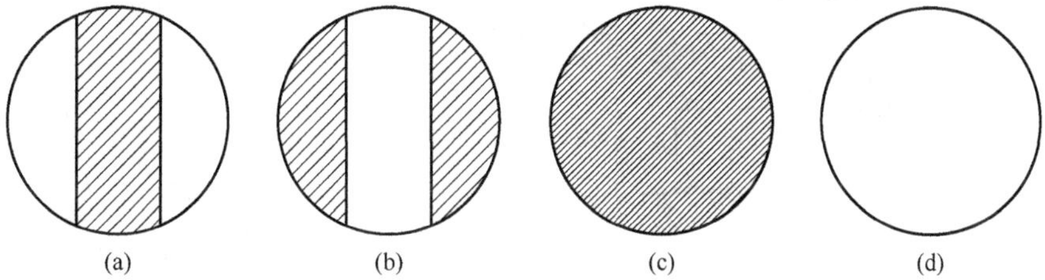

图 2.12　三分视界的目镜视野

由旋光仪结构图可知，旋光度α与样品管的长度、溶液的浓度、光源的波长、测定时的温度、样品及溶剂的分子结构等多种因素有关，旋光度数值之间可比性差。因此，定义一定温度和波长下测得的旋光度与样品浓度和试管长度的比值为“比旋光度”$[\alpha]_\lambda^t$。

$$[\alpha]_\lambda^t = \frac{\alpha}{Lc} \times 100 \tag{2.16}$$

式中，α为测定的旋光度；t为温度，℃；λ为光源波长（$\lambda_{钠光}$=589.3nm）；L为样品管长度，dm；c为样品质量浓度，g/mL。

五、熔点仪

熔点是指固体物质从固态转变为液态的温度。晶体物质具有固定的熔点，而非晶体物质则没有固定熔点。不同晶体因其结构类型不同，熔点也各不相同。在有机化学领域中，纯净的有机化合物通常具有固定的熔点。在一定压力下，固-液相变过程非常灵敏，初熔至全熔的温度范围（即熔点范围或熔距、熔程）一般不超过 0.5～1℃。然而，当样品中含有杂质时，其熔点会偏离标准值，且熔距会显著增大。因此，熔点测定不仅是鉴别物质特性的基本手段，也是评估物质纯度的重要方法之一。

图 2.13 为显微熔点测定仪实验装置图[7]，该仪器主要由三部分组成：加热台部分、目镜部分以及调压控制部分。

测试操作步骤如下：

① 样品预处理　首先对待测样品进行干燥处理，干燥温度应控制在样品熔点以下。干燥完成后，将样品研磨成细粉，备用。

② 仪器准备　将仪器接入电源。将两个温控旋钮向左旋转至归零位置，然后打开电源开关。

③ 样品装填　使用毛细管作为装样器，将毛细管开口端反复插入样品粉末中，直至毛细管内样品高度达到约 6mm。随后，将毛细管反向放入玻璃管中，使样品落入封闭末端。通过轻微振动排出粉末中的空气，确保样品装填紧实。最后，将毛细管插入载物台的毛细管卡槽内，确保毛细管底部的样品位于目镜观察范围内。

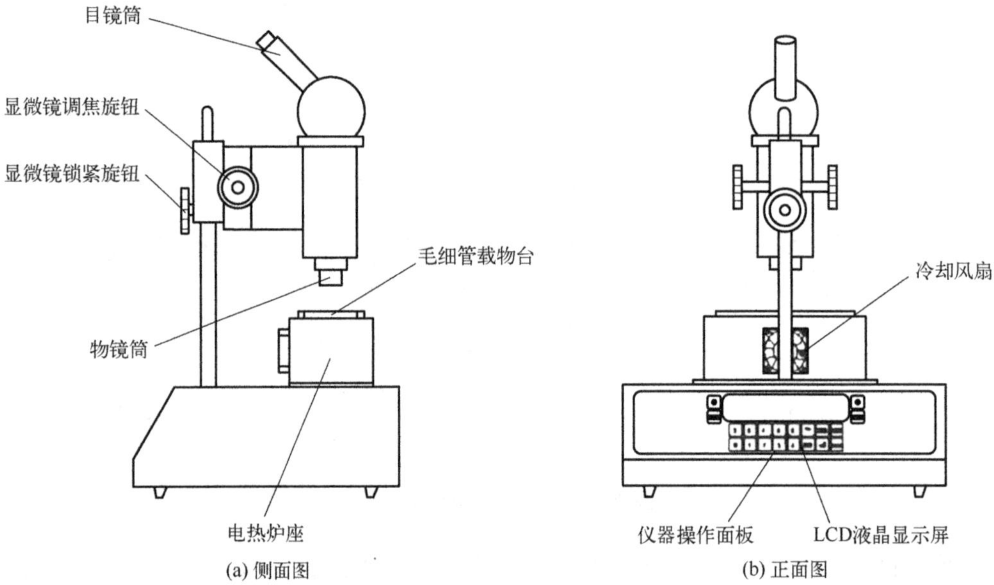

图 2.13　显微熔点测定仪

④ 熔点测定　调整显微镜上下位置，直至能清晰地观察到待测样品的像。根据样品的预期熔点，调节温控旋钮（功率大则升温快，功率小则升温慢）。在测试过程中，初始阶段升温较快，中期逐渐减慢，后期则保持平缓升温（当温度接近样品熔点以下 40℃时，应减慢升温速率；当接近熔点 10℃左右时，调整温控旋钮使升温速率约为 1℃/min）。观察样品的熔融过程，记录初熔和全熔时的温度，完成一次测试。多次测试后，取平均值作为最终结果。

⑤ 测试结束　测试完成后，取下毛细管，将温控旋钮向左归零，关闭电源开关。待加热台冷却后，及时切断电源，并将仪器清理复原。

六、激光粒度仪

激光粒度仪是一种用于测量和分析物理颗粒丰度的精密仪器。根据分散系统的不同，该仪器可分为湿法测试仪、干法测试仪以及干湿一体测试仪。其工作原理基于光在传播过程中，当波前受到与波长尺度相当的孔隙或颗粒的限制时，受限波前处的各元波会作为源发射并在空间产生干涉，从而引发衍射和散射现象。衍射和散射的光能在空间（角度）上的分布与光波波长及孔隙或颗粒的尺寸密切相关。采用激光作为光源，由于其单色性，衍射和散射的光能分布仅与颗粒粒径相关，其工作原理示意图如图 2.14 所示。

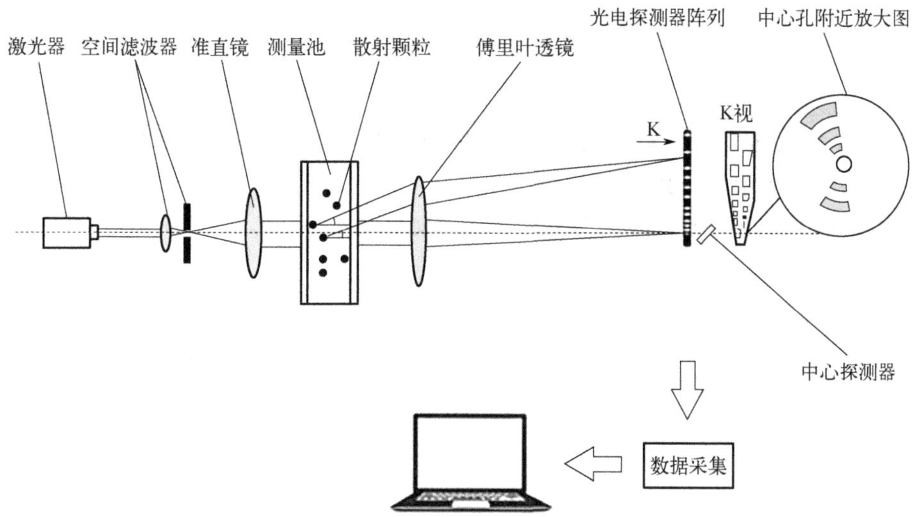

图 2.14　激光粒度仪工作原理示意图

在颗粒群的衍射过程中，各颗粒级的数量决定了在特定角度处获得的光能量大小。这些特定角度处的光能量在总光能量中的比例，即反映了各颗粒级的分布丰度。基于此可以建立表征粒度级丰度与特定角度处获取光能量之间关系的数学物理模型。通过测量光能，并比较特定角度测得的光能与总光能，可以推导出颗粒群中相应粒径级的丰度比例。

在激光粒度分析技术中，动态光散射技术（DLS 技术）是常用的一种。DLS 技术通过测量分散在溶液中的颗粒的布朗运动，并根据颗粒在布朗运动下对光的散射和衍射情况，确定颗粒的流体力学直径。布朗运动是颗粒因溶剂分子碰撞而产生的随机运动，其中较小颗粒的扩散速度较快，而较大颗粒的扩散速度较慢。布朗运动的速率通过平动扩散系数 D 来表示。通过 DLS 技术测得的流体力学直径，相当于与被测颗粒具有相同扩散速率的等效球体的直径。该等效球体包括颗粒本身以及与其表面结合的任何物质（如离子或被吸附的聚合物）。

当光照射到远小于其波长的小颗粒上时，光会向各方向散射（瑞利散射）。当激光照射在颗粒群上时，若这些颗粒完全静止，则测量到的散射光强度是恒定的。然而，在溶剂中，由于微小颗粒进行布朗运动，颗粒的散射光强度会随时间而波动，这种光强波动是动态的。检测到的散射信号包含了所有被测颗粒散射光的光强波动，这些波动是由每个颗粒散射光的干涉引起的。当颗粒进行布朗运动时，光强将随时间改变，其波动速率取决于颗粒的扩散速率。颗粒越小，扩散越快，散射光强的波动也越快，反之亦然。

为了通过这些光强波动信号计算颗粒粒径，需要在特定时间点采集光散射信号，并将光强信号始终与初始光强进行比较。当采集时间间隔为纳秒或微秒时，散射光强信号非常相似，称为强相关。随着时间的推移，散射光强的相似度和相关性都会下降，最终强度信号完全改变，并且不再与初始光强有任何相关性，这个过程被称为自相关。被测量的颗粒越大，扩散速率越慢，相关性完全消失所需的时间越长；而小颗粒的扩散速率快，其自相关性衰减也快。通过拟合的自相关方程，可以计算得到平动扩散系数 D。结合溶剂黏度和温度，利用斯托克斯-爱因斯坦（Stokes-Einstein equation）方程（式 2.17），可以计算颗粒的流体力学直径。

$$d_{\mathrm{H}}=\frac{kT}{3\pi\mu D} \tag{2.17}$$

式中，d_{H} 为流体力学直径，m；k 为玻尔兹曼常数，$k=1.380649\times10^{-23}$J/K；T 为溶剂温度，℃；μ 为溶剂黏度，Pa • s。

激光粒度仪检测颗粒群流体力学直径的流程如图 2.15 所示。

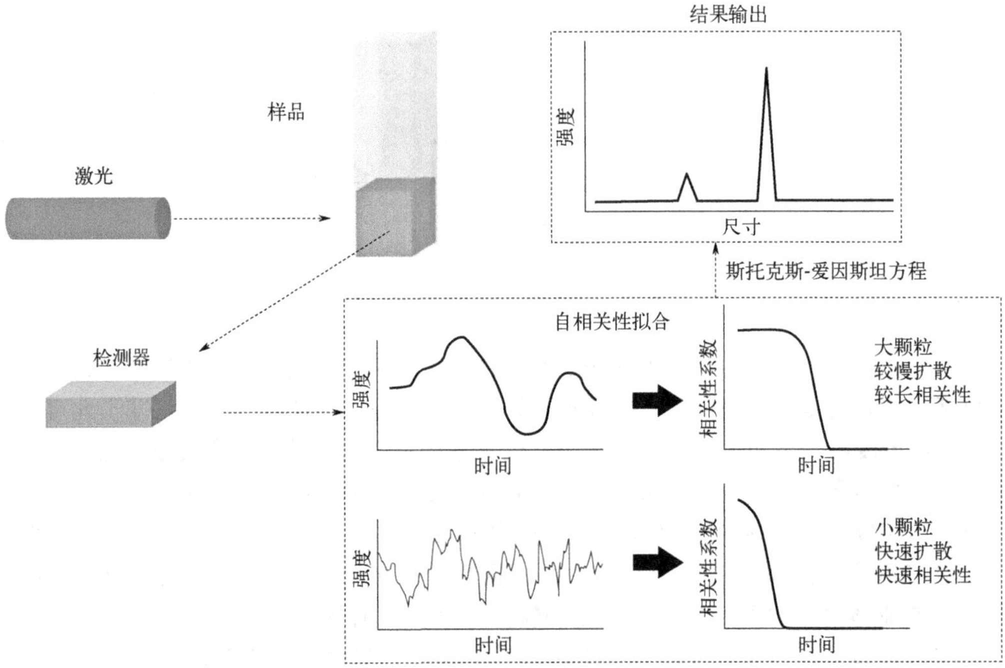

图 2.15 激光粒度仪检测流程

第五节 化工虚拟仿真实验软件操作说明

以气固流化床反应器的流化特性测定虚拟仿真实验为例。

一、软件运行环境

- 操作系统：Windows 7，64 位以上

- CPU：Intel 双核 @ 2.40GHz 或以上
- 内存：2G 以上
- 显卡：显存 1G 以上，位宽 256bit 以上

二、软件安装过程

（1）双击安装包［如图 2.16（a）所示］开始安装。
（2）按照安装引导窗口［如图 2.16（b）所示］的步骤完成安装。

(a) 软件安装包

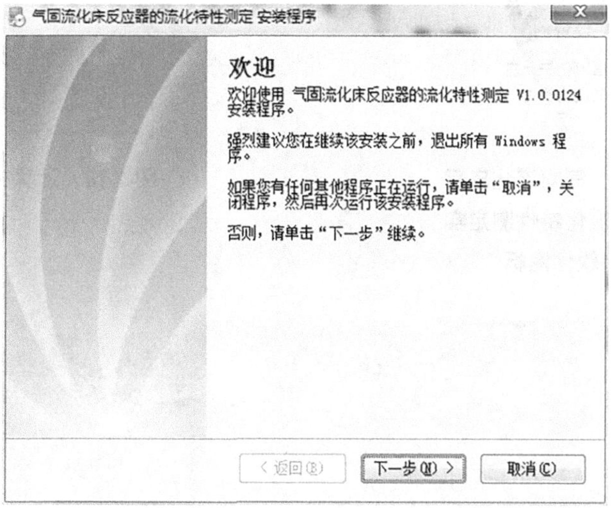

(b) 安装引导

图 2.16　软件安装

三、软件操作使用说明

（1）启动软件
右键点击软件图标（如图 2.17 所示），选择“以管理员身份运行”。
（2）显示设置
选择适合本机的分辨率、显示效果、窗口/全屏显示（如图 2.18 所示）。
- 显示效果从 Fastest 到 Fantastic，效果递增，运行速度递减；
- 勾选“窗口显示”则软件以窗口形式显示，不勾选则全屏显示；
- 下拉菜单可选择软件显示分辨率，默认 1280×720。

（3）实验操作界面
软件打开后显示如图 2.19 所示的实验操作界面。
（4）隐匿式菜单
当鼠标光标移动到屏幕上侧区域时自动触发隐匿式菜单（如图 2.20 所示）。

图 2.17　气固流化床反应器的流化特性测定实验软件图标

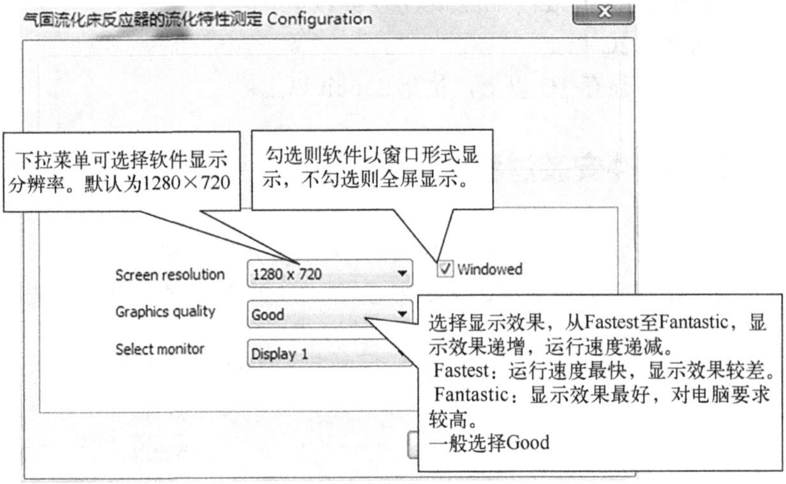

图 2.18　计算机显示选择

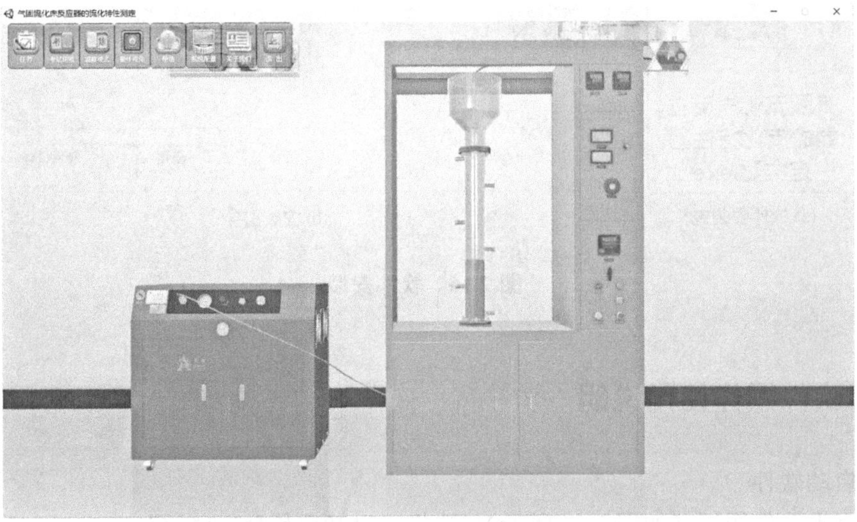

图 2.19　实验操作界面

图 2.20　隐匿式菜单

（5）任务菜单

任务菜单中包括了新手上路、实验守则、实验简介、结构认知、实验教学等功能，单击任务选项会弹出如图 2.21 所示的层级窗口。

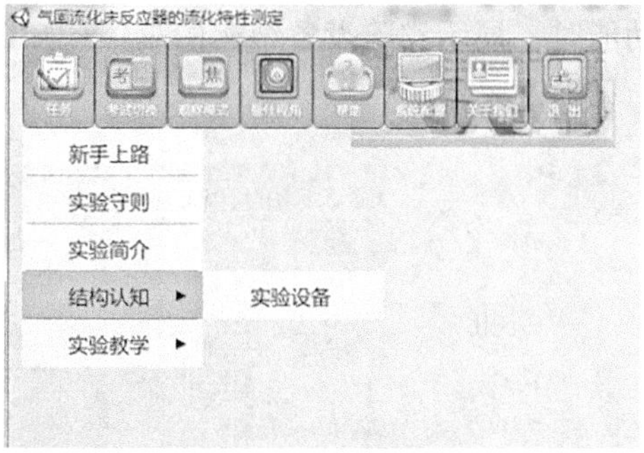

图 2.21　层级窗口

- 新手上路：初次使用软件时，可通过此功能了解软件的基本操作。
- 实验守则：选择该功能时会弹出相应的界面（如图 2.22 所示），并启动语音介绍。

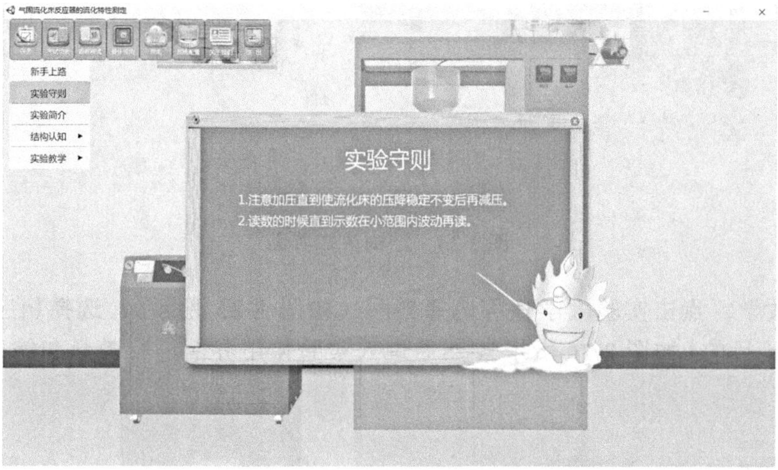

图 2.22　实验守则界面

- 实验简介：选择该功能时会弹出相应的介绍界面（如图 2.23 所示），并启动语音介绍。

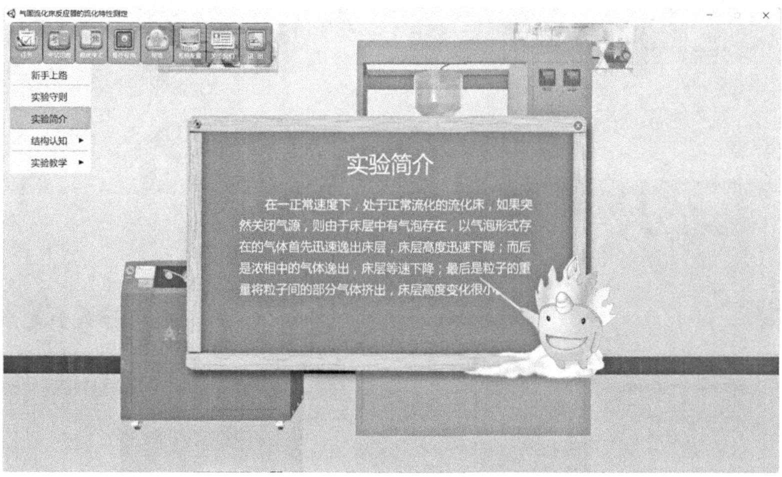

图 2.23　实验简介界面

• 结构认知：选择该功能时，展示实验设备结构的总体认知图（如图 2.24 所示）。

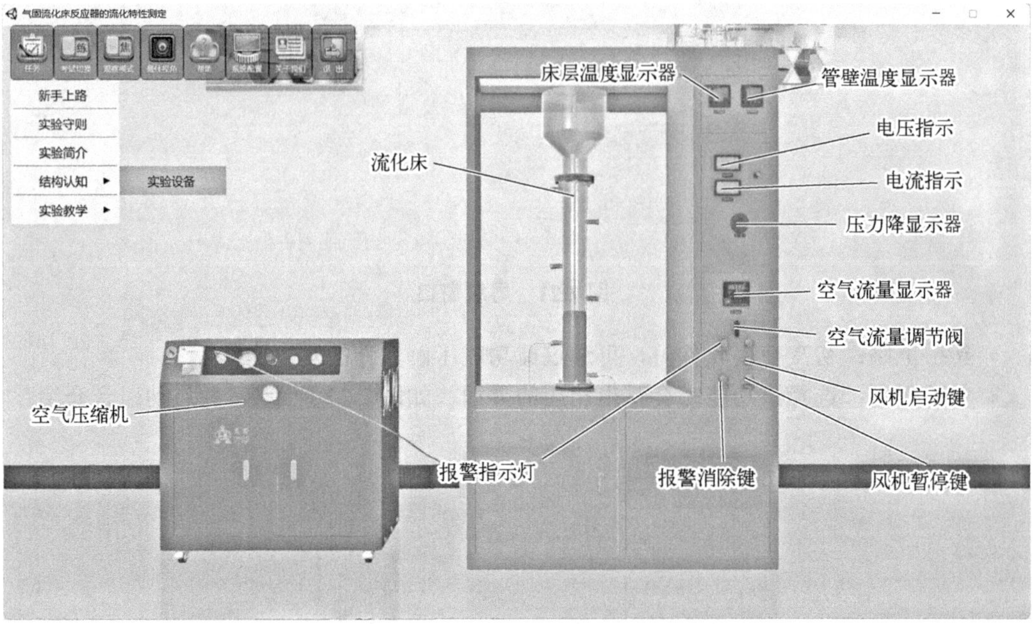

图 2.24　结构认知界面

• 实验教学：点击实验教学任务选择界面（如图 2.25 所示），选择相应实验后，首先是了解实验目的（如图 2.26 所示），然后进入实验使用界面进行教学和练习（如图 2.27 所示）。

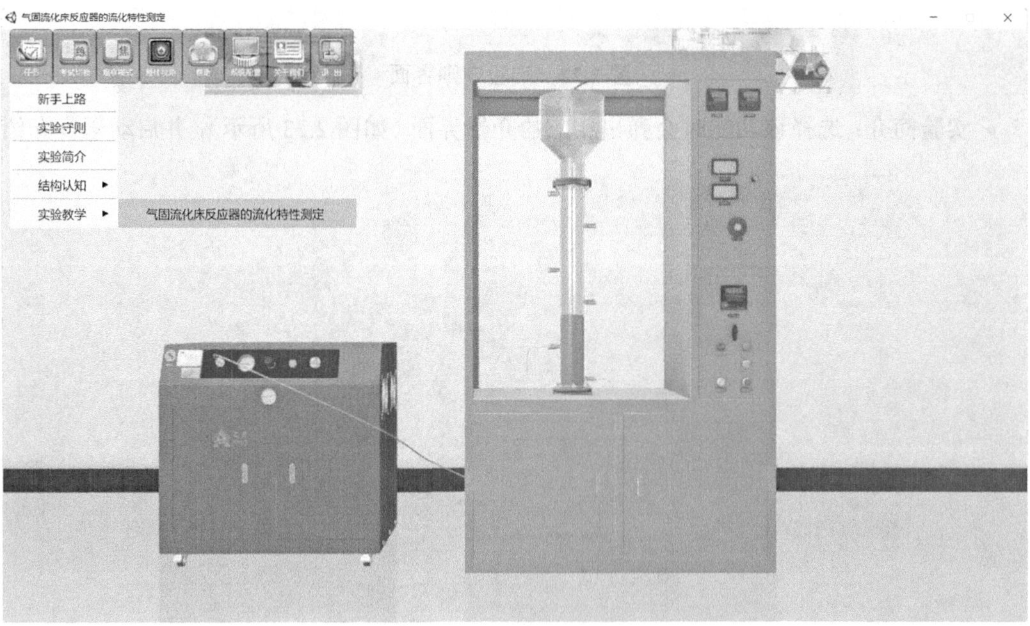

图 2.25　实验教学任务选择界面

（6）按钮控制功能

各按钮的控制功能如表 2.6 所示。

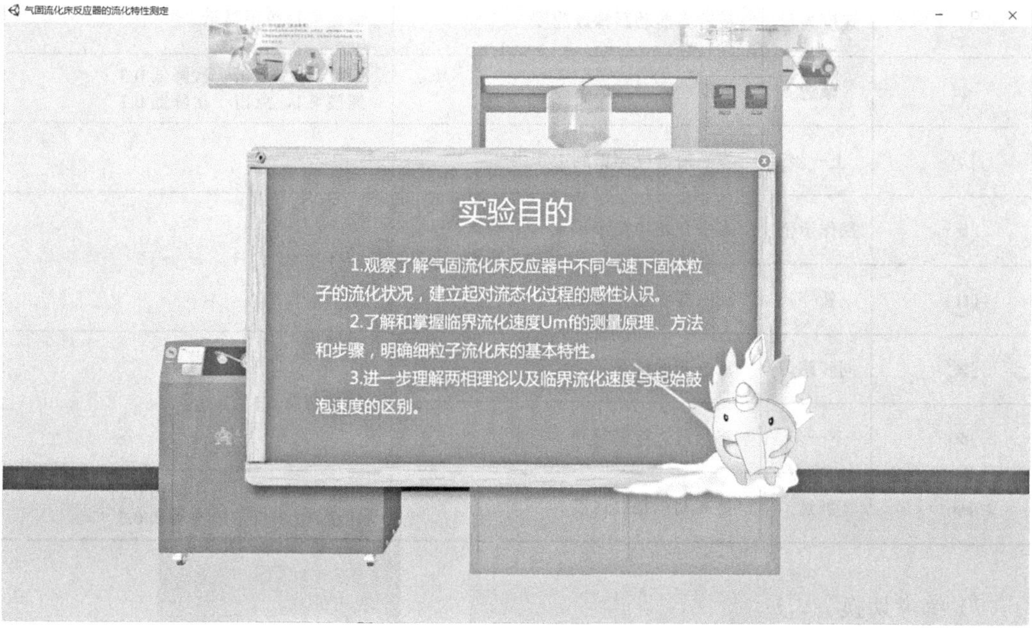

图 2.26　实验目的界面

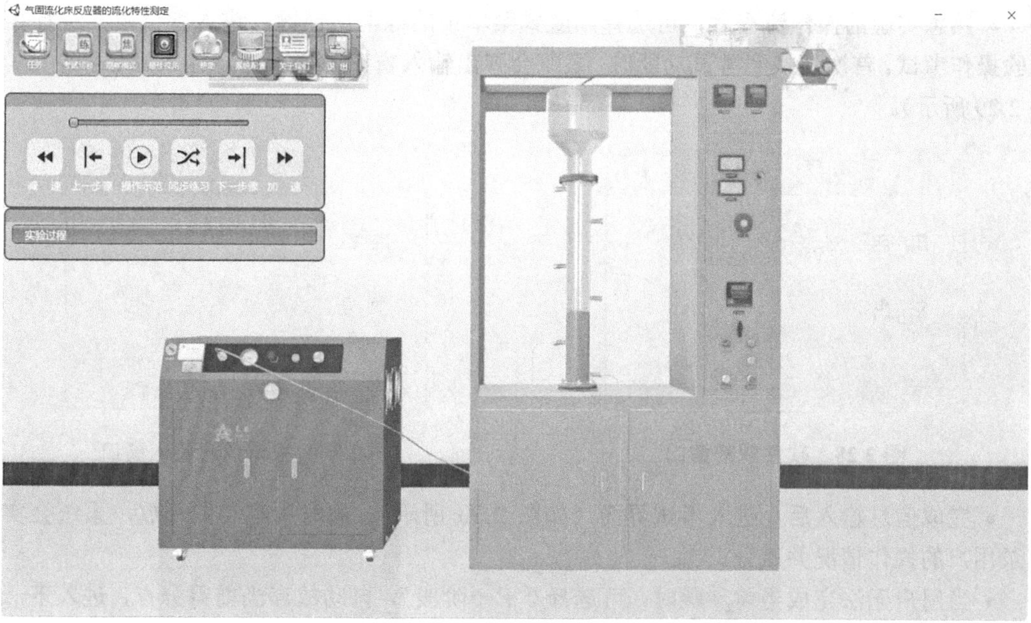

图 2.27　实验教与练功能界面

表 2.6　各按钮的控制功能

图片	名称	作用	备注
X1.5	速度显示	显示当前动画播放速度	原速度播放不显示
	减速	降低动画播放速度	速度＞1，点击一次降低 0.5； 速度≤1，点击一次降低 0.1
	上一步	将当前进度调整到上一步	
	操作示范	点击开始操作示范	循环切换
	暂停	点击暂停操作示范	
	同步练习	点击开始练习	练教切换
	下一步	将当前进度调整到下一步	
	加速	提高动画播放速度	速度＜1，点击一次增加 0.1； 速度≥1，点击一次增加 0.5

（7）练考切换 考试切换

点击同步练习和考试切换按钮时，系统会弹出软件解密窗口，输入相应的用户名和密码即可（如图 2.28 所示）。

• 熟悉实验的操作流程后，可选择隐匿式菜单中的练考切换键，进入考试模式进行相应实验操作考试。首次切换到考试功能时，系统会弹出输入窗口并要求用户输入姓名和学号（如图 2.29 所示）。

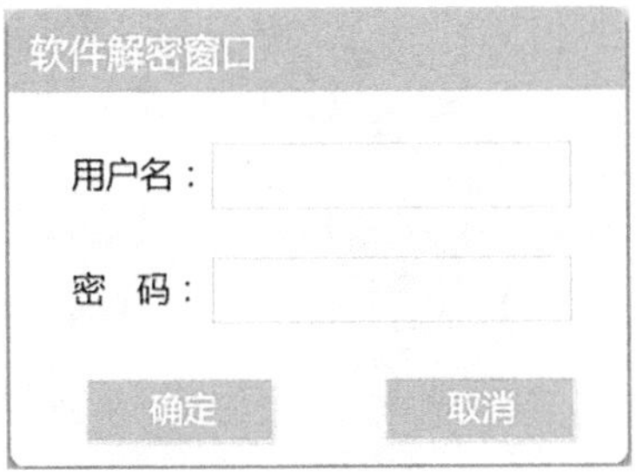

图 2.28　软件解密窗口

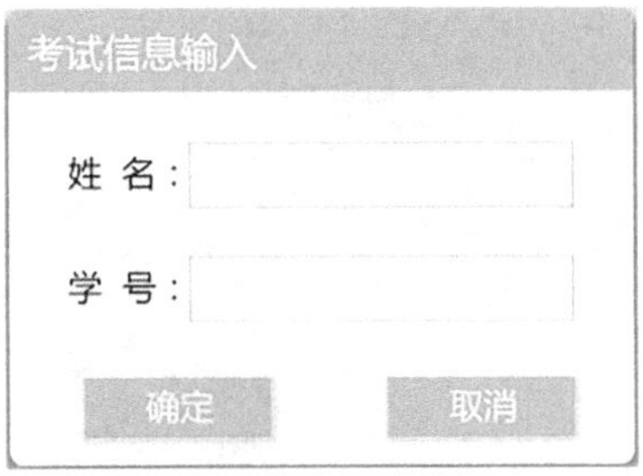

图 2.29　考试信息输入窗口

• 完成信息输入后，进入考试界面（如图 2.30 所示）。此时所有功能开放，系统会实时记录用户的操作情况并赋分。

• 当用户无法完成当前步骤时，可选择“下一阶段”，自动放弃当前得分点，进入下一步骤的考核。选择“交卷”时，系统会弹出确认菜单，确认后软件会自动将考试成绩发送到系统桌面，用户可以自行查看。

（8）焦点、场景模式切换 场景模式 焦点模式

该功能只在练和考模式下有效，模式分为“焦点模式”和“场景模式”，用户可在不同模

式下漫游实验室。

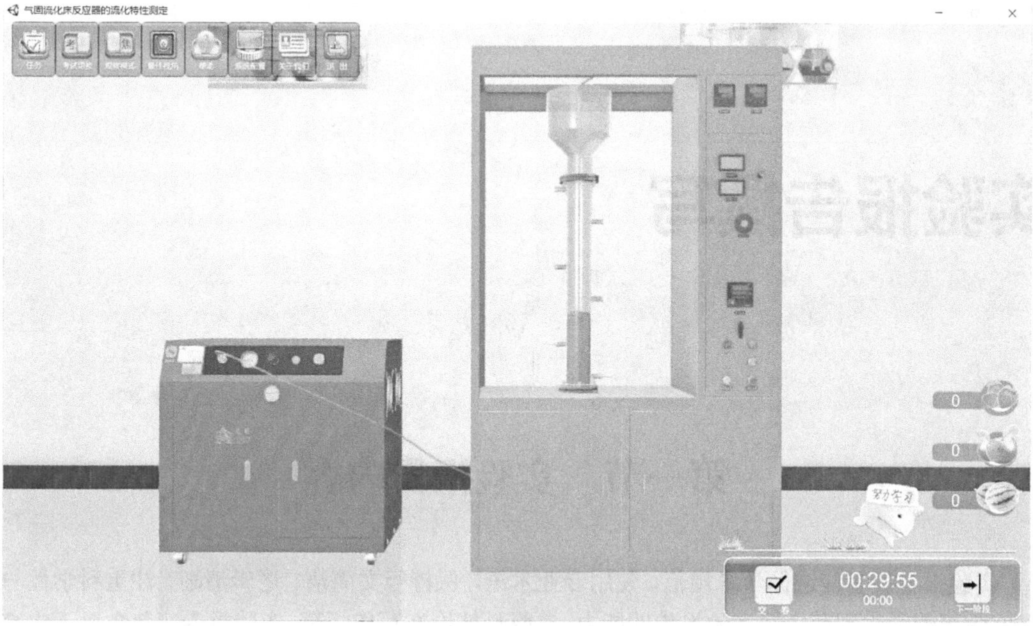

图 2.30　实验考试界面

• 场景模式：按 W、A、S、D 进行上下左右移动，Q、E 进行左旋和右旋，Z、X 进行视角上下调整，空格键用于跳跃。

• 焦点模式：按住鼠标中键可旋转场景，同时按住中键和右键可平移场景。

（9）最佳视角

在练习和考试过程中，可通过该按钮一键回到最佳位置。

（10）帮助

在练习时，点击该按钮即可高亮需要操作的点位。

（11）系统配置

点击“系统配置”，会弹出相应的配置界面（如图 2.31 所示）。可设置背景色、材质切换、部件提示、语言切换、服务器、文字提示、声音开关、是否全屏、视频等选项。

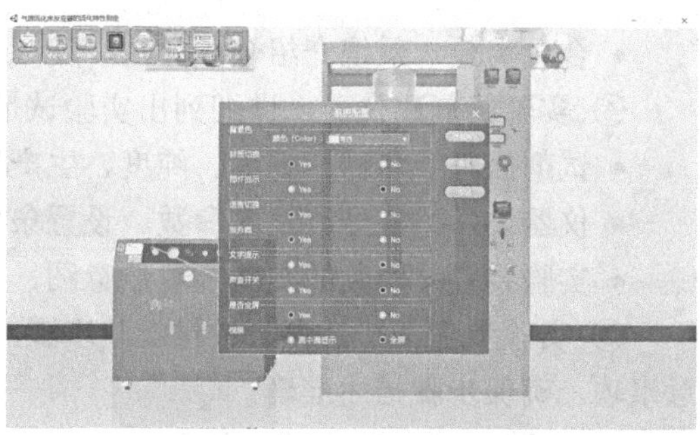

图 2.31　系统配置界面

（12）退出

选择退出时，会弹出退出确认窗口，确认后即退出当前软件。

以上为气固流化床反应器的流化特性测定虚拟仿真实验的详细操作说明。

第 3 章

实验报告撰写

第一节　实验报告内容

实验报告撰写应遵循学术规范，使用专业术语，保持行文简洁、逻辑清晰，注重科学性与规范性。为培养学生规范撰写实验报告的能力，参照科技论文写作规范，实验报告应包含以下内容：

① 实验背景　通过查阅专业书籍、学术文献、专利数据库及行业资讯，系统调研实验项目相关原料、工艺和产物的国内外研究进展，重点分析常用实验方法与工艺路线的优缺点，阐明本实验的研究价值与创新点。

② 实验目的　明确阐述实验过程中需要掌握的核心知识点、实验技能及测试方法。说明通过本实验预期达到的学习目标，包括理论知识的深化和实践能力的提升。

③ 实验原理　根据实验类型详细说明理论基础。

- 热力学实验　重点阐述热力学机理、模型方程及其应用。
- 工程实验　详细说明工艺流程与方法原理。
- 动力学实验　深入解析反应过程、反应机理及动力学模型。
- 合成实验　系统介绍合成方法、反应机理及主副反应过程。

④ 实验试剂和仪器　详细列出实验试剂和仪器的参数。

- 试剂信息　名称、规格、纯度、生产厂家。
- 仪器设备　型号、技术参数、设置条件、供应商信息。
- 实验装置　规范的实验装置示意图，标明关键部件与连接方式。

⑤ 实验步骤　严格参照教材实验步骤，如实记录实际操作过程，突出关键操作要点与注意事项，确保步骤描述准确。

⑥ 实验记录　设计或使用规范实验记录格式，包括原料用量及规格，工艺参数（温度、压力、流量、时间等），实验现象，特殊操作与异常情况。

⑦ 数据处理　根据实验要求，采用合适的数据处理方法，绘制规范的图表，进行必要的计算，确保数据处理过程可追溯。

⑧ 实验结果　系统总结实验结果，分析实验误差来源，结合理论原理讨论，提出改进建议与优化方案。

⑨ 思考题问答　准确回答实验讲义中的思考题。

第二节　实验记录要求

实验记录是对实验过程的记录，实验中观察到的现象和数据等都应记录在案，实验记录的基本要求如下：

① 及时、如实记录实验全过程的相关数据，确保记录准确、完整、可追溯；

② 实验记录字迹需工整，采用规范的专业术语、计量单位和外文符号；

③ 实验记录应尊重客观事实；

④ 实验记录应包括实验日期、时间、地点及合作组员姓名学号，实验名称，所使用的仪器、药品，主要操作条件和实验结果等；

⑤ 实验记录还应包括实验过程中的突发情况，如仪器故障、异常的实验现象等。

第三节　实验数据处理及实验误差

一、实验数据处理

实验数据的处理是实验研究工作中至关重要的环节。通过实验获得的大量数据，必须经过正确的分析、处理和关联，才能揭示各变量之间的定量关系，从而获得有价值的信息与规律。实验数据处理是一项技巧性很强的工作，处理方法的得当与否直接影响实验结果的清晰度和准确性。若处理方法不当，可能导致得出模糊不清甚至错误的结论。

实验数据处理常用的方法有三种：表列法、图示法和回归分析法[2]。

（1）表列法

表列法是将实验的原始数据、运算数据和最终结果直接列举在各类数据表中以展示实验结果的一种数据处理方法。根据内容不同，数据表主要分为两种：原始数据记录表和实验结果表。其中，原始数据记录表需在实验前设计，记录的内容是实验过程中的原始数据。实验结果表则显示经过数据处理得出的主要实验结果，该表的制定应简明扼要，直接反映主要实验指标与操作参数之间的关系。

（2）图示法

图示法是以图的形式表达实验结果，由于图示法能直观地显示变量间存在的极值点、转折点、周期性及变化趋势，尤其在数学模型不明确或解析计算有困难的情况下，图示求解是数据处理的有效手段。图示法的关键是坐标的合理选择，包括坐标类型与坐标分度的确定。坐标选择不当，往往会扭曲和掩盖实验的本来面目，导致错误的结论。

坐标类型选择的一般原则是尽可能使函数的图形线性化。如线性函数：$y=a+bz$，选用直角坐标；指数函数：$y=a^{bx}$，选用单对数坐标；幂函数：$y=ax^b$，选用双对数坐标。若变量的数值在实验范围内发生了数量级的变化，则该变量应选用对数坐标来标绘，确定坐标分度值可参照如下原则[2]：

① 坐标的分度应与实验数据的精度相匹配。即坐标读数的有效数字应与实验数据的有

效数字位数相同。换言之，就是坐标的最小分度值的确定应以实验数据中最小的一位可靠数字为依据。

② 坐标比例的确定应尽可能使曲线主要部分的切线与 x 轴和 y 轴的夹角成 45°。

③ 坐标分度值的起点不必从零开始，一般取数据最小值的整数为坐标起点，以略高于数据最大值的某一整数为坐标终点，使所标绘的图线位置居中。

（3）回归分析法

回归分析法就是采用数学手段，将离散的实验数据回归成某一特定的函数形式，用以表示变量之间的相互关系。在化工过程开发的实验研究中，涉及的变量较多，这些变量处于同一系统中，既相互联系又相互制约，但由于受到各种无法控制的实验因素（如随机误差）的影响，变量之间的关系不能像物理定律那样用确切的数学关系式来表示。只能从统计学的角度来寻求其规律，变量间的这种关系称为相关关系。回归分析法是研究变量间相关关系的一种数学方法，是数理统计学的一个重要分支。

回归分析法处理实验数据的步骤如下：

① 选择和确定回归方程的形式（即数学模型）；

② 用实验数据确定回归方程中的模型参数；

③ 检验回归方程的等效性。

回归方程形式的选择和确定有四种方法[2]：

① 根据理论知识、实践经验或前人的类似工作，选定回归方程的形式。

② 将实验数据标绘成曲线，观察其接近于哪种常用的函数图形，据此选择方程的形式。

③ 根据理论和经验确定几种可能的方程形式，用实验数据分别拟合，并运用概率论、信息论的原理对模型进行筛选，以确定最佳模型。

④ 模型参数的估计。回归方程的形式（即数学模型）确定后，要使模型能够真实地表达实验的结果，必须用实验数据对方程进行拟合，进而确定方程中的模型参数，如对线性方程 $y=a+bx$，其待估参数为 a 和 b。

参数估值的指导思想是：由于实验中各种随机误差的存在，实验响应值与数学模型的计算值不可能完全吻合。但可以通过调整模型参数，使模型计算值尽可能逼近实验数据，使两者的残差趋于最小，从而达到最佳的拟合状态。

二、实验误差

实验误差包括绝对误差、相对误差、算术平均误差和标准误差。其中绝对误差是指实验值与真值之差。真值是指某一时刻和某一状态下，某量的客观值或实际值。真值通常是未知的，但从相对意义上来说，真值又是已知的。例如，平面三角形三内角之和恒为 180°；同一非零值自身之差为零，自身之比为 1；国家标准样品的标称值；国际上公认的计量值，如碳 12 的原子量为 12，绝对零度等于 −273.15℃等；高精度仪器所测值和多次实验值的平均值等。由于真值一般是未知的，所以绝对误差也就无法准确计算。虽然绝对误差的准确值通常不能求出，但可以根据具体情况估计其范围。在实验中，如果对某物理量只进行一次测量，常常可依据测量仪器上注明的精度等级或仪器最小刻度作为单次测量误差的计算依据。通常可取最小刻度值作为最大绝对误差，而取其最小刻度的一半作为绝对误差的计算值，这种方法为实验误差的估算提供了一种实用的途径。

相对误差是绝对误差与真值的比值。然而，在实际计算中，由于真值通常未知，因此常将绝对误差与实验值或平均值之比作为相对误差。算术平均误差则是实验值与算术平均值之间的偏差。在计算算术平均误差时，偏差可能为正也可能为负，因此必须取其绝对值。显然，算术平均误差能够反映一组实验数据的误差大小，但无法表达各实验值之间的符合程度。

标准误差，也称为均方根误差、标准偏差或标准差，当实验次数 n 趋近于无穷大时，称为总体标准误差。其定义为[3]：

$$\sigma=\sqrt{\frac{\sum_{i=1}^{n}(x_i-\overline{x})^2}{n}}=\sqrt{\frac{\sum_{i=1}^{n}d_i^2}{n}}=\sqrt{\frac{\sum_{i=1}^{n}x_i^2-\sum_{i=1}^{n}(x_i)^2/n}{n}} \tag{3.1}$$

在实际科学实验中，实验次数一般为有限次，于是又有样本标准误差，定义为：

$$s=\sqrt{\frac{\sum_{i=1}^{n}(x_i-\overline{x})^2}{n-1}}=\sqrt{\frac{\sum_{i=1}^{n}d_i^2}{n-1}}=\sqrt{\frac{\sum_{i=1}^{n}x_i^2-\sum_{i=1}^{n}(x_i)^2/n}{n-1}} \tag{3.2}$$

式中，x_i 为实验值，$\overline{x}$ 为实验平均值。

标准误差不但与一组实验值中每一个数据有关，而且对其中较大或较小的误差敏感性很强，能明显地反映出较大的个别误差。常用来表示实验值的精密度，标准误差越小，则实验数据精密度越高。

根据误差性质和来源不同，误差可分为三类：系统误差、随机误差和过失误差。

① 系统误差是由仪器误差、方法误差和环境误差共同构成的。具体来说，仪器性能欠佳、使用不当、操作不规范以及环境条件的变化都可能引起系统误差。系统误差是实验中的潜在问题，若已知其来源，应设法消除。若无法在实验中完全消除，则应事先测出其数值的大小和规律，以便在数据处理时进行修正。

② 随机误差是实验中普遍存在的误差类型。从统计学的角度来看，随机误差具有有界性、对称性和抵偿性。这意味着误差仅在一定范围内波动，不会无限发散。当实验次数足够多时，正负误差将相互抵消，数据的算术平均值将趋近于真值。因此，随机误差不易也不必刻意消除。

③ 过失误差是由实验者的主观失误造成的显著误差。这种误差通常会导致实验结果的严重扭曲。在原因清楚的情况下，应及时消除过失误差。若原因不明，可根据统计学的 3σ 准则进行判别和取舍（σ 称为标准误差）。所谓 3σ 准则，即如果实验测定量 x_i 与平均值 $\overline{x}$ 的残差 $|x_i-\overline{x}|>3\sigma$，则该测定值为坏值，应予剔除。

误差的大小是衡量实验结果质量的重要指标，其来源可能是随机误差、系统误差或两者的共同作用。为了更准确地描述误差的性质，引入了精密度、正确度和准确度这三个术语。

精密度反映了随机误差的大小，指的是在相同实验条件下，多次实验结果之间的一致性。精密度与实验数据的重复性密切相关，数据点越集中，精密度越高。由于精密度主要受随机误差影响，因此在没有系统误差的情况下，增加实验次数可以有效提高精密度。如果实验过程本身具有较高的精密度，通常只需少量实验即可满足要求。精密度的高低可以通过极差、标准误差和方差等统计量来评估。极差是数据集中最大值与最小值的差值；标准误差（σ 或

s）则通过式（3.1）和式（3.2）计算，其值越小，数据分布越集中，精密度越高，随机误差越小，数据的正态分布曲线也越尖锐。方差是标准误差的平方，用σ^2（总体方差）或s^2（样本方差）来表示。显然方差同样反映了数据的离散程度和随机误差的大小。

正确度则反映了大量测试结果的平均值与真值或参考值之间的一致性，主要受系统误差的影响。系统误差是在特定实验条件下所有系统偏差的综合体现。由于随机误差和系统误差的性质不同，实验数据的精密度高并不一定意味着正确度高；反之，精密度较低的数据在实验次数足够多时，也可能表现出较高的正确度。

图 3.1 展示了精密度与正确度之间的关系，帮助理解两者的区别与联系。

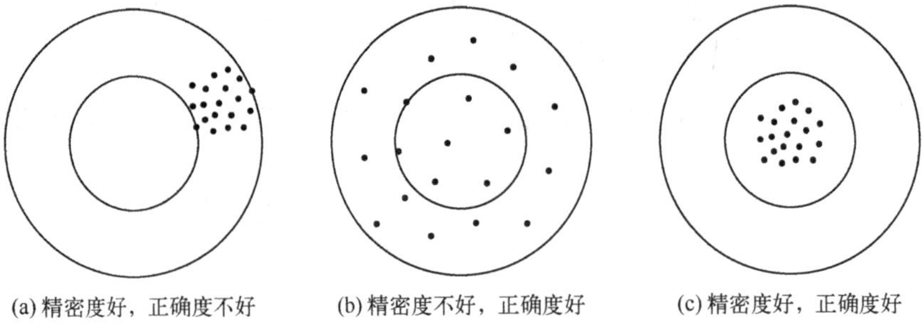

图 3.1 精密度和正确度的关系

准确度反映了系统误差和随机误差的综合，表示了实验结果与真值或标准值的一致程度。如图 3.2（a）所示，假设 A、B、C 三个实验都无系统误差，实验数据服从正态分布，而且对应着同一个真值，则可以看出 A、B、C 的精密度依次降低；由于无系统误差，三组数的极限平均值（实验次数无穷多时的算术平均值）均接近真值，即它们的正确度是相当的；如果将精密度和正确度综合起来，则三组数据的准确度从高到低依次为 A、B、C。

又由图 3.2（b），假设 A′、B′、C′三个实验都有系统误差，实验数据服从正态分布且对应着同一个真值，则可以看出 A′、B′、C′的精密度依次降低。由于都有系统误差，三组数的极限平均值均与真值不符，所以它们是不准确的。但是，如果考虑到精密度因素，则图 3.2（b）中 A′的大部分实验值比图 3.2（a）中 B 和 C 的实验值更准确。

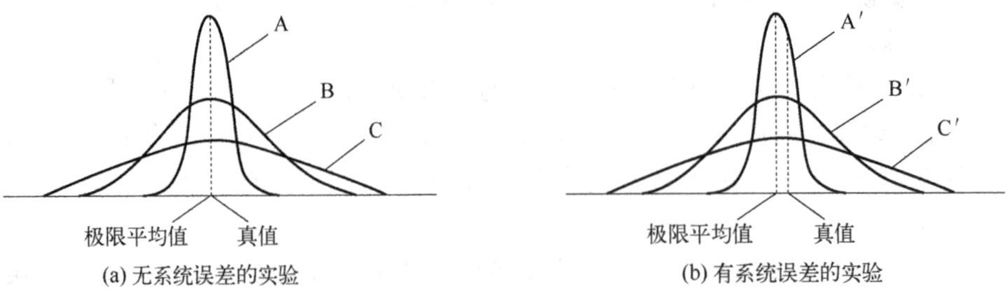

图 3.2 实验准确度、精密度和正确度的关系

许多实验数据是由几个直接测量值按照一定的函数关系计算得到的间接测量值，由于直接测量值都有误差，所以间接测量值也必然有误差。根据直接测量值的误差来计算间接测量值的误差就是误差传递。假设间接测量值与直接测量值之间的函数关系为：

$$y = f(x_1, x_2 \cdots, x_i) \tag{3.3}$$

对上式进行全微分可得：

$$dy=\frac{\partial f}{\partial x_1}dx_1+\frac{\partial f}{\partial x_2}dx_2+\cdots+\frac{\partial f}{\partial x_n}dx_n \tag{3.4}$$

分别用Δy，Δx_1，Δx_2，…，Δx_n替代上式中 dy，dx_1，dx_2，…，dx_n，则有：

$$\Delta y=\frac{\partial f}{\partial x_1}\Delta x_1+\frac{\partial f}{\partial x_2}\Delta x_2+\cdots+\frac{\partial f}{\partial x_n}\Delta x_n \quad 或 \quad \Delta y=\sum_{i=1}^{n}\left(\frac{\partial f}{\partial x_i}\Delta x_i\right) \tag{3.5}$$

式（3.5）即为绝对误差的传递，表明间接测量或函数的误差是各直接测量值的各项分误差之和，而分误差的大小又取决于直接测量误差（Δx_i）和误差传递系数$\left(\frac{\partial f}{\partial x_i}\right)$，所以函数间接测量值的绝对误差为：

$$\Delta y=\sum_{i=1}^{n}\left|\frac{\partial f}{\partial x_i}\Delta x_i\right| \tag{3.6}$$

相对误差为：

$$\frac{\Delta y}{y}=\sum_{i=1}^{n}\left|\frac{\partial f}{\partial x_i}\times\frac{\Delta x_i}{y}\right| \tag{3.7}$$

由此可知间接测量值或者函数的真值 y_t 可表示为：

$$y_t=y\pm\Delta y \tag{3.8}$$

根据标准误差的定义，可以得到函数标准误差传递为：

$$\sigma_y=\sqrt{\sum_{i=1}^{n}\left(\frac{\partial f}{\partial x_i}\right)^2\sigma_i^2} \tag{3.9}$$

由于直接测量次数有限，故采用下式表示间接测量的标准误差：

$$s_y=\sqrt{\sum_{i=1}^{n}\left(\frac{\partial f}{\partial x_i}\right)^2 s_i^2} \tag{3.10}$$

式中，y 为间接测量值；Δy 为间接测量值的绝对误差；x_i 为直接测量值，$i=1,2,\cdots,n$；Δx_i 为直接测量值的绝对误差；$\frac{\partial f}{\partial x_i}$为误差传递系数；$y_t$ 为间接测量值的真值；σ_i、s_i 为直接测量值的标准误差；σ_y、s_y 为间接测量值的标准误差。

第四节　实验报告要求

实验报告是对实验工作的系统性总结，其撰写需要遵循规范要求。报告内容必须确保实验过程和数据的真实可靠，所有数据应通过规范的图表形式进行准确呈现。撰写时应详细记录实验的全过程，包括实验方案、操作步骤、使用仪器、实验现象和数据分析等关键信息。

在结果分析部分，需要对实验数据进行深入讨论，科学解释实验现象，分析可能的误差来源，并客观评价实验结果的可靠性和局限性。同时，还应提出改进建议和未来研究方向。

规范的实验报告应具有完整的结构，包括标题、摘要、引言、实验方法、结果讨论和结论等必要部分。撰写时要求逻辑清晰、表述准确，使用规范的专业术语，并遵循统一的格式要求。

实验报告撰写是重要的科研能力训练内容，通过这一过程可以培养科学思维能力、数据分析能力和学术写作能力，为今后的科研工作打下坚实基础。

第4章

化工专业基础实验

实验一　汽液平衡数据的测定

一、实验背景

汽液平衡数据是化工领域中最基础且重要的数据之一。无论是精馏过程的设计、操作，还是过程控制，都离不开精确的汽液平衡数据。此外，在热力学研究中，新型热力学模型的开发及现有模型的比较和筛选，也依赖于大量准确的汽液平衡实验数据。因此，每年都有众多的研究学者发表大量关于汽液平衡数据测定及其研究的论文。

由于汽液平衡体系的复杂性和测定技术的不断发展，汽液平衡的测定方法也呈现出多样化的特点。根据压力的不同，汽液平衡测定可分为常减压汽液平衡测定和高压汽液平衡测定。高压汽液平衡测定技术相对复杂，难度较大，而常减压汽液平衡测定相对简单。根据测定形态的不同，汽液平衡测定方法又可分为静态法和动态法。静态法技术较为简单，而动态法虽然技术复杂，但测定过程较快且结果更为准确。

在动态法中，又有单循环法和双循环法之分。双循环法是指汽相和液相都进行循环，而单循环法通常只有汽相循环。常减压汽液平衡测定一般采用双循环法，而高压汽液平衡测定通常采用汽相强制循环。循环法有助于系统快速达到平衡，便于取样分析。

根据温度和压力的控制方式，汽液平衡测定方法还可分为等温法和等压法。静态法通常采用等温法，而动态法中的高压汽液平衡测定也多采用等温法。不同的汽液平衡系统具有不同的特点，因此测定方法也各有优劣。

二、实验目的

① 测定常压下乙醇-水二元系统汽液平衡数据，掌握汽液平衡数据的测定方法和技能。

② 熟悉相关仪器的使用方法。

③ 将热力学理论与实际应用有机结合，加深对相关理论知识的理解和掌握。

三、实验原理

本实验采用常压（等压）双循环法测定乙醇-水的汽液平衡数据。应用循环法测定汽液平衡数据的平衡釜有多种形式，但其基本原理相同。如图 4.1 所示，当系统达到汽液平衡时，A 和 B 两容器中的组成不再随时间变化，此时从 A 和 B 两容器中分别取样分析，即可得到一组汽液平衡实验数据。根据相平衡原理，当汽液两相达到平衡时，汽液两相的温度和压力相等，且任一组分在各相中的逸度相等，即

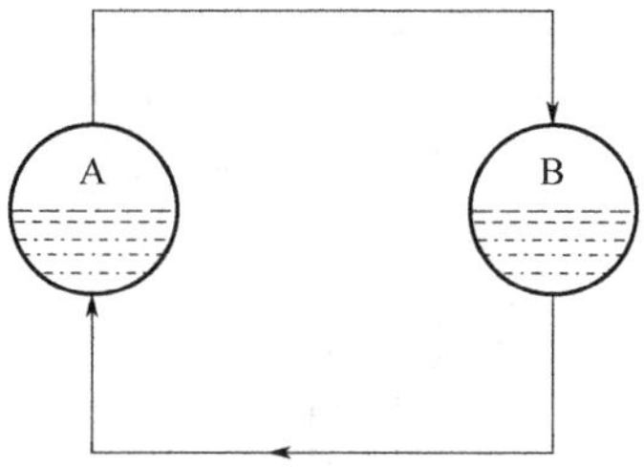

图 4.1　循环法原理示意图

$$\hat{f}_i^{\mathrm{v}} = \hat{f}_i^{\mathrm{L}} \tag{4.1}$$

其中

$$\hat{f}_i^{\mathrm{v}} = \hat{\Phi}_i^{\mathrm{v}} y_i p \tag{4.2}$$

$$\hat{f}_i^{\mathrm{L}} = r_i x_i f_i^0 \tag{4.3}$$

式中，$\hat{f}_i^{\mathrm{v}}$为组分 i 在汽相中的逸度，Pa；$\hat{f}_i^{\mathrm{L}}$为组分 i 在液相中的逸度，Pa；$\hat{\Phi}_i^{\mathrm{v}}$为组分 i 在汽相中的逸度系数；x_i、y_i为组分 i 在液相、汽相中的摩尔分数；p 为体系压力（总压），Pa；f_i^0为组分 i 的纯物质逸度，Pa；r_i为组分 i 的液相活度系数。

对低压汽液平衡体系，汽相可以视为理想气体，即 $\hat{\Phi}_i^{\mathrm{v}}=1$，且忽略压力对液体逸度的影响，即 $f_i^0 = p_i^0$，从而得出低压下汽液平衡关系式：

$$p y_i = r_i x_i p_i^0 \tag{4.4}$$

式中，p_i^0 为纯组分 i 在平衡温度下的饱和蒸气压，Pa，可通过 Antoine 方程计算。

Antoine 方程（压力单位为 mmHg，1mmHg=133.32Pa；温度单位为℃）：

$$\lg p_i^0 = A_i - \frac{B_i}{C_i + t} \tag{4.5}$$

式中，t 为温度，℃；A_i、B_i、C_i为组分 i 的 Antoine 常数。

通过实验测得等压下体系的汽液平衡数据，即温度、压力、液相组成、汽相组成（t、p、x、y）。利用式（4.4）可计算不同组成下的活度系数：

$$r_i = \frac{p y_i}{x_i p_i^0} \tag{4.6}$$

这样得到的活度系数为实验的活度系数。

本实验采用改进的 Rose 釜进行乙醇-水体系的汽液平衡实验。平衡后样品的组成通过折射率进行分析。30℃下乙醇-水溶液的摩尔分数与折射率的关系如图 4.2 所示。根据测得的折射率，可查得对应平衡条件下汽、液两相中乙醇的摩尔分数。

四、实验试剂和仪器

1. 实验试剂

乙醇（99.7%），去离子水。

2. 实验仪器

改进的 Rose 釜（结构如图 4.3 所示），水银温度计，阿贝折射仪，玻璃实验瓶，量筒，

胶头滴管，电子天平。

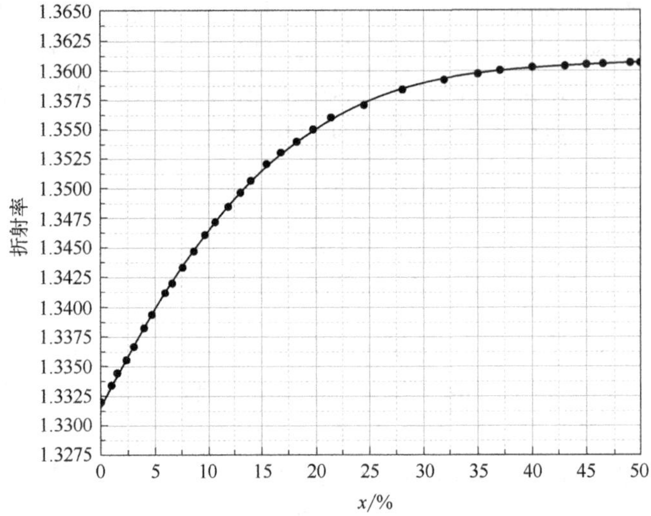

图 4.2　30℃下乙醇-水溶液摩尔分数 *x* 与折射率关系

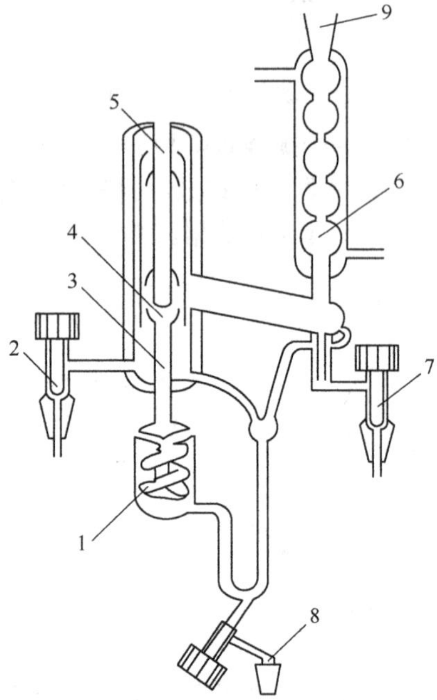

图 4.3　二元汽液平衡装置示意图（改进的 Rose 釜）

1—内加热器；2—液相取样口；3—汽液提升管；4—汽液分离器；5—温度计套管；6—汽相冷凝器；7—汽相冷凝液取样口；8—残液排出口；9—加料口

五、实验过程

① 用量筒量取 140～150mL 去离子水和 30～35mL 无水乙醇，从加料口加入平衡釜内。

② 开启冷却水。

③ 启动加热，调节调压器加热电压至 200V，待釜液沸腾 2～3min 后，逐渐将电压降低至 90～130V（视沸腾情况而定，以提升管内的气泡能连续缓慢上升为准）。

④ 读取气压计上的大气压数据并记录。

⑤ 调节阿贝折射仪的循环水温至 30℃。

⑥ 观察平衡釜内的汽液循环情况，注意平衡室温度变化情况，若温度持续 15～20min 稳定不变，即认为已达平衡，可以取样分析。

⑦ 取一个取样瓶在天平上称重（记录质量 m_1），往瓶内加入约 3mL 的去离子水并称重（记录质量 m_2），该取样瓶用于取汽相样品。另取一个取样瓶，用于取液相样品。

⑧ 取样前记录平衡温度，分别从两个取样口（2 和 7）排放“死区”液体（1～2mL）。

⑨ 用步骤⑦的两个取样瓶同时进行取样，取样量为取样瓶容积的 4/5 左右。取好样后，立即盖上盖子。汽相样品瓶在电子天平上称重（记下质量 m_3）。

⑩ 取样后，向釜内加入 15～20mL 的乙醇以改变釜内组成。

⑪ 摇晃汽相样品瓶，使瓶内样品均匀，用阿贝折射仪分别测出两个取样瓶内样品的折射率，通过标准曲线（图 4.2）查出液相样品的摩尔组成 x，汽相稀释样品的组成 y'。

⑫ 根据称得的质量（m_1，m_2，m_3）及汽相稀释样品的组成 y'，计算出汽相组成 $y_{实}$。

⑬ 重复上述步骤⑥～⑫，进行下一组数据的测定。要求测定 4～5 组平衡数据。

⑭ 结束实验，正确关闭仪器，处理残液，归还试剂。

六、虚拟仿真实验

1. 虚拟仿真实验装置结构认知

结构认知界面如图 4.4 所示。

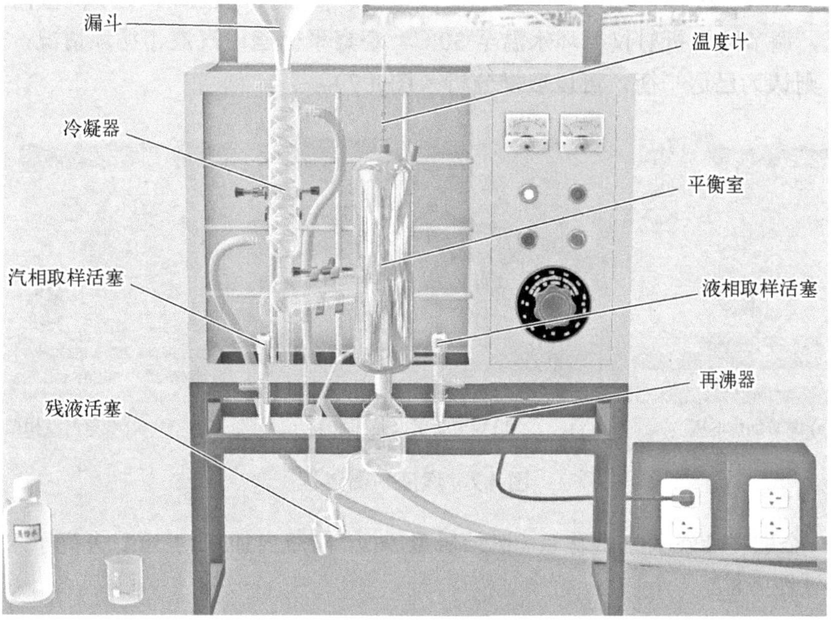

图 4.4　结构认知界面

2. 虚拟仿真实验步骤

① 用量筒分别量取 100～150mL 去离子水和 30～35mL 无水乙醇，从加料口加入平衡釜内（图 4.5）。

(a) 量取去离子水　(b) 量取乙醇　(c) 从加料口投料

图 4.5　实验原料准备

② 打开冷却水至合适的开度，打开加热开关，调节变压器至200V（图4.6）。

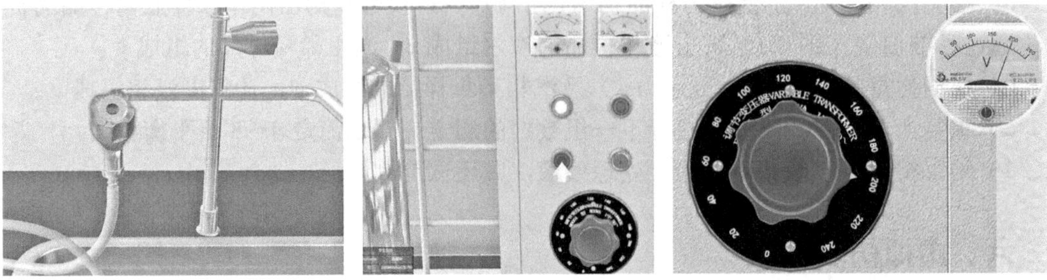

(a) 打开冷却水　　(b) 打开加热　　(c) 设置加热电压200V

图4.6　实验仪器准备

③ 待釜液沸腾2～3min后，将加热电压降至90～130V，电压调节至平衡釜内持续沸腾。记录大气压，调节阿贝折射仪循环水温至30℃，观察平衡釜内汽液相循环情况，平衡室温度稳定不变，则认为已达平衡，可以取样分析（图4.7）。

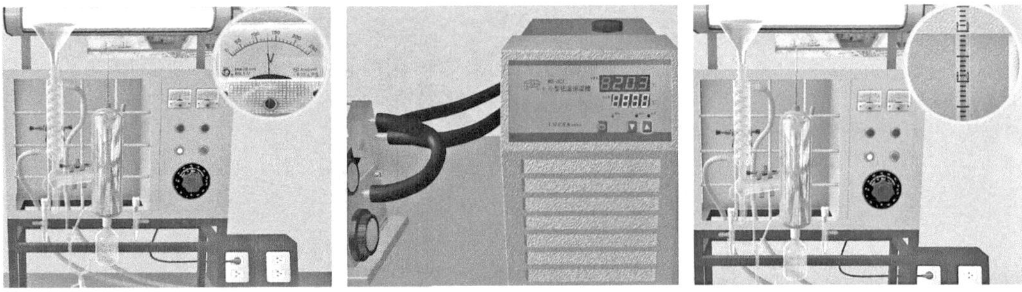

(a) 调节加热电压　　(b) 设置折射仪循环水温　　(c) 观察汽液相循环

图4.7　汽液平衡过程

④ 取一个取样瓶在天平上称重（记录质量 m_1），向瓶内加入约3mL去离子水并称重（记录质量 m_2）（图4.8）。

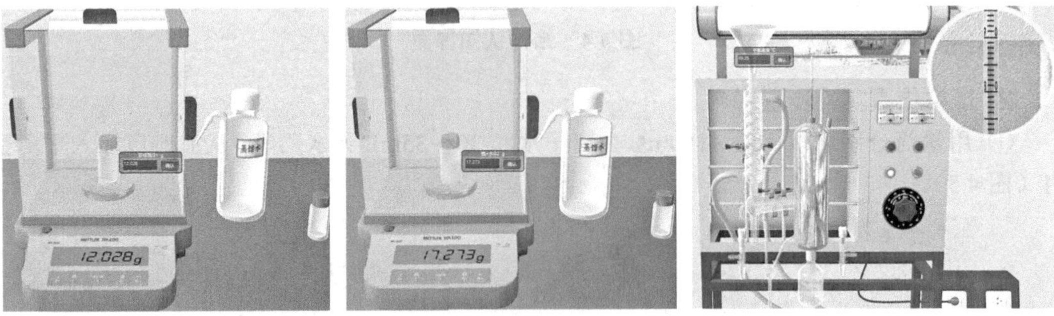

(a) 取样空瓶称重　　(b) 加水后称重　　(c) 记录平衡温度

图4.8　汽、液相取样准备

⑤ 取样前记下平衡温度，分别从两个取样口放掉1～2mL的死区液体。用两个取样瓶分别对汽液两相同时取样，取样量为取样瓶容积的4/5左右。取样后盖上盖子。汽相样品瓶在电子天平上称重（记录质量 m_3）（图4.9）。

⑥ 取样后，再向釜内加入 15～20mL 的乙醇以改变釜内组成（图 4.10）。

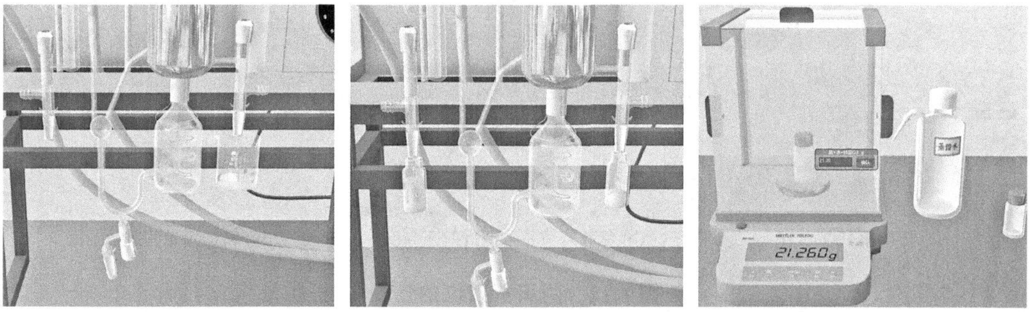

(a) 取样前排液　　(b) 汽液相同时取样　　(c) 汽相取样后称重

图 4.9　取样分析

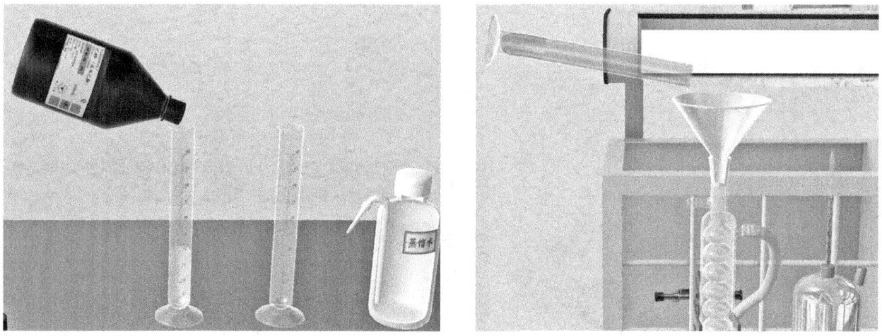

(a) 取乙醇　　(b) 将乙醇加入平衡釜

图 4.10　改变平衡釜组成

⑦ 将汽相样品瓶充分摇晃至均匀，用一次性滴管取液体滴加在折射棱镜座的抛光面上，要求液层均匀，充满视场无气泡，将进光棱镜盖上，用手轮锁紧，打开遮光板，合上反射镜（图 4.11）。

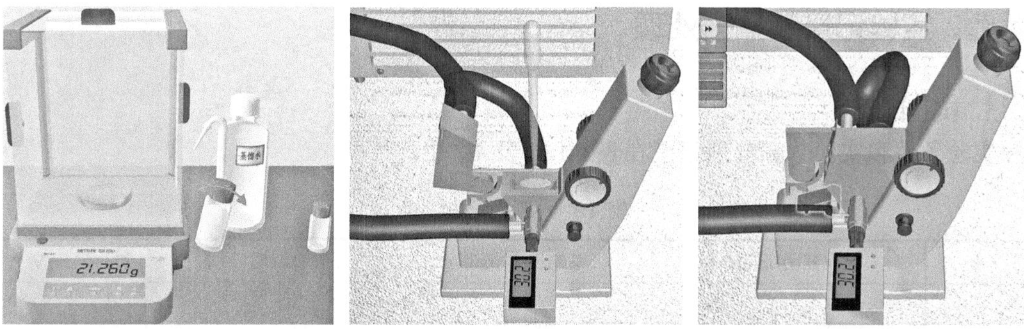

(a) 摇匀汽相样品　　(b) 在折射仪抛光面滴加样品　　(c) 折射仪使用准备

图 4.11　样品折射率分析准备

⑧ 旋转折射率刻度调节手轮，并在目镜视场中找到明暗分界线的位置。旋转色散调节手轮，使分界线不带任何彩色。微调折射率刻度调节手轮，使分界线位于十字线的中心。再适当转动聚光镜，使目镜视场下方显示示值（图 4.12）。

⑨ 通过标准曲线查出液相样品的摩尔组成 x，汽相稀释样品的组成 y'。根据称出的质量（m_1，m_2，m_3）及汽相稀释样品的组成 y' 计算汽相组成 $y_{实}$。

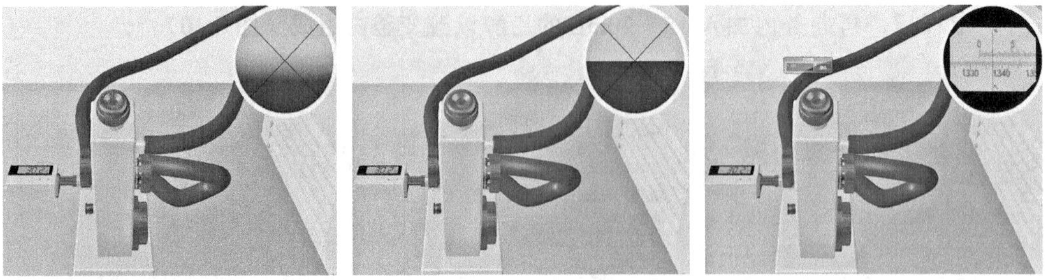

(a) 折射率刻度调节　(b) 色散调节并微调折射率刻度　(c) 转动聚光镜显示示值

图 4.12　阿贝折射仪的使用

⑩ 待平衡釜达到平衡后，再次取样分析。

⑪ 实验结束，调节调压器至加热电压为 0V，关闭加热开关，关冷却水，打开残液活塞放出平衡釜中的液体（图 4.13）。

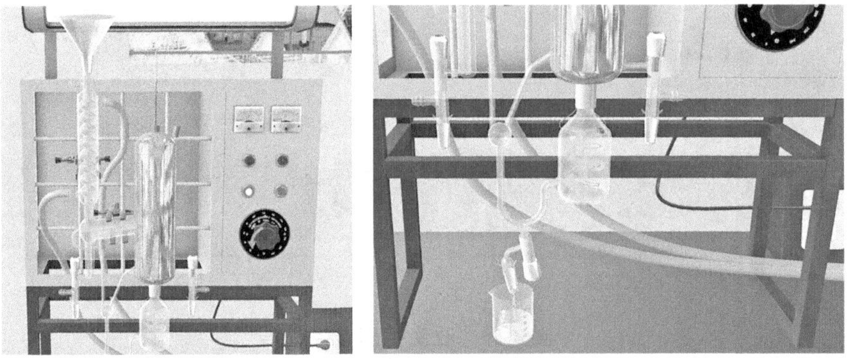

(a) 加热电压降至0V　(b) 排出平衡釜内废液

图 4.13　实验结束

七、实验记录及数据处理

1. 实验记录

实验条件和实验数据分别记录在表 4.1 和表 4.2 中。

表 4.1　实验条件记录

序号	大气压力/mmHg	系统压力/mmHg	室温/℃	加热电压/V
1				
2				
3				
4				
5				
6				
7				
8				

续表

序号	大气压力/mmHg	系统压力/mmHg	室温/℃	加热电压/V
9				
10				

表 4.2　实验数据记录

序号	平衡温度/℃	汽相						液相	
		m_1/g	m_2/g	m_3/g	n_D^{30}	γ_1'	γ	n_D^{30}	x_1
1									
2									
3									
4									
5									
6									
7									
8									
9									
10									

2. 数据处理

① 汽相组成：

$$y_{实}=\frac{18y'(m_3-m_1)}{18(m_3-m_2)-28y'(m_2-m_1)} \tag{4.7}$$

② 实验测得的活度系数需要选用一个数学模型进行关联。本实验选用 Wilson 方程进行关联计算。Wilson 方程如下：

$$\ln r_1=-\ln(x_1+\Lambda_{12}x_2)+x_2\left(\frac{\Lambda_{12}}{x_1+\Lambda_{12}x_2}-\frac{\Lambda_{21}}{\Lambda_{21}x_1+x_2}\right) \tag{4.8}$$

$$\ln r_2=-\ln(x_2+\Lambda_{21}x_1)+x_1\left(\frac{\Lambda_{21}}{\Lambda_{21}x_1+x_2}-\frac{\Lambda_{12}}{x_1+\Lambda_{12}x_2}\right) \tag{4.9}$$

式中，Λ_{12}、Λ_{21} 称为 Wilson 配偶参数：

$$\Lambda_{12}=\frac{V_2}{V_1}\exp\left[\frac{-(g_{12}-g_{11})}{RT}\right] \tag{4.10}$$

$$\Lambda_{21}=\frac{V_1}{V_2}\exp\left[\frac{-(g_{21}-g_{11})}{RT}\right] \tag{4.11}$$

式中，$g_{12}-g_{11}$、$g_{21}-g_{11}$ 为二元交互作用能量参数；V_1、V_2 分别为组分 1、组分 2 的单位摩尔液体饱和体积，是温度的函数。

$$F=\sum_{j=1}^{m}\{(y_{1实}-y_{1计})^2+(y_{2实}-y_{2计})^2\} \tag{4.12}$$

计算时，以 F 为目标函数（也可以选用其他目标函数），采用非线性最小二乘法，对

Wilson 配偶参数进行优化而得到 Λ_{12}、Λ_{21}，还可进一步计算出 $g_{12}-g_{11}$、$g_{21}-g_{11}$。根据 Λ_{12}和Λ_{21}，通过 Wilson 方程计算 $r_{1计}$和 $r_{2计}$，并进一步计算 $y_{1计}$和 $y_{2计}$。

利用文献中 $g_{12}-g_{11}$、$g_{21}-g_{11}$ 数据，计算 Λ_{12}和Λ_{21}，通过 Wilson 方程计算 $r_{i计}$、$y_{i计}$，并与实验数据 $r_{i实}$和 $y_{i实}$进行比较。计算 Λ_{12}和Λ_{21} 时，V_1 和 V_2 可通过数据内插求出。

③ 乙醇和水的物性参数见表 4.3。

表 4.3　乙醇和水的物性参数

名称	摩尔质量/（g/mol）	沸点/℃	折射率/ n_D^{30}
乙醇（1）	46.07	78.30	1.3595
水（2）	18.02	100.0	1.3325

④ 乙醇和水的 Antoine 常数见表 4.4。

表 4.4　乙醇和水的 Antoine 常数

名称	Antoine 常数			适用范围/℃
	A	*B*	*C*	
乙醇（1）	8.1122	1592.864	226.184	20～93
水（2）	8.07131	1730.630	233.426	1～100

⑤ 乙醇-水二元交互作能量参数：

$$g_{12}-g_{11}=932.54\mathrm{J/mol};\quad g_{21}-g_{11}=4189.66\mathrm{J/mol}$$

⑥ 乙醇、水的饱和液体的摩尔体积见表 4.5（常压下）。

表 4.5　乙醇和水的饱和液体的摩尔体积

温度/℃	乙醇摩尔体积/（mL/mol）	水的摩尔体积/（mL/mol）
80	61.97	18.52
90	63.01	18.65
100	64.12	18.78

八、思考题

① 如何判断汽液两相已达到平衡？判定的依据是什么？

② 实验达到平衡，取样前为何要从两个取样口先放掉 1～2mL 的液体？

③ 影响数据准确性的因素有哪些？操作中应注意哪些方面？

九、课题探究

本实验选取乙醇-水二元溶液作为研究体系，其中乙醇也是白酒的主要成分，其含量和纯度直接影响白酒的风味和品质。中国白酒的历史源远流长，最早可追溯至距今七千多年前的新石器时代晚期，是中国传统文化的重要组成部分。作为中国特有的蒸馏酒，中国白酒与白兰地（Brandy）、威士忌（Whisky）、伏特加（Vodka）、金酒（Gin）和朗姆酒（Rum）并称为世界六大蒸馏酒，具有独特的酿造工艺和文化内涵。中国白酒以高粱、大米、小麦等淀粉或糖质原料制成酒醅，经过固态发酵、蒸馏、陈酿等多道复杂工艺精制而成，其酒精含量通常在40%以上，属于高度白酒的范畴。中国古人通过蒸馏等工艺获取高度白酒的方法，充分展现了中华民族在酿酒技艺上的卓越智慧。基于本实验的相关理论，探究提升白酒酒精度的新技术及新设备。

实验二　CO_2临界状态观测及p-V-T关系测试

一、实验背景

热力学性质的推算需要基于流体最基本性质来表征系统特征。这些基本性质包括压力（p）、体积（V）、温度（T）、组成、热容数据，以及标准生成焓和标准生成熵等热力学数据。其中，p-V-T关系是可直接测量的参数，通过实验测定可以深入理解流体的p-V-T行为。虽然无法对所有流体的p-V-T数据进行全面测定，但在纯物质的p-V-T测试过程中，还可以获取临界参数、沸点、饱和蒸气压等基础数据。因此，利用纯物质的热力学性质数据，可以预测流体的p-V-T行为。

预测流体p-V-T行为最常用的工具是状态方程（EOS）模型。状态方程不仅是重要的p-V-T关系式，还是反映系统特征的关键模型。许多热力学性质参数，如内能（U）、熵（S）、吉布斯自由能（G）、逸度（f）等，难以直接测量，通常需要结合流体的p-V-T数据和热力学基本关系式进行推算。因此，研究流体的p-V-T关系是一项至关重要的工程基础工作[12]。

状态方程模型种类繁多，主要包括理想气体状态方程、Van der Waals状态方程、Redlich-Kwong状态方程、Soave-Redlich-Kwong状态方程、Peng-Robinson状态方程、Virial方程以及Martin-Hou（MH）方程等。其中，Martin-Hou（MH）方程具有精度高、适用性广以及适用于从非极性到强极性化合物的特点。该方程已广泛应用于p-V-T关系、汽液平衡、液液平衡、焓等热力学性质的推算，并在商业流程设计、高压理论物理研究以及军事研究等领域发挥着重要作用。

超临界流体（supercritical fluid）是指温度和压力同时超过其临界点的流体状态。在这种状态下，汽液相平衡线终止，汽液界面消失，相图中高于临界温度和临界压力的区域即为超临界区域（如图4.14所示）。超临界流体具有独特的物理化学性质：其密度接近于液体，而扩散系数和黏度则与气体相似。这种独特的性质组合使得超临界流体不仅具备与液体溶剂相当的溶解能力，同时在反应和分离过程中表现出优异的传质特性，其传质速率显著高于液态时的传质速率。特别是在临界点附近，流体的物理化学性质表现出显著的突变性和可调控性，微小的温度或压力变化即可引起超临界流体的密度、黏度等性质的显著改变。基于这一特性，

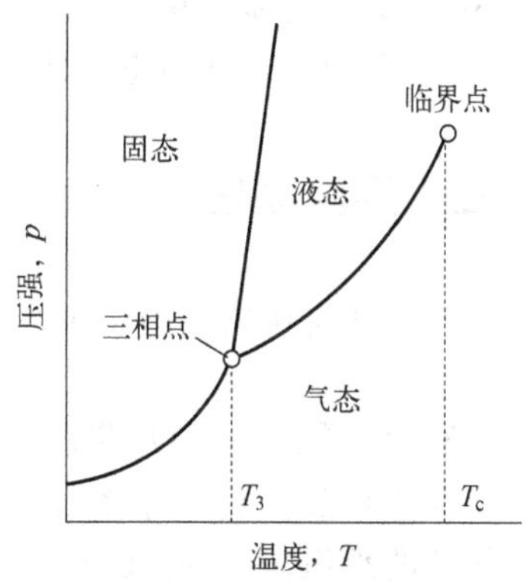

图4.14　纯物质的温度-压力相图

T_3—三相点温度；T_c—临界温度

科研人员可以通过精确调控温度和压力参数，实现对超临界流体理化性质的连续调节，从而在化学反应和分离过程中实现更高的效率和选择性。

表 4.6 列出了部分超临界流体的临界参数，包括温度、压力和密度。其中，超临界 CO_2 因其独特的性质而备受关注，其临界温度（31.1℃）和临界压力（7.38MPa）较低，同时具备安全、环保、经济等综合优势，是一种理想的环境友好型溶剂。因此，CO_2 成为目前应用最广泛的超临界流体。

表 4.6　部分超临界流体的临界参数

溶剂	临界温度/℃	临界压力/MPa	临界密度/（g/cm^3）
二氧化碳	31.1	7.38	0.448
乙烷	32.2	4.89	0.203
乙烯	9.2	5.07	0.200
丙烷	96.6	4.19	0.217
正戊烷	196.5	3.38	0.232
氨	132.3	11.20	0.235
水	374.1	21.83	0.315

自 20 世纪末以来，基于超临界流体的各类技术因其独特的优势而受到广泛关注。主要包括超临界流体萃取、超临界流体色谱、超临界条件下的化学反应、超临界水氧化技术，以及超临界染色、清洗、干燥和喷涂等。超临界技术的应用领域十分广泛，涵盖了化工、制药、食品、染料、材料和分析化学等多个行业。目前，许多超临界技术已从实验室研究阶段成功过渡到工业化应用阶段，成为绿色化学化工领域的研究热点。随着超临界技术的持续创新与发展，其应用前景广阔，预计将为社会带来显著的经济效益和环境效益。

二、实验目的

① 了解 CO_2 临界状态的观测方法，增强对临界状态概念的感性认识。

② 掌握 CO_2 的 p-V-T 关系测定方法以及实验测定气体状态变化规律的方法。

③ 加深对流体的凝结、汽化、饱和状态等热力学基本概念的理解。

④ 掌握相关仪器的正确使用方法。

三、实验原理

对于简单可压缩热力系统，当工质处于平衡状态时，其状态参数 p、V、T 之间有：

$$f(p、V、T)=0 \text{ 或 } T=f(p、V) \tag{4.13}$$

本实验根据式(4.13)，采用定温方法来测定 CO_2 的 p-V 关系，从而得到 CO_2 的 p-V-T 关系。

实验中由压力台送来的压力油进入高压容器和玻璃杯上半部，迫使水银进入预先填充 CO_2 气体的承压玻璃管，CO_2 被压缩。压力可通过压力台上的活塞杆的进、退来调节；温度由夹套供给水的超级恒温水浴调节控制。

临界态是物质的一种特殊状态，当系统处于临界点时，其汽化潜热为零，饱和汽线与饱和液线交汇于一点。此时，二氧化碳（CO_2）的气态和液态具有相同的热力学参数（p、V、T），无法通过常规方法区分其相态。因此，在临界点附近，气态与液态之间的转变不再像低于临界温度时那样逐渐发生，而是表现为一种突变现象：压力的微小变化即可导致气态与液态之间的快速转化。

通过实验观察可以进一步验证这一现象。当 CO_2 体系处于临界温度时，若沿等温线进行压缩或膨胀，实验管内不会出现明显的相变现象。然而，若采用绝热过程对 CO_2 体系进行压缩或膨胀，则可以观察到气态与液态之间的相互转化。例如，当体系压力等于临界压力时，若突然使体系绝热膨胀，体系的温度和压力会急剧下降，体系状态点沿绝热线从气态区滑入液态区，实验管内会迅速出现明显的液面，这表明此时 CO_2 处于接近液态的气态。反之，若对体系进行绝热压缩，液面会立即消失，表明 CO_2 处于接近气态的液态。因此，在临界态下，CO_2 体系呈现出气液不分的特殊状态。

实验工质 CO_2 的压力由装在压力台上的压力表读出（以水银柱高度修正可提高精度）。温度由恒温夹套中的温度计测定，比体积首先由承压玻璃管内 CO_2 柱的高度来度量，而后再根据承压玻璃管内径均匀即截面积不变等条件计算得到。

承压玻璃管内 CO_2 的质量面积比常数 k 值的测量方法如下：

由于充进承压玻璃管内的 CO_2 质量不易测量，而玻璃管内径或截面积（A）又不易测准，故实验采用间接测量法确定 CO_2 的比体积，CO_2 的比体积 v 与其高度呈线性关系。

① 已知 CO_2 液体在 20℃、100atm 时的比体积

$$v(20℃, 100\text{atm})=0.00117\text{m}^3/\text{kg} \tag{4.14}$$

② 实测本实验台 CO_2 在 20℃、100atm 时的 CO_2 液柱高度 Δh^*（m）。（注意玻璃夹套上刻度的标记方法）

③ 由式（4.14）可知：

$$v(20℃, 100\text{atm})=\frac{\Delta h^* A}{m}=0.00117\text{m}^3/\text{kg} \tag{4.15}$$

故

$$\frac{m}{A}=\frac{\Delta h^*}{0.00117}=k(\text{kg}/\text{m}^2) \tag{4.16}$$

则任意温度、压力下 CO_2 的比体积为

$$v=\frac{\Delta h}{m/A}=\frac{\Delta h}{k}(\text{m}^3/\text{kg}) \tag{4.17}$$

$$\Delta h=h-h_0 \tag{4.18}$$

式中，h 为任意温度、压力下水银柱高度；h_0 为承压玻璃管内顶端刻度。

实验中应注意，做各条等温线时，实验压力 $p\leqslant 100$atm，否则承压玻璃管有破裂的危险；实验温度 $T\leqslant 50$℃。

四、实验试剂和仪器

① 实验试剂：高纯 CO_2。

② 实验仪器：由压力台、恒温槽和实验台本体及其防护罩三大部分组成，如图 4.15 所示，实验台本体如图 4.16 所示。

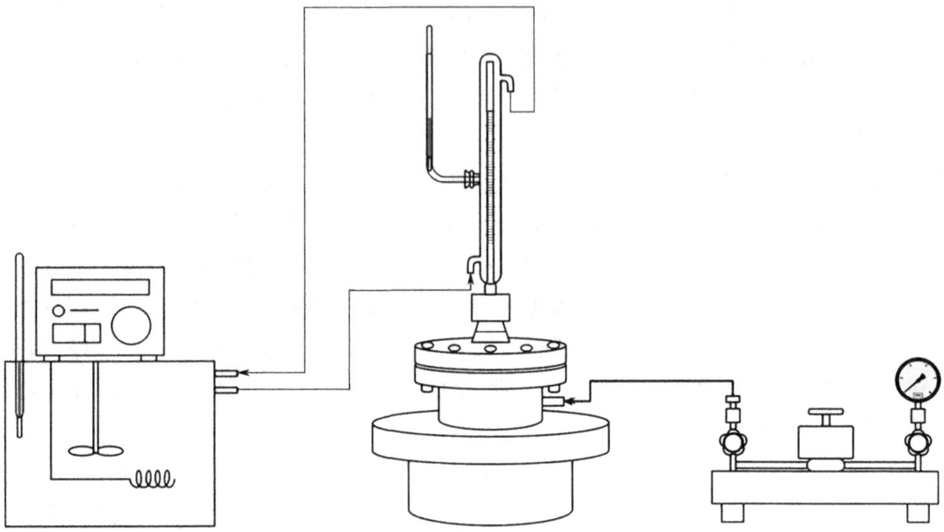

图 4.15　实验台系统示意图

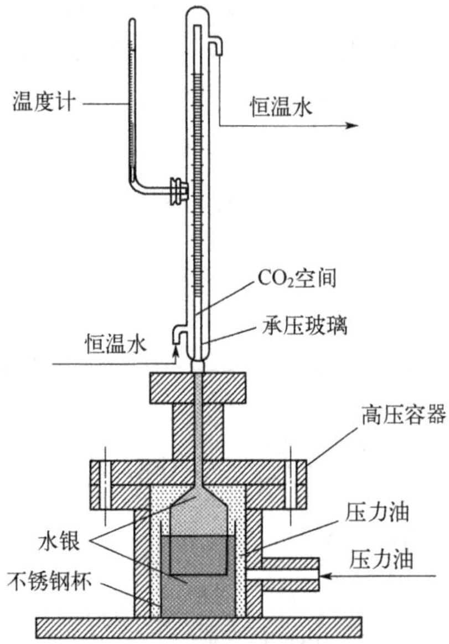

图 4.16　实验台本体示意图

五、实验过程

1. 实验方法

本实验采用定温方法测定 CO_2 的 p-v 关系，得到横坐标为比体积、纵坐标为压强的等温线，如图 4.17 所示。

2. 抽油、充油操作

因为压力台的油缸容量比主容器容量小，需要多次从油杯里抽油，再向主容器充油，方能在压力表上显示压力读数。压力台抽油、充油的操作过程非常重要，若操作失误，容易损坏实验设备，故需按下述步骤仔细操作。

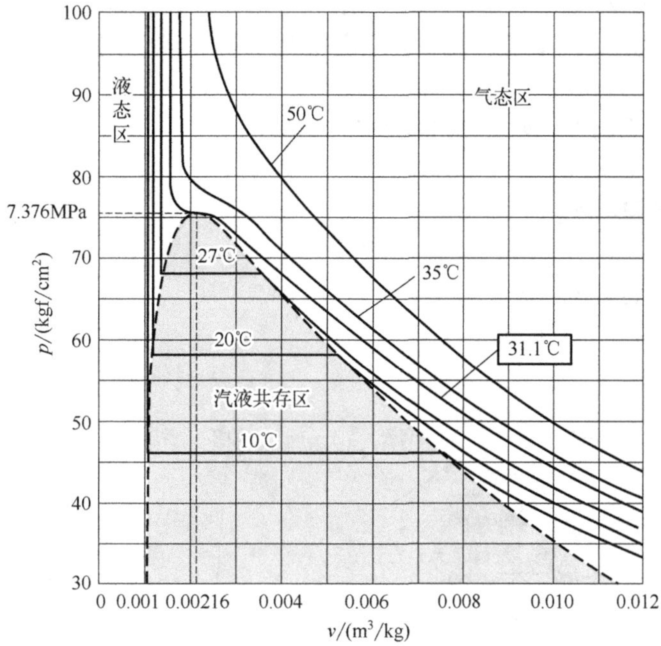

图 4.17　CO_2 等温线参考图（$1kgf/cm^2$=98.07kPa）

① 关闭压力表及进入本体油路的两个阀门，开启压力台上油杯的进油阀。

② 摇退压力台上的活塞螺杆，至螺杆退出到其下止点，此时压力台活塞油缸中抽满一管油。

③ 关闭油杯阀门，开启压力表和进入本体油路的两个阀门。

④ 摇进活塞螺杆，使本体充油。如此重复步骤①～④，直至压力表上有压力读数为止。

⑤ 再次检查油杯阀门是否关好，压力表及本体油路阀门是否开启，若均已稳妥即可进行实验。

⑥ 实验结束后要将油抽回油杯。注意保持系统略有正压，不可连续抽油，否则后续实验将循环充油多次。

3. 实验步骤

① 开启超级恒温槽，调至所需的恒温温度。

② 砝码式压力计抽油，方法参见原理部分。

③ 测定温度为 20℃时的等温线及（20℃，100atm 下）k 值。

压力记录从水夹套管上有刻度开始。当玻璃管内水银上升时，缓慢地摇进（退）活塞螺杆，避免体系绝热压缩（膨胀）过程导致体系内温度波动，以确保实验过程符合恒温条件。

仔细观察 CO_2 液化、汽化等现象，测定并记录 CO_2 最初液化和完全液化时的压力及水银高度。在测定等温线时，可慢慢地摇进活塞，使压力升至 90atm 左右再缓慢地降低压力。

④ 在 20℃～T_c 之间，测定 CO_2 的饱和蒸气压和温度的对应关系（在水浴升温过程中测试，要求测 4～5 个实验点）。

⑤ 测定 CO_2 的临界等温线和临界参数，观察临界现象。

观察临界乳光现象：保持临界温度不变，摇进活塞杆使压力升至 p_c 附近，快速摇退活塞杆(注意勿使实验本体晃动)，使体系降压，在此瞬间玻璃管内出现圆锥状乳白色的闪光现象，这就是临界乳光现象。该现象是由于 CO_2 分子受重力场作用沿高度分布不均和光的散射所造成的，可以通过多次操作来观察这一现象。

观察整体相变现象：由于在临界点时，汽化潜热等于零，饱和汽线与饱和液线合于一点，所以此时气态和液态的相互转变不像临界温度以下时那样逐渐积累表现为一个渐变过程，而是以突变的形式相互转化。

⑥ 测定高于临界温度，如 T=35℃时的等温线。

六、虚拟仿真实验

1. 虚拟仿真实验装置结构认知

实验装置结构认知界面见图 4.18。

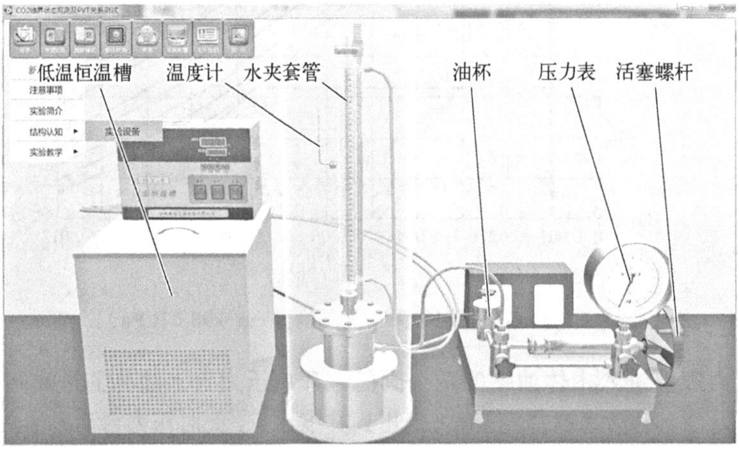

图 4.18 实验装置结构认知界面

2. 虚拟仿真实验步骤

① 点击设备的电源开关，开启超级恒温槽；点击温度控制面板，设置所需的恒温温度（图 4.19）。

(a) 打开电源　　(b) 设置温度

图 4.19 开启设备设定温度

② 砝码式压力计抽油：点击阀门模型，关闭压力表及进入本体油路的两个阀门，开启压力台上油杯的进油阀；点击螺杆模型，摇退压力台上的活塞螺杆，至螺杆退出到其下止点，此时压力台活塞油缸中抽满油（图 4.20）。

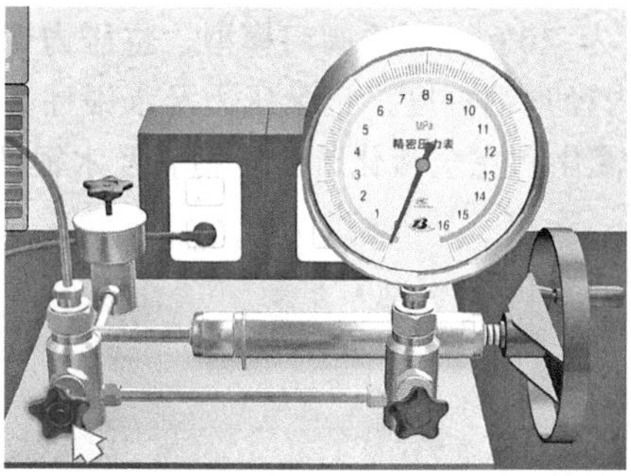

(a) 关闭本体进油阀

(b) 打开油杯进油阀

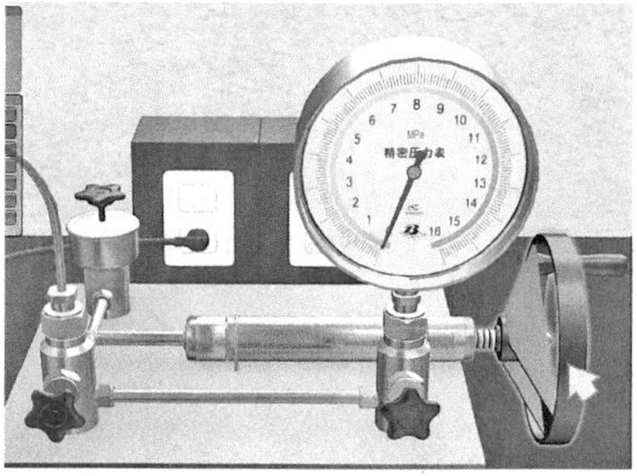

(c) 摇退螺杆抽油

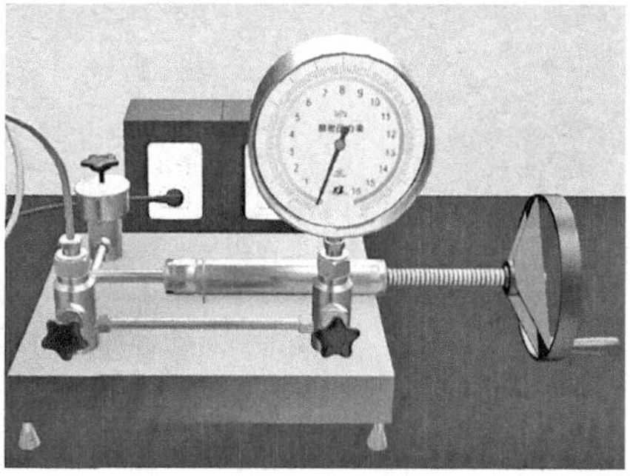

(d) 油缸中抽满油

图 4.20　油缸抽油

③ 本体充油：点击阀门模型，先关闭油杯阀门，然后开启压力表和进入本体油路的两个阀门；点击螺杆模型，摇进活塞螺杆，使本体充油。如此反复直至压力表上有压力读数为止(图 4.21)。

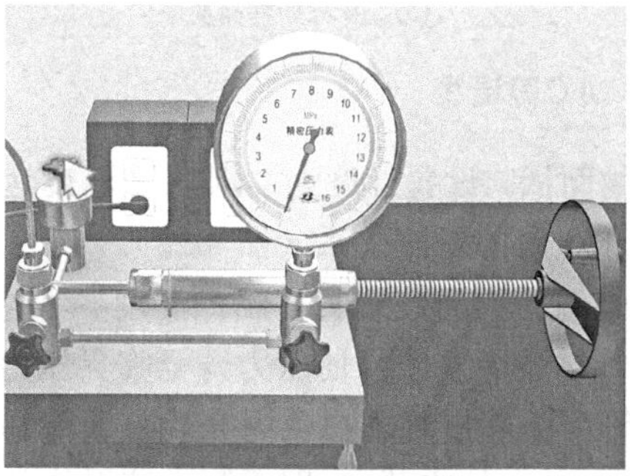

(a) 关闭油杯进油阀

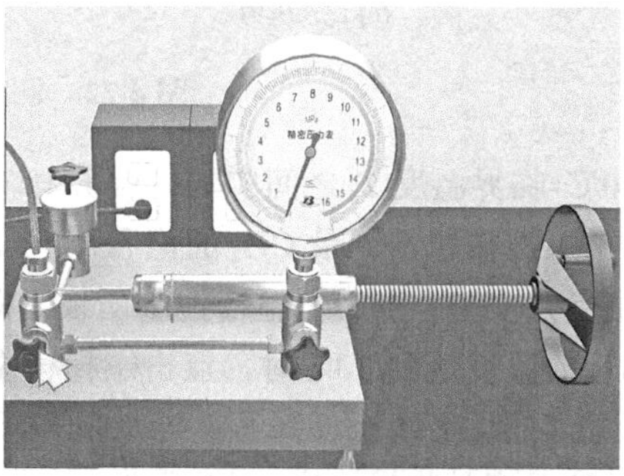

(b) 打开本体进油阀

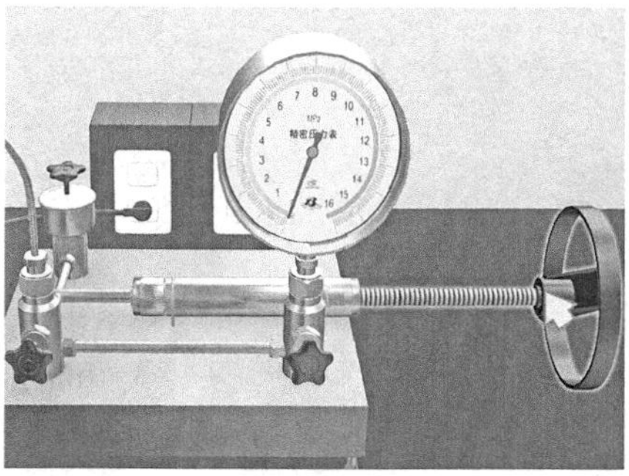

(c) 摇进螺杆充油

(d) 充油至本体内有压力

图 4.21　本体充油

④ 低于临界温度的实验：控制恒温槽温度为 20℃；点击阀门模型，将压力调至最大的 10MPa，观察玻璃管内现象；记录承压玻璃管内径顶端刻度，记录压力及水银柱高度。点击螺杆模型，缓慢地摇退活塞螺杆；记录 CO_2 最初液化和完全液化时的压力 p 及水银柱高度 h，完成 6 个以上实验点以确定等温线（图 4.22）。

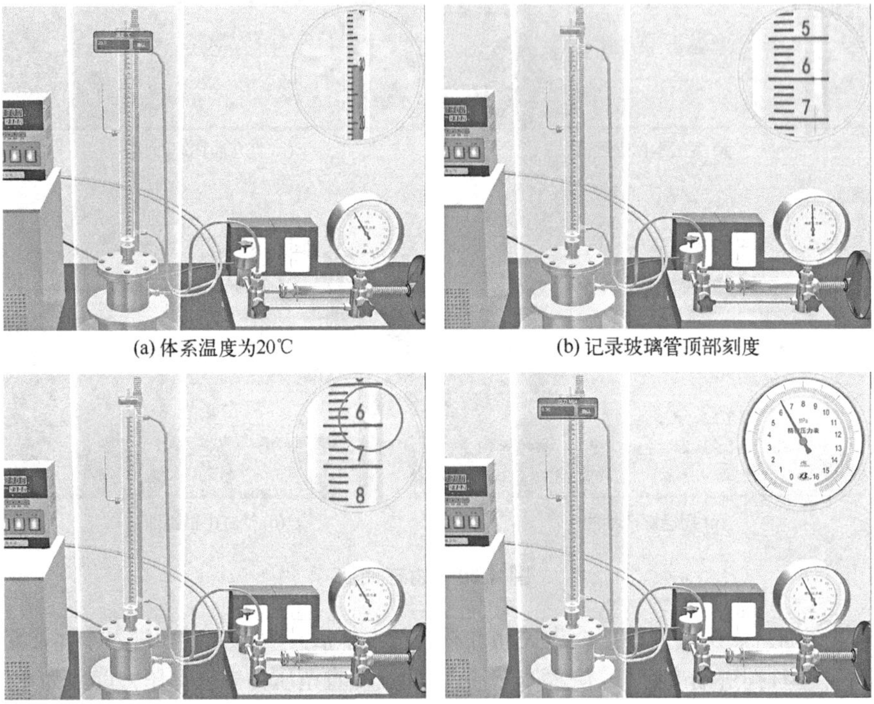

(a) 体系温度为20℃　(b) 记录玻璃管顶部刻度

(c) 记录压力　(d) 记录水银柱高度

图 4.22　测试 20℃等温线

⑤ 20℃-临界温度 T_c 之间实验：点击恒温槽面板，设置温度为 24℃，当温度达到预设温度后，点击螺杆按钮，记录 CO_2 的饱和蒸气压和温度的对应关系（图 4.23）。

⑥ 临界点实验：点击恒温槽控制面板，将恒温槽的温度设置在临界温度参考值附近；当承压玻璃管的温度达到 30℃时，点击螺杆模型，摇进活塞螺杆使压力升至临界压力附近；点击螺杆模型，摇退活塞螺杆降压，当承压玻璃管中突然出现乳白色闪光现象，即临界乳光现象，则表示该温度是临界温度。调节压力，完成 6 个以上的实验点，用于测定等温线(图 4.24)。

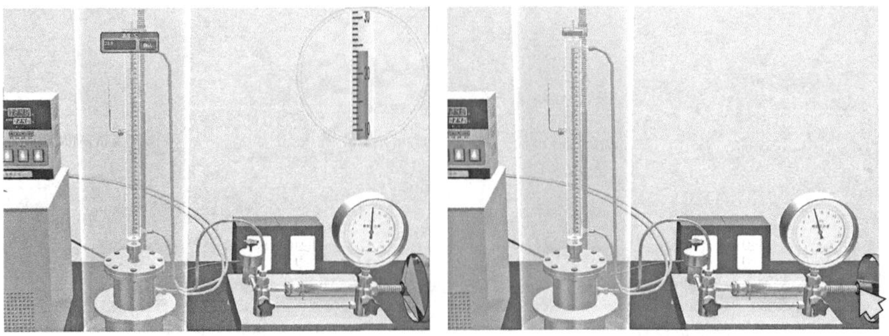

(a) 体系温度为24℃　(b) 调节体系压力

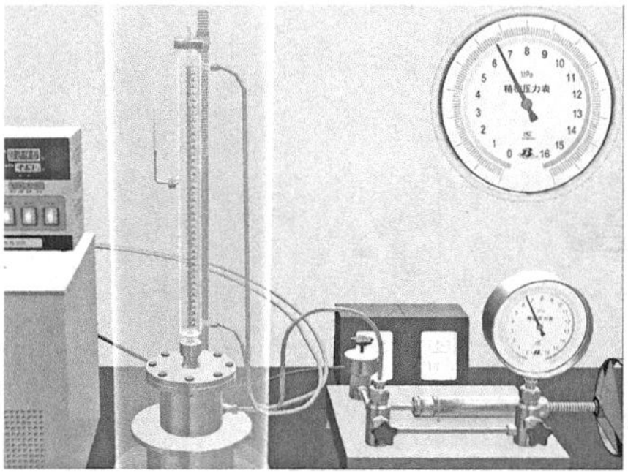

(c) 记录压力

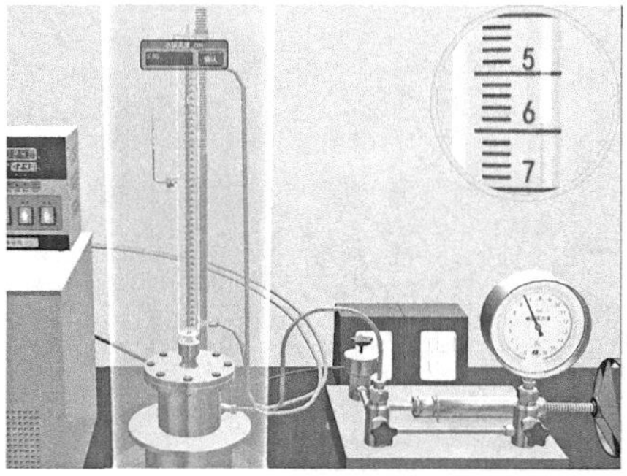

(d) 记录水银柱高度

图 4.23　测试 24℃等温线

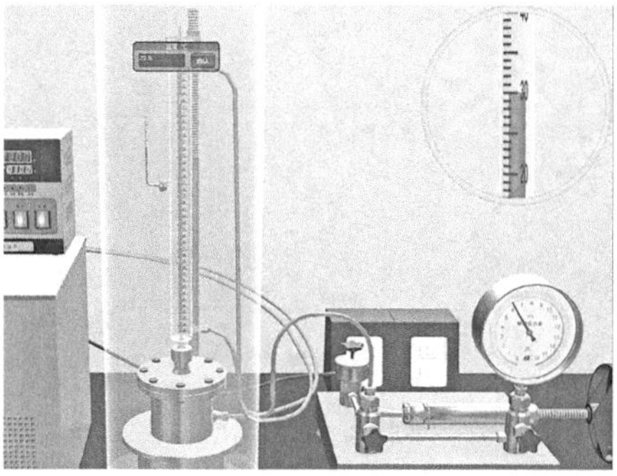

(a) 体系温度为30℃

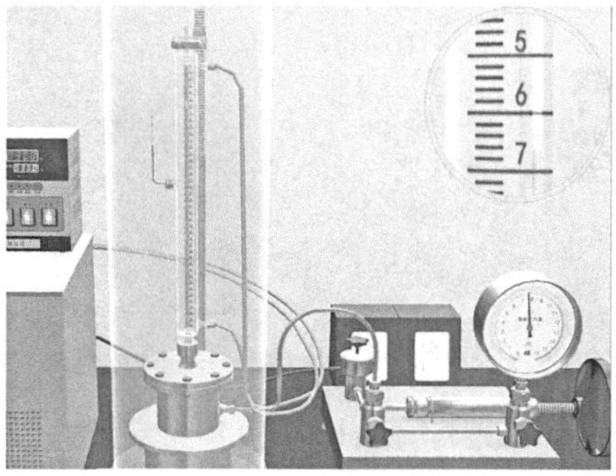

(b) 体系压力接近临界压力

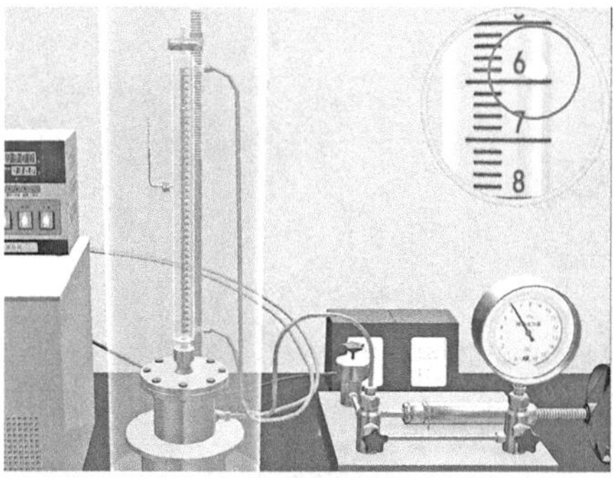

(c) 临界乳光现象

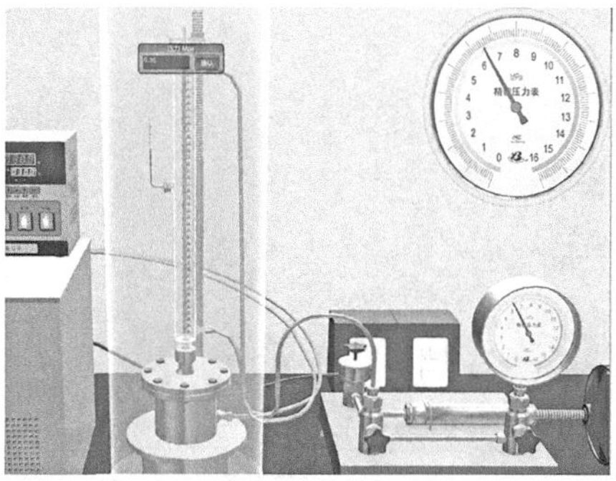

(d) 调节压力继续测试

图 4.24　临界乳光现象

⑦ 高于临界温度实验：点击恒温槽控制面板，设置恒温槽的温度为 35℃；当承压玻璃管的温度达到 35℃时，保持温度不变，调节压力，完成 6 个以上的实验点，记录压力表读数和水银柱高度，测定等温线（图 4.25）。

⑧ 实验结束：点击阀门和螺杆，将油还回油杯；点击恒温槽电源，关闭恒温槽（图 4.26）。

七、实验记录及数据处理

1. 实验记录

实验数据记录在表 4.7 中。

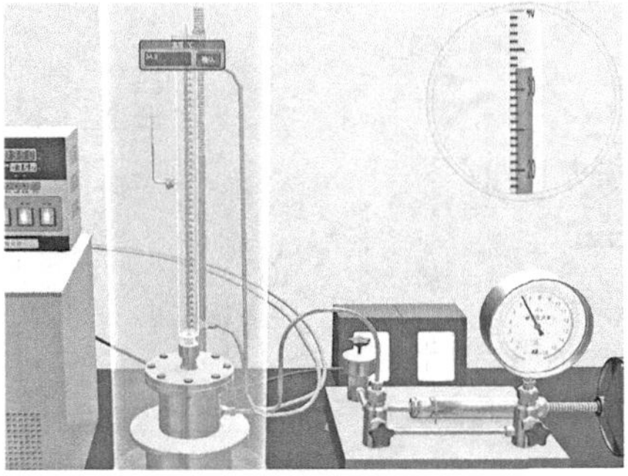

(a) 体系温度为35℃

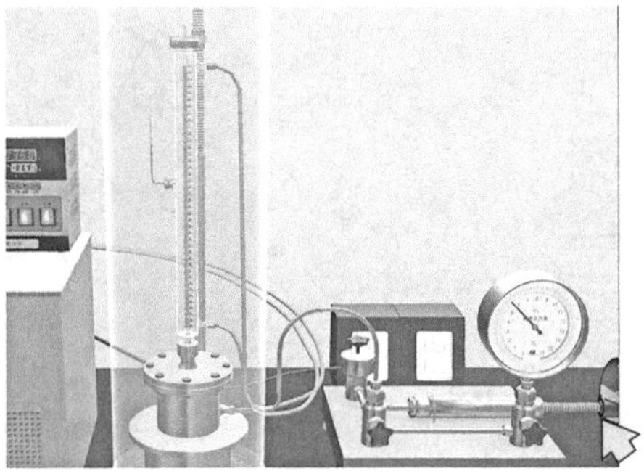

(b) 调节体系压力

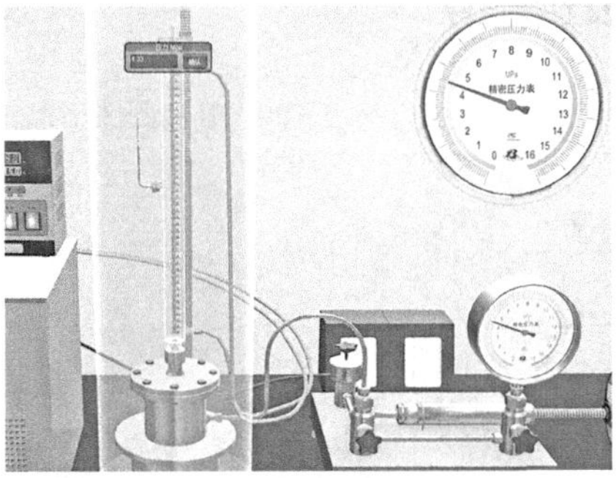

(c) 记录压力

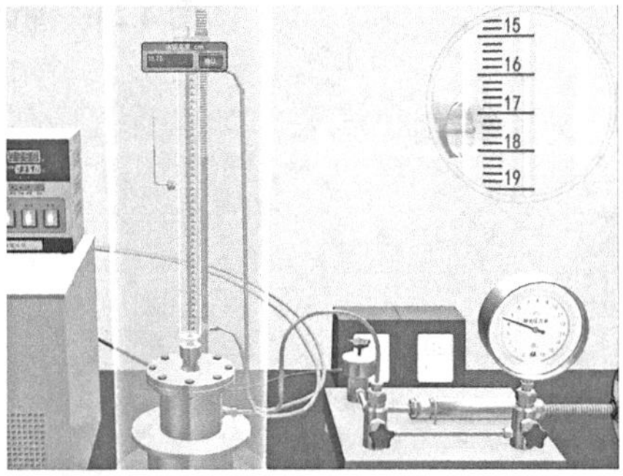

(d) 记录水银柱高度

图 4.25　35℃等温线测试

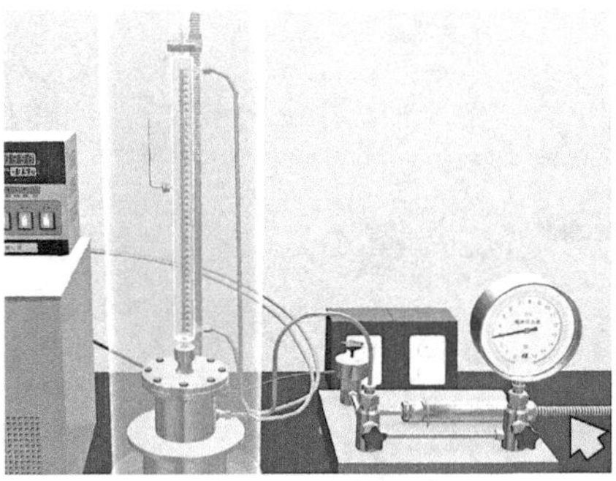

(a) 从本体抽油

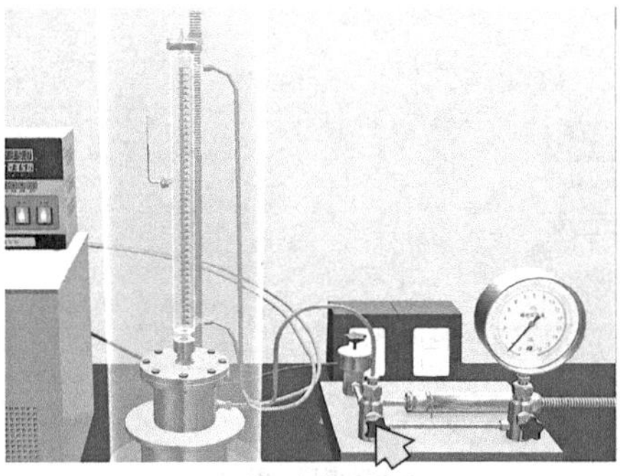

(b) 关闭本体进油阀

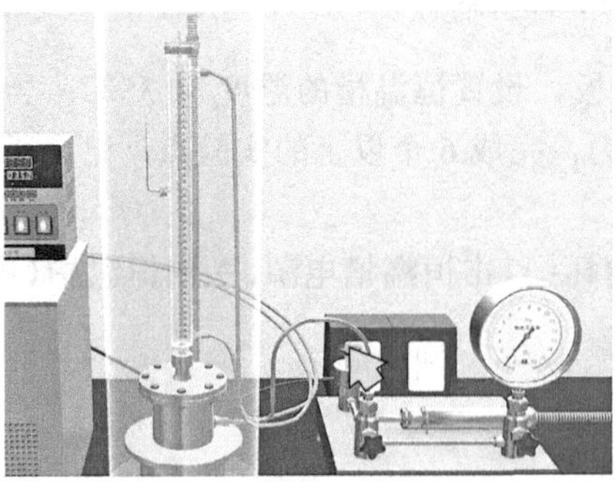

(c) 打开油杯进油阀

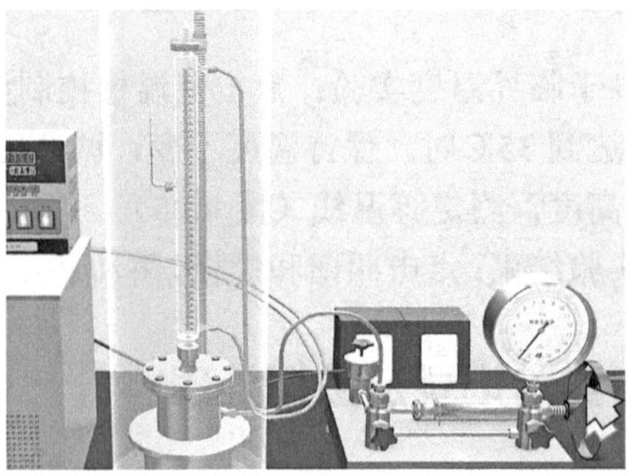

(d) 摇进螺杆还油

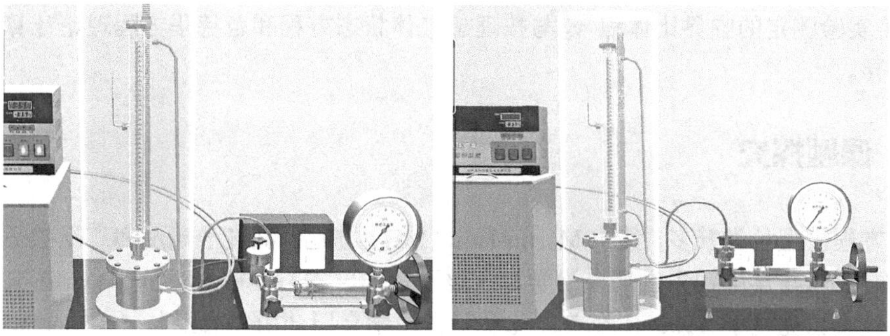

(e) 关闭恒温槽加热　　(f) 关闭恒温槽电源

图 4.26　实验结束

表 4.7　数据记录表

20℃		24℃		临界温度		35℃	
p / MPa	h / cm	p / MPa	h / cm	p / MPa	h / cm	p / MPa	h / cm

2. 数据处理

① 根据式（4.17），由 Δh 计算比体积 v。

② 在 p-v 图上作出实测的等温线。

③ 由实验测得的饱和温度与饱和压力的对应值拟合出 Antoine 常数，依据 Antoine 方程［式（4.19）］计算蒸气压数据，用实测和计算的蒸气压数据在 p-T 图上分别作蒸气压曲线。

$$\lg p_s = A - \frac{B}{T+C}\quad (p_s\text{：kPa，}T\text{：K}) \tag{4.19}$$

④ 按理想气体状态方程和范德华方程计算临界比体积 v_c 理论值。

（CO_2 的临界参数[13]：$T_c = 304.25\text{K}$；$p_c = 7.376\text{MPa}$；$v_c = 0.0942\text{m}^3/\text{kmol}$）

八、思考题

① 将实测的等温线与标准等温线（可参考图 4.17 等温线，也可从参考文献和书籍中查找）进行比较，分析其差异及原因。

② 将拟合出的 Antoine 常数与参考值进行比较，分析其差异及原因。

③ 将实验测定的临界比体积 v_c 与按理想气体状态方程和范德华方程理论计算值列表，比较其差异。

九、课题探究

状态方程模型种类繁多，其中 Martin-Hou（MH）方程以其高准确度和广泛的适用范围而著称，这一成就与侯虞钧先生严谨治学、一丝不苟的学术态度密不可分。Martin-Hou（MH）方程是由侯虞钧先生于 1953 年在美国化学工程师学会旧金山年会上与 J J Martin 共同提出的。1956 年，侯虞钧先生辞去美国密歇根州立大学的教职，放弃国外优渥的生活条件，毅然回国投身到化工教学事业中。侯虞钧先生在浙江大学执教多年，治学严谨、兢兢业业，他培养的学生已经成长为化工领域的学术领军人物和学科带头人，并延续传承侯虞钧院士的学术成果和治学态度。据侯先生的学生回忆，他对所写的每一段文字、提出的每一个研究设计都进行深思熟虑，反复推敲和论证，直至达到满意的程度。因此，作为他的研究生或助手，起初可能会感到有些畏难，但随着时间的推移，大家都会深感受益匪浅。侯先生的人格特质与他毕生研究的热力学如出一辙：严格、准确、平衡，且具有持久的影响力，体现了一个知识分子追求真理、淡泊名利、热心奉献的优秀品质和精神风范。探讨当代青年学生在求学的道路上如何传承侯虞钧先生的精神，在专业学术上取得成就，在人格修养上得到提升，成为对社会有贡献的人。

实验三　乙酸乙酯水解反应动力学的测试

一、实验背景

在均相反应过程中，物料在反应器内的流动与混合状态呈现出多样性。根据流体动力学原理，流动形态主要可分为层流和湍流两种基本类型，这两种流型的区分主要基于流体流动方向与速率分布等特征。在层流状态下，圆形导管横截面上的流体速率分布呈现典型的抛物线形态，此时导管截面上的平均流速为中心线最大流速的一半。流速分布的不均匀性，导致物料颗粒在反应器中的停留时间存在差异，进而造成反应程度的非均一性，最终在反应器横截面上形成浓度梯度分布。这种浓度分布的不均匀性为反应器的设计与计算带来了困难。

物料在反应器内的混合特性对化学反应过程具有决定性影响。根据停留时间的差异，可将混合分为两种类型：当物料具有相同停留时间时的混合称为简单混合；而当物料停留时间不同时的混合则称为“返混”。返混现象的存在不仅会降低反应器的整体效率，还会对产品的产量和质量产生不利影响。特别是在反应器放大过程中，物料流动状况的复杂性更加凸显，其影响也更为显著[4-5]。因此，以物料在反应器内的返混程度作为反应器分类的依据，能够更准确地反映反应器本质特征的差异，为反应器的优化设计和操作提供重要参考。

根据返混情况及操作方式的不同，反应器可分为以下类型[4]：

① 间歇操作的充分搅拌槽式反应器（又称间歇反应器，BR）　其特点是物料在反应器内充分混合。由于采用间歇操作方式，所有物料被视为同时进入反应器，因此物料之间的混

合过程属于简单混合，不存在返混现象。

② 平推流反应器（又称理想置换反应器或活塞流反应器，PFR） 是一种连续操作的反应器。其特点是反应器内的物料在径向上允许完全混合，但在轴向上不存在混合（即无返混）。物料在反应器内的流动类似于活塞的推进，各微元体依次通过反应器，且停留时间相同。典型的例子是物料在管内流速较快的管式反应器。

③ 连续操作的充分搅拌釜式反应器（又称全混流反应器，CSTR） 在这类反应器中，进入的物料瞬间与反应器内原有物料达到完全混合，物料的返混程度达到最大值。

④ 非理想流动反应器 是指物料在反应器中存在一定程度的返混，其返混程度介于平推流反应器和全混流反应器之间。典型的例子包括塔式反应器、固定床反应器等。

本实验采用乙酸乙酯水解反应体系，旨在探究搅拌釜反应器的特性并验证全混流反应状态。

全混流反应器的特点：①物料在反应器内充分返混；②反应器内各处物料参数均一；③反应器的出口组成与反应器内物料组成相同；④反应过程中连续进料与出料，是定常态过程。

二、实验目的

① 了解并掌握搅拌釜反应器中非理想流动现象的产生原因；

② 掌握搅拌釜反应器达到全混流状态的判断和操作方法；

③ 了解并掌握在全混釜中进行连续操作时反应结果的测量方法，并分析与间歇反应器中反应结果的差异。

三、实验原理

乙酸乙酯水解反应：

$$\underset{\text{A}}{OH^-} + \underset{\text{B}}{CH_3COOC_2H_5} \xrightarrow{K} \underset{\text{C}}{CH_3COO^-} + \underset{\text{D}}{C_2H_5OH} \tag{4.20}$$

在稳定条件下，对全混釜反应器进行物料衡算，有：

$$(-r_A) = \frac{F}{V}(c_{A0} - c_A) = \frac{c_{A0}}{\tau_m}\left(1 - \frac{c_A}{c_{A0}}\right) = \frac{c_{A0}}{\tau_m}x_A \tag{4.21}$$

式中，$-r_A$为反应速率，kmol/(m^3·h)；c_{A0}为OH^-的初始浓度，kmol/m^3；c_A为OH^-的实际浓度，kmol/m^3；F为体积流率，m^3/h；V为反应区体积，m^3；τ_m为平均停留时间，s；x_A为转化率。

当$c_{A0}=c_{B0}$，且在等摩尔流量进料时，其反应速度（$-r_A$）可表示为如下形式：

$$(-r_A) = kc_A^2 = k_0\exp(-E/RT)c_{A0}^2\left(\frac{c_A}{c_{A0}}\right)^2 = kc_{A0}^2(1-x_A)^2 \tag{4.22}$$

式中，k为反应速率常数，m^3/(kmol·h)；k_0为指前因子，m^3/(kmol·h)；E为活化能，kJ/mol；R为热力学常数，8.314kJ/(kmol·K)；T为温度，K。

由式（4.21）和式（4.22）可得x_A：

$$\frac{c_{A0}}{\tau_m}x_A = kc_{A0}^2(1-x_A)^2 \tag{4.23}$$

因$c_{A0}\propto(L_0-L_\infty)$，$c_A\propto(L_t-L_\infty)$，故可通过电导率测定得到转化率：

$$x_A = \frac{L_0 - L_t}{L_0 - L_\infty} \tag{4.24}$$

式中，L_0、L_∞分别为反应初始和反应完全结束时的电导率，S/m；L_t为空时达 τ_m 时的电导率，S/m。

根据反应溶液的电导率数值，由式（4.24）可计算出相应的反应转化率。另由式（4.23）可计算出相同条件下的理论转化率。将两者进行比较，可以评估当前反应器的实际反应结果与全混流反应理论计算值之间的偏离程度。

四、实验试剂和仪器

1. 实验试剂

NaOH（分析纯），乙酸乙酯（分析纯），纯净水。

2. 实验仪器

本实验装置由管式反应器、釜式反应器和塔式反应器组成，各反应器均可独立操作。其中，管式反应器与釜式反应器可组合成两种串联式反应器。配套设备包括定量连续进料装置、示踪剂加料装置、搅拌控制装置以及反应釜出口浓度检测装置。均相反应过程实验装置流程如图 4.27 所示。

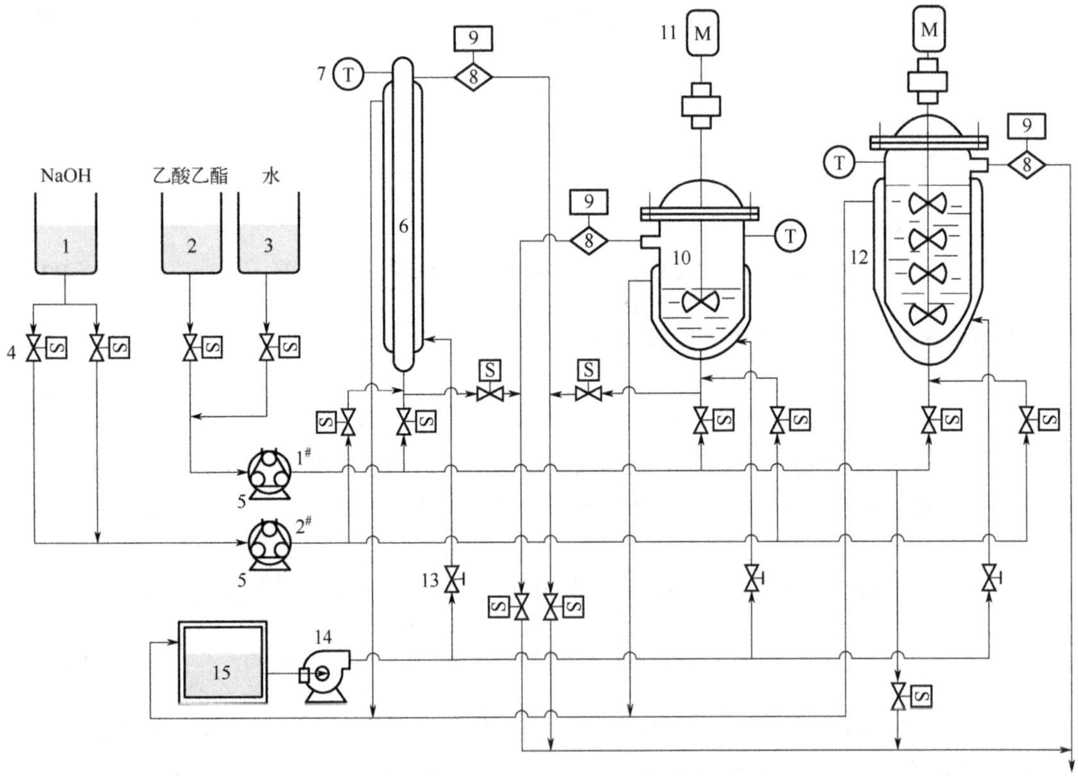

图 4.27　均相反应过程实验装置流程图

1—NaOH 储槽；2—乙酸乙酯储槽；3—水槽；4—电磁阀；5—蠕动泵；6—管式反应器；7—热电偶；8—电导槽；9—电导仪（DDS-ⅡA)；10—釜式反应器；11—搅拌电机；12—塔式反应器；13—手动调节阀；14—离心泵；15—恒温水浴箱

五、实验过程

1. 实验方法

本实验通过电脑软件远程控制管件和仪表的操作。图 4.28 展示了乙酸乙酯水解反应动力学测定实验的操作界面。实验中，蠕动泵将水槽中的水输送至反应器，从反应器上部流出，经过电导槽后排出。反应釜出口液体的浓度由电导仪实时测定，反应釜内的温度由恒温水浴箱精确控制。

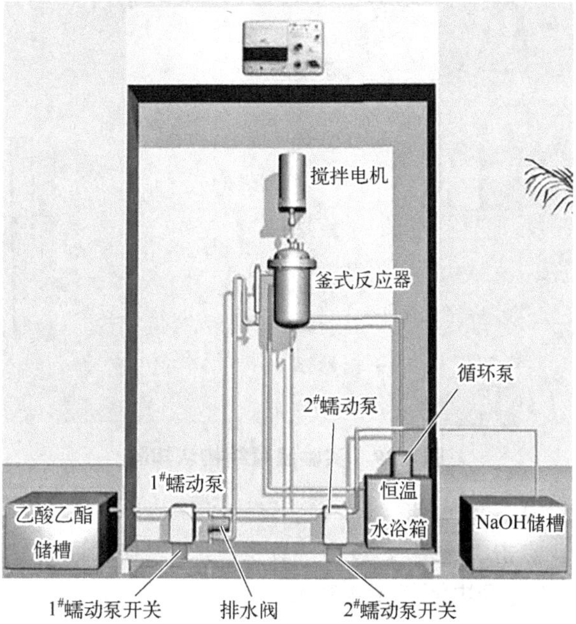

图 4.28　乙酸乙酯水解反应动力学测定实验的操作界面

2. 实验步骤

① 分别配制浓度为 0.04mol/L 的 NaOH 溶液和乙酸乙酯溶液各 10L，存放于 NaOH 储槽和乙酸乙酯储槽中。

② 开排水阀，将反应釜中清洗残留液排净。

③ 打开 1#蠕动泵，随即打开 2#蠕动泵，同时以等体积流量往釜式反应器输送 NaOH 溶液和乙酸乙酯溶液。

④ 待反应釜出口液体的电导率有较大的变化（因 NaOH 和乙酸乙酯混合液的电导率远大于空气的电导率，电导率的示值有较大变化则说明溶液已经加满），关闭两个进料蠕动泵，停止加料液。

⑤ 将搅拌电机的转速调到设定值，等待转速的稳定。

⑥ 打开恒温水浴箱的循环泵，设定反应温度，恒温水浴箱开始加热，等待温度稳定。

⑦ 待系统稳定后，先后快速打开两个蠕动泵，设定相同的流量，观察反应釜出口电导率的变化，等待电导率的曲线回至走平，说明水解反应平衡，则可以读取该流量下的电导率数据，并记录。

⑧ 改变流量，重复步骤⑦记录数据，直到预设的各个流量下的实验完成。

⑨ 停止蠕动泵，停止搅拌、设置温度为 0 并关闭恒温水浴箱循环泵，将釜内的溶液排空，关闭电源，结束实验。

六、虚拟仿真实验

1. 虚拟仿真实验装置结构认知

实验装置结构认知图见图 4.29。

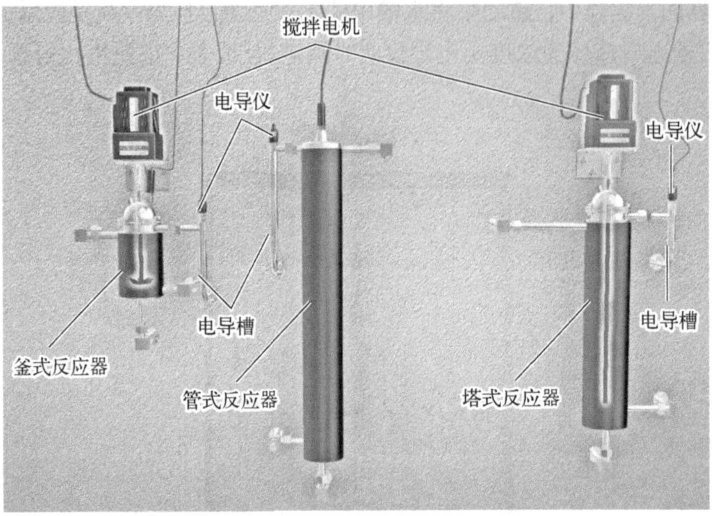

图 4.29　实验装置结构认知图

2. 虚拟仿真实验步骤

① 打开实验软件，点击“连接”，点击“真实实验”。登录远程控制软件，先后点击“开始实验”和“电源控制”打开电源（图 4.30）。

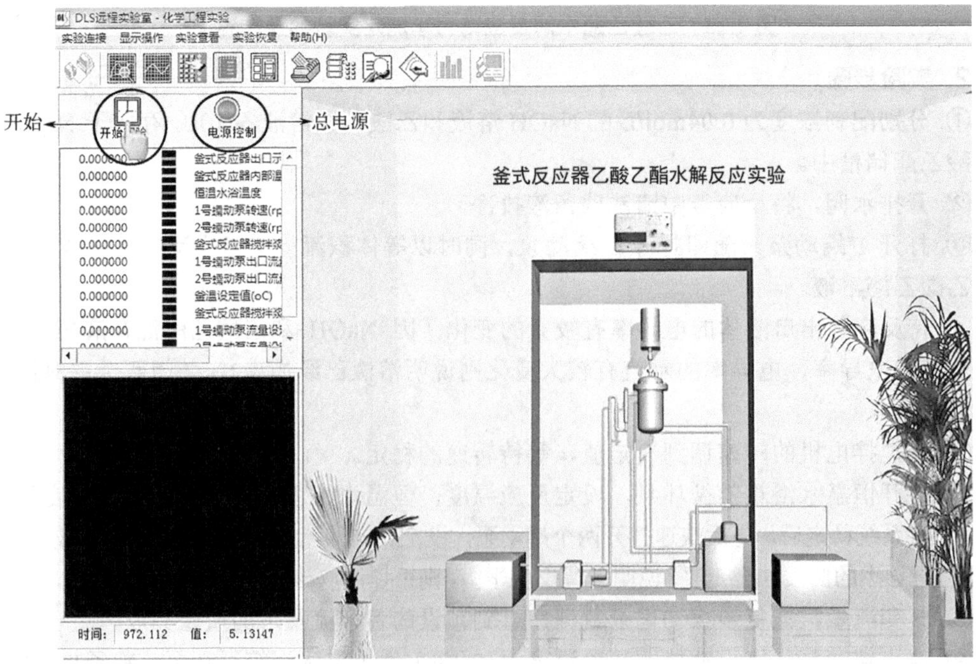

图 4.30　开始实验

② 配制 10L 浓度为 0.04mol/L 的 NaOH 溶液和 10L 浓度为 0.04mol/L 的乙酸乙酯溶液，分别置于 NaOH 和乙酸乙酯溶液储槽中（图 4.31）。

③ 单击界面排水阀位置，点击“ON”，通过排水阀将釜中残液排净（图 4.32）。

图 4.31　配制溶液

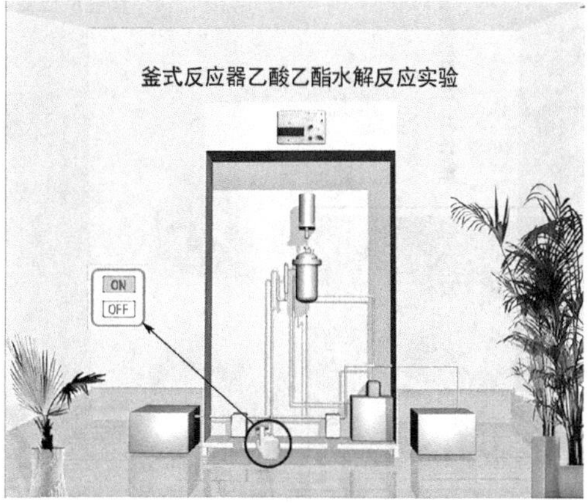

图 4.32　反应釜排液操作

④ 先后点击界面 1#、2#蠕动泵位置，随后分别点击“ON”，同时以相同体积流量输送 NaOH 和乙酸乙酯溶液至釜式反应器（图 4.33）。

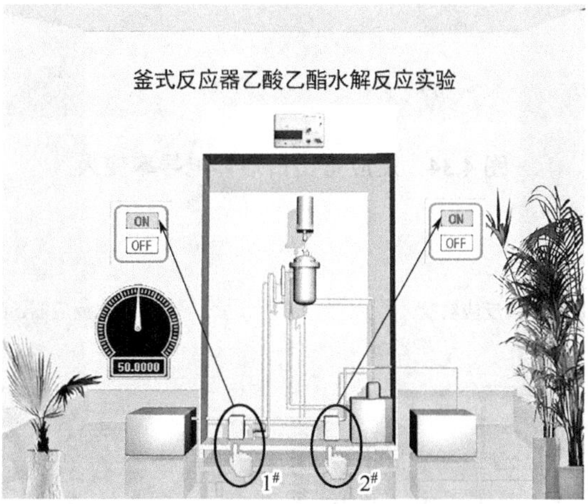

图 4.33　启动两台原料进料蠕动泵

⑤ 待釜出口处电导率明显升高至稳定，先后点击界面 1#、2#蠕动泵，随后分别点击“OFF”，停止进料（图 4.34）。

⑥ 点击界面中搅拌电机，设置转速，等待转速稳定（图 4.35）。

⑦ 点击界面中恒温水浴箱的循环泵，点击“ON”，设定反应温度，恒温水浴箱开始加热，等待温度稳定（图 4.36）。

⑧ 先后快速点击界面 1#和 2#两个蠕动泵，点击“ON”，设定流量均为 50 mL/min，观察电导率变化。待电导率曲线走至水平，此时达水解平衡，读取该流量下电导率数据（图 4.37、图 4.38）。

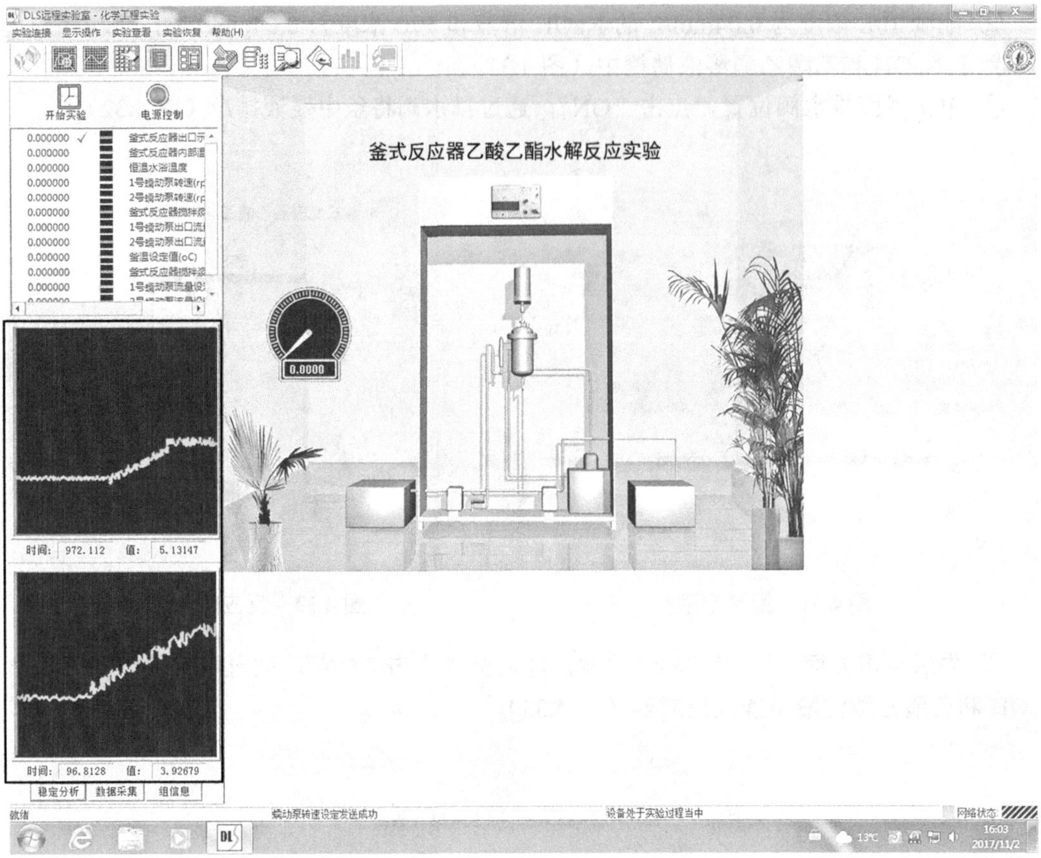

图 4.34　反应釜出口液体电导率变大

图 4.35　设置搅拌电机转速

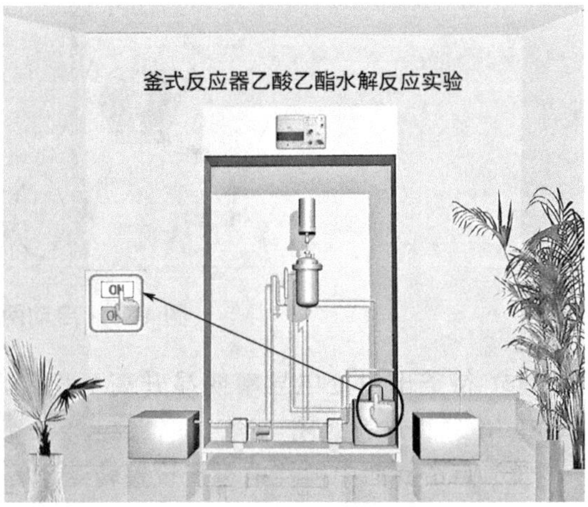

图 4.36　启动恒温水浴箱循环泵

⑨ 改变蠕动泵流量，获得不同条件下的电导率数据。

⑩ 点击界面中的蠕动泵，点击“OFF”，停止搅拌，点击界面中的循环泵，点击“OFF”，关闭电源（图 4.39、图 4.40）。

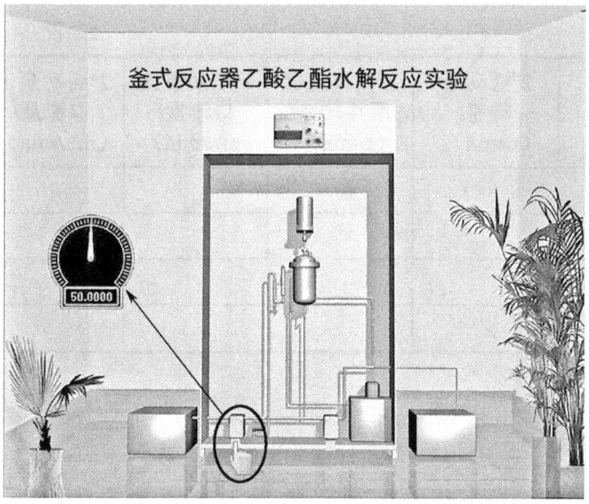

图 4.37　设定流量

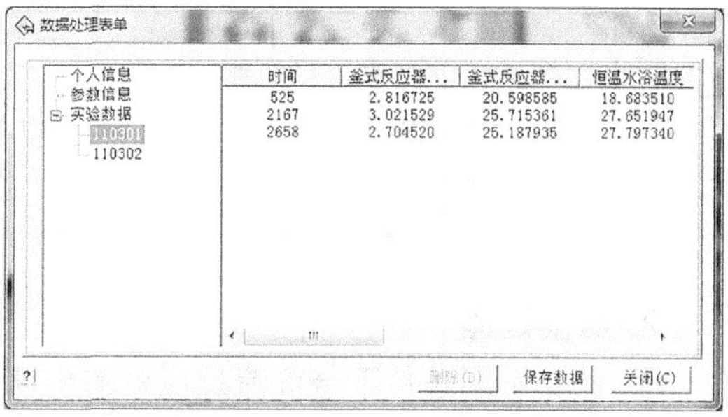

图 4.38　电导率数据读取

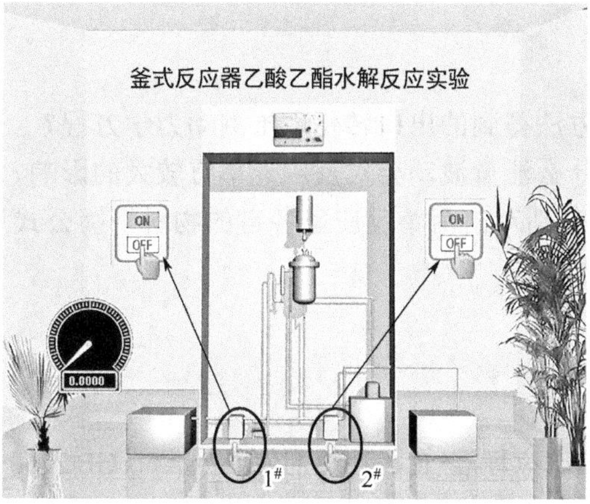

图 4.39　关停蠕动泵

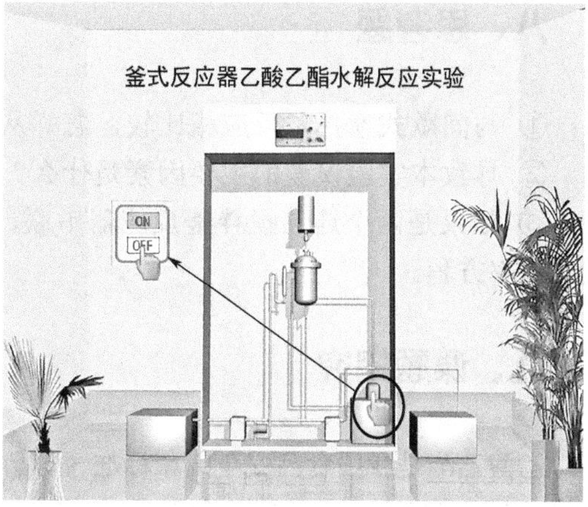

图 4.40　关停循环泵

七、实验记录及数据处理

1. 实验记录

实验数据记录在表 4.8 中。

表 4.8　数据记录表

时间	反应器出口电导率/(S/m)	反应器内部温度/℃	恒温水浴箱温度/℃	1#蠕动泵转速/(r/min)	2#蠕动泵转速/(r/min)	釜式反应器搅拌转速/(r/min)	1#蠕动泵出口流量/(mL/min)	2#蠕动泵出口流量/(mL/min)
0:00								
…								
…								
…								

续表

时间	反应器出口电导率/（S/m）	反应器内部温度/℃	恒温水浴箱温度/℃	1#蠕动泵转速/（r/min）	2#蠕动泵转速/（r/min）	釜式反应器搅拌转速/（r/min）	1#蠕动泵出口流量/（mL/min）	2#蠕动泵出口流量/（mL/min）

2. 数据处理

① 计算不同条件下全混流反应器的出口转化率；

② 根据实验测定的电导率，计算不同空时下的转化率并与理论值比较。

八、思考题

① 与间歇式搅拌釜反应相比较，怎样从本方法得到的出口转化率推测动力学方程？

② 导致本实验误差的主要因素是什么？为什么流量波动会对反应速率有较大的影响？

③ 如果是两个连续搅拌釜反应器串联，试分别写出两个反应釜各自的物料平衡公式和反应速率方程。

九、课题探究

乙酸乙酯是我国食品安全国家标准《食品安全国家标准 食品添加剂使用标准》（GB 2760—2024）中明确规定允许使用的食用香料，在食品工业中具有广泛的应用。在传统酿酒过程中，陈酒之所以具有独特的醇厚口感和馥郁香气，主要源于酒体中微量乙酸与乙醇发生酯化反应生成的乙酸乙酯这一重要风味物质。由于该反应是可逆过程，通常需要数年甚至数十年的窖藏才能积累足量的乙酸乙酯，形成优质陈酒特有的芳香特征。然而，随着现代食品工业的发展，部分企业采用化学合成的乙酸乙酯，通过勾兑工艺快速生产白酒。这种做法虽然符合国家标准，但关于"勾兑酒"是否属于"假酒"的争议一直存在。这一争议的核心在于对"传统工艺"与"假酒"概念的界定标准，涉及食品真实性、工艺传承以及消费者权益保护等多个层面。从技术角度看，勾兑工艺是现代食品工业发展的产物，可以提高生产效率；但从文化传承角度看，这种快速生产方式与传统酿酒工艺的精髓相去甚远。这一问题不仅涉及食品工艺的技术层面，更关乎传统饮食文化的传承与现代食品工业发展的平衡，请对此展开深入思考和理性探讨。

实验四　多釜串联流动特性的测定

一、实验背景

在工业生产中，为了适应各类反应过程的不同要求，常常采用相同或不同类型的简单反应器的各种组合。例如，多个全混流釜式反应器的串联操作是一种常见的组合方式。在这种配置中，每个釜都满足全混流假设，即反应器内的物料瞬间达到完全混合状态。这不仅可以减少釜与釜之间的返混影响，还能提高反应效率。而循环反应器的设计可以使原本的平推流反应器具有全混流的某种特征。平推流反应器通常具有较高的转化率，但缺乏全混流反应器的灵活性。通过引入循环操作，可以在一定程度上结合两者的优点，既保持高转化率，又具备一定的混合特性。这些设计不仅适用于均相系统（如液相或气相反应），在非均相系统（如气-液、液-固反应）中也得到了广泛的应用。例如，在催化反应中，多釜串联操作可以有效控制催化剂的接触时间和反应物的浓度分布，从而提高催化效率和产物质量。

多釜串联流动特性实验的研究对于优化工业生产中的反应器设计具有重要意义。通过合理配置反应器的组合方式，可以显著提高反应效率、减少副反应、降低能耗，并最终提升产品质量和生产效益。

全混流釜式反应器的串联操作具有以下优点：

① 提高反应效率　通过串联多个反应釜，可以逐步提高反应物的转化率，确保反应更加彻底。

② 减少返混　每个釜内的物料完全混合，减少了物料在釜与釜之间的返混，从而提高了反应的选择性和产物的纯度。

③ 灵活控制　通过调整每个釜的操作条件（如温度、压力、停留时间等），可以灵活控制反应过程，适应不同的反应要求。

二、实验目的

① 观察了解多釜串联的流动特性，并与理想流型特性曲线作比较。

② 掌握用脉冲示踪法测定停留时间分布的实验方法及数据处理。

③ 根据单个釜的流动特性推测四釜串联的理论流动特性，并与实验测量值进行比较。

三、实验原理

对于等容积理想全混式多釜串联的流动，用脉冲示踪法测定其出口浓度变化曲线，经过换算，可得到停留时间分布的密度函数 $E(t)$[4-5]，即

$$E(t)=\frac{N^N}{(N-1)!\,\overline{t}}\left(\frac{t}{\overline{t}}\right)^{N-1}\mathrm{e}^{-Nt/\overline{t}} \tag{4.25}$$

令 $\theta = t/\overline{t}$，

$$E(\theta)=\overline{t}E(t)=\frac{N^N}{(N-1)!}\theta^{N-1}\mathrm{e}^{-N\theta} \tag{4.26}$$

式中，N 为釜数；$\overline{t}$ 为整个装置的平均停留时间，等于 $N(V_R)_i/v$，s；$(V_R)_i$ 为每一小釜的体积，m^3；v 为体积流量，m^3/s。

据式（4.25）、式（4.26）可计算一组理想全混釜的流动曲线，如图 4.41（a）所示。通过实验测定全混釜出口电导率随时间变化曲线 $L(t) \sim t$，如图 4.41（b）所示，由于浓度与电导率成正比，即 $c(t) \propto L(t)$，经下列关系换算，可得 $E(t)$：

$$E(t)=\frac{c(t)}{c_0}=\frac{c(t)}{\int_0^\infty c(t)\mathrm{d}t}=\frac{L(t)}{\int_0^\infty L(t)\mathrm{d}t} \tag{4.27}$$

写成离散型函数：

$$E(t)=\frac{L(t)}{\sum_1^n L(t)\Delta t} \tag{4.28}$$

或

$$E(\theta)=\overline{t}E(t)=\frac{\overline{t}L(t)}{\sum_1^n L(t)\Delta t} \tag{4.29}$$

据此，可将实验曲线 $L(t)\sim t$ 转换为实验曲线 $E(\theta)\sim\theta$，进而将实验曲线 $E(\theta)\sim\theta$ 与理论曲线 $E(\theta)\sim\theta$ 进行对比分析。

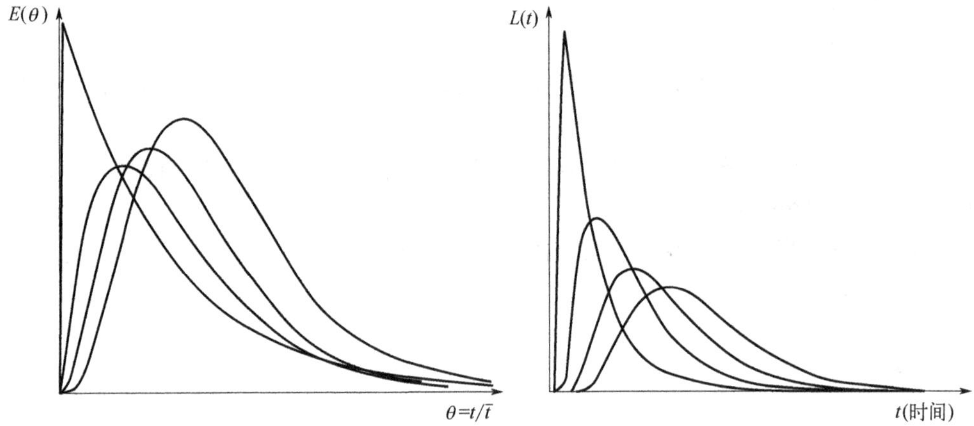

图 4.41　多釜串联的停留时间分布曲线

$$\overline{t}=\frac{\int_0^\infty tE(t)\mathrm{d}t}{\int_0^\infty E(t)\mathrm{d}t}=\frac{\Delta t\cdot\sum tE(t)}{\Delta t\cdot\sum E(t)}=\frac{\sum tE(t)}{\sum E(t)}=\frac{\sum tL(t)}{\sum L(t)} \tag{4.30}$$

$$\sigma_t^2=\frac{\int_0^\infty t^2E(t)\mathrm{d}t}{\int_0^\infty E(t)\mathrm{d}t}-\overline{t}^2=\frac{\Delta t\cdot\sum t^2E(t)}{\Delta t\cdot\sum E(t)}-\overline{t}^2=\frac{\sum t^2L(t)}{\sum L(t)}-\overline{t}^2 \tag{4.31}$$

根据式（4.30）和式（4.31）计算实测分布曲线的均值（$\overline{t}$）和方差 σ_t^2，由 $\sigma_\theta^2=\sigma_t^2(\overline{t})^2$ 和 $\sigma_\theta^2=1/N$，可计算模型参数 N（釜数），与理论值进行比较。

四、实验试剂和仪器

1. 实验试剂

蒸馏水，饱和硝酸钠溶液（示踪剂）。

2. 实验仪器

本实验装置主要由四个串联的搅拌釜式反应器组成，每个反应器配备的搅拌桨类型和挡板可参考图 4.42。这些搅拌釜反应器既可以独立操作，也可以串联操作。配套设备包括定量连续进料装置、示踪剂加料装置、搅拌控制系统以及反应釜出口浓度检测装置。实验流程见图 4.42。

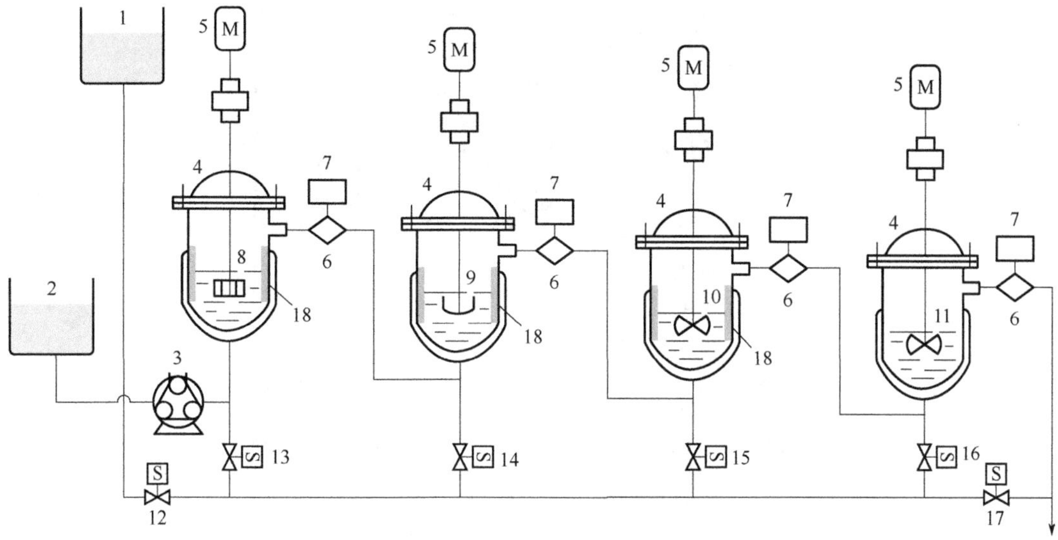

图 4.42　实验流程示意图

1—示踪剂高位槽；2—水槽；3—蠕动泵；4—釜式反应器；5—搅拌电机；6—电导槽；7—电导仪（DDS-ⅡA）；8—桨式搅拌器；9—锚式搅拌器；10，11—螺旋式搅拌器；12～17—电磁阀；18—挡板

五、实验过程

1. 实验方法

打开总电源，釜式反应器混合特性研究实验的操作界面如图 4.43 所示。实验开始，蠕动泵将储液槽中的水从釜Ⅰ底部注入，液体随后从反应器上溢流支口流出，经过电导率检测池后，依次流经釜Ⅱ、釜Ⅲ、釜Ⅳ后排入下水管。实验装置由 4 个体积均为 1070mL 的反应釜组成，每个釜均配备独立的可调速搅拌电机，用于分别控制各釜的搅拌转速。各釜出口处的液体浓度通过电导仪实时测定。

2. 实验步骤

① 开启电磁阀 2#、3#、4#、5#、6#，排空 4 个反应釜内残留液体，确认排空完成后关闭所有阀门。

② 启动蠕动泵，将流量调至最大值，向 4 个反应釜注水（约需 15min），待注水完成后将蠕动泵流量调整至实验设定值。

③ 分别调节 4 个搅拌电机转速至设定值（推荐使用最大值），等待搅拌转速稳定，确保达到全混流状态。

④ 开启阀门 6#，排净管路中残余水分，随后关闭阀门 6#，待 4 条电导率曲线重合并趋于水平，开启阀门 1#，使示踪剂充满管路。

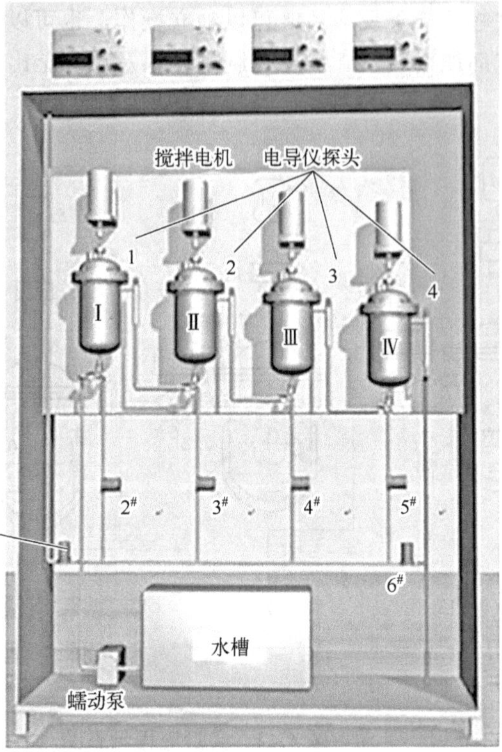

图 4.43　釜式反应器混合特性研究实验操作界面

Ⅰ、Ⅱ、Ⅲ、Ⅳ—反应釜；1、2、3、4—电导仪探头；1#、2#、3#、4#、5#、6#—电磁阀

⑤ 监测釜出口液体电导率，待其达到稳定值后（电导率相比实验开始的时候有较大的变化，这是因为水的电导率比空气的电导率大），开启阀门 2#，向釜Ⅰ脉冲注入示踪剂（持续2～6s），并记录示踪剂注入起始时间 t。

⑥ 实时监测各电导仪探头（1、2、3、4）读数变化，待釜Ⅳ出口电导率的曲线趋于平稳，即可确认 4 个釜内的示踪剂被纯净水完全替换。

⑦ 在电导率曲线图上选择数据采集区域：起始时间在 t 时刻附近，结束时间在电导率曲线走平的时刻附近，保存选定区域内的实验数据。

⑧ 停止搅拌，关闭蠕动泵，关闭阀门 1#，开启阀门 2#～6#排空反应釜内液体，最后关闭电源，完成实验。

六、虚拟仿真实验

1. 虚拟仿真实验装置结构认知

结构认知界面见图 4.44。

2. 虚拟仿真实验步骤

① 点击“Win CC”软件图标进入远程实验软件界面。点击开始实验，打开总电源（图 4.45）。

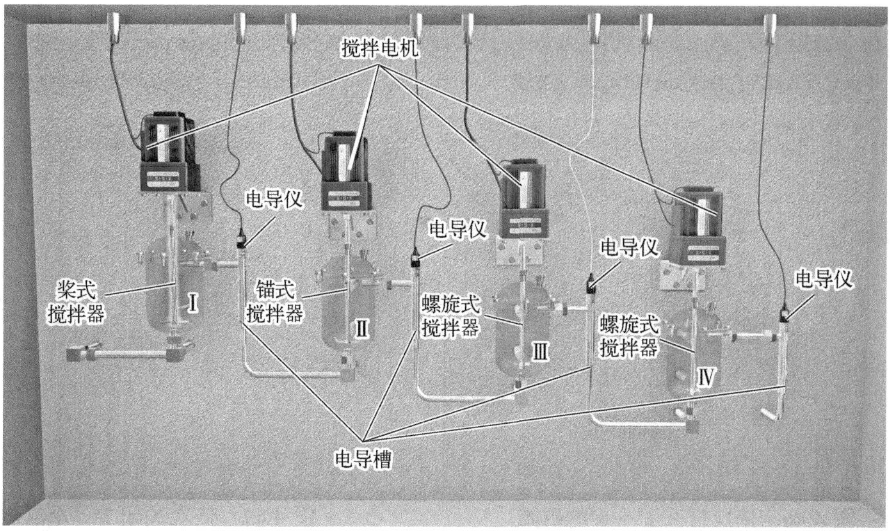

图 4.44　结构认知界面

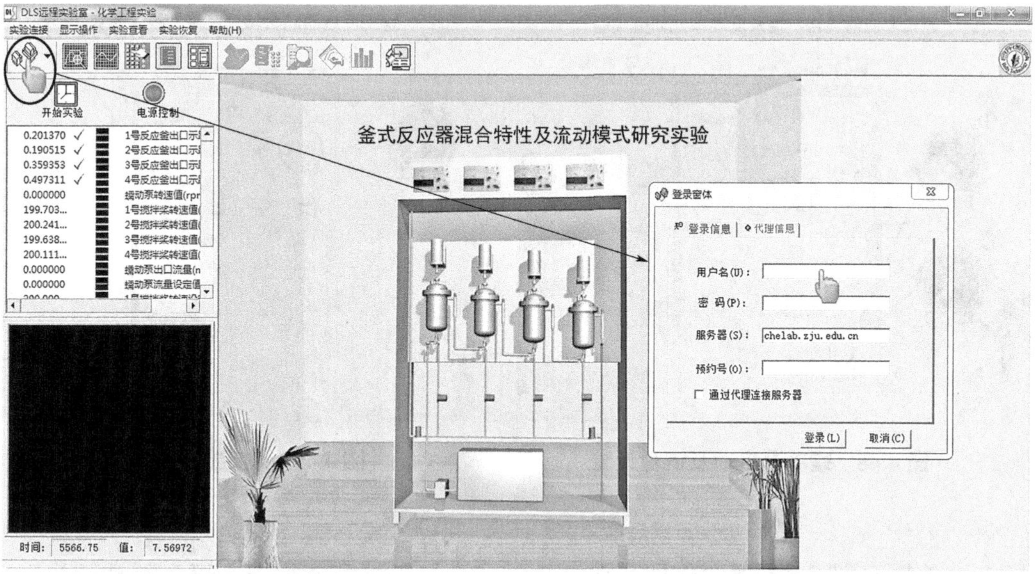

图 4.45　客户端登录

② 依次点击界面中 2#、3#、4#、5#、6#电磁阀，并点击“ON”，排空四个釜内残液，依次点击 2#～6#电磁阀，并点击“OFF”，关闭电磁阀（图 4.46、图 4.47）。

③ 点击界面中蠕动泵，设置流量为 250mL/min，待液体充满 4 个釜后，点击蠕动泵，调整流量为 200mL/min（图 4.48）。

④ 先后点击界面中的 4 个搅拌电机，将转速均设定为 200r/min，等待转速稳定（图 4.49）。

⑤ 点击界面 6#阀门，点击“ON”，打开 6#阀门排尽管路中残余的水，点击“OFF”，关闭 6#阀门（图 4.50）。

⑥ 待 4 条电导率曲线重合并趋于水平，点击 1#阀门，点击“ON”，让示踪剂充满管路（图 4.51）。

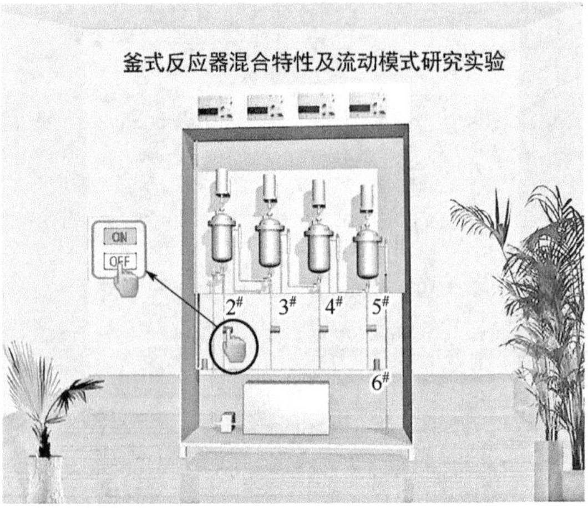

图 4.46　依次打开 2#～6#电磁阀

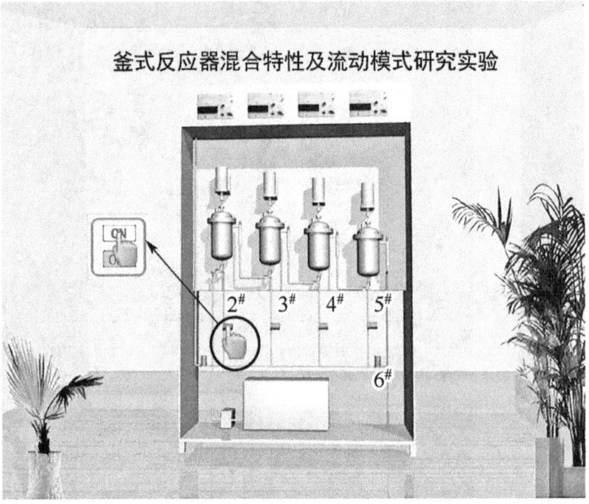

图 4.47　依次关闭 2#～6#电磁阀

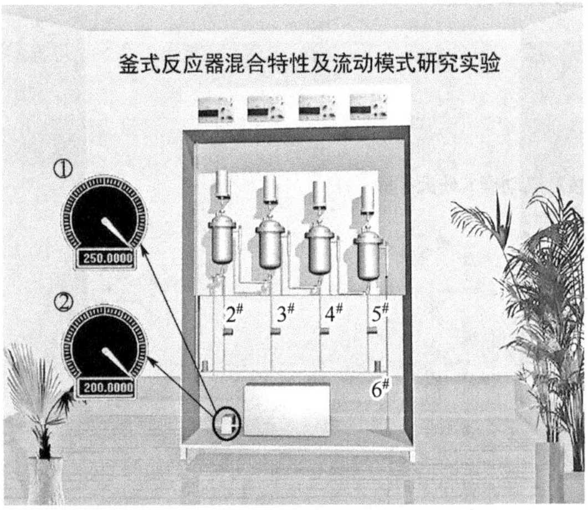

图 4.48　蠕动泵启动及流量设置

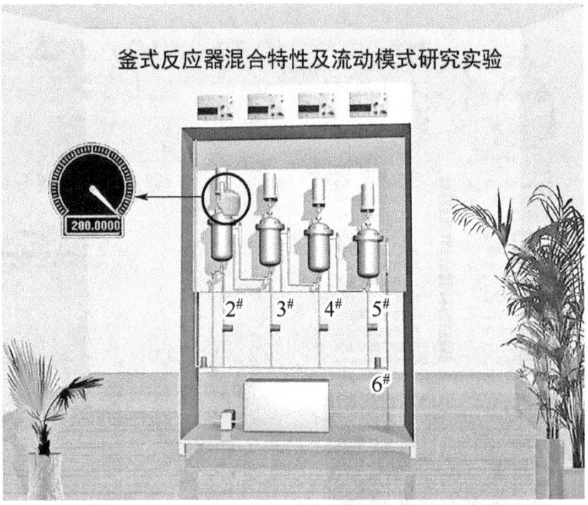

图 4.49　设定搅拌电机转速

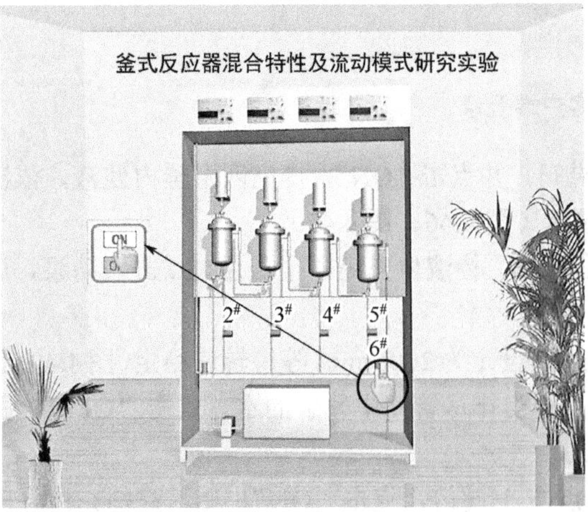

图 4.50　排尽管路中残余的水

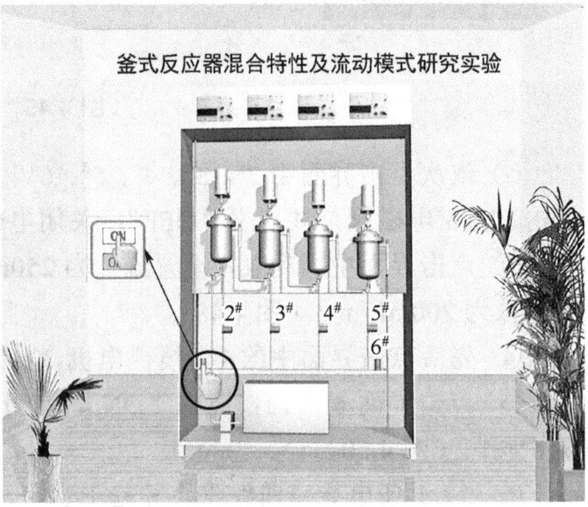

图 4.51　打开 1#阀门

⑦ 待釜出口液体的电导率恒定后，点击 2#阀门，点击“ON”，向釜Ⅰ内脉冲式注入示踪剂（2～4s），记录此时间 t（图 4.52）。

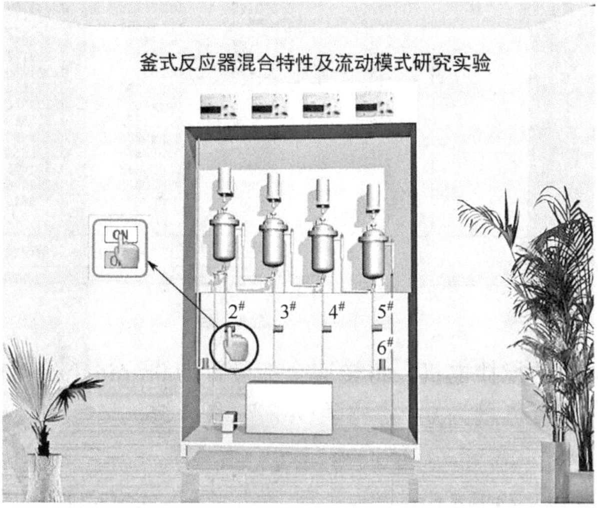

图 4.52　打开 2#阀，脉冲注入示踪剂

⑧ 随后观察左侧各釜出口电导率的读数，待釜Ⅳ出口电导率的曲线趋于水平，可以认为 4 个釜内的示踪剂完全离开反应釜体系（图 4.53）。

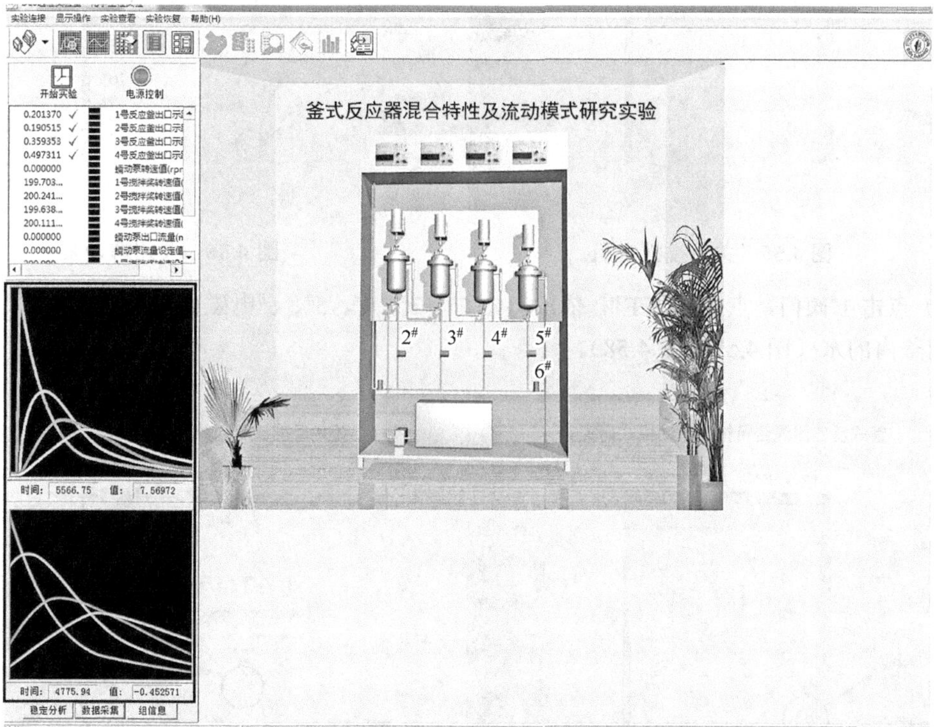

图 4.53　电导率曲线的变化

⑨ 选择合理区域采集电导率数据，并将其保存为此转速下的电导率输出值（图 4.54）。

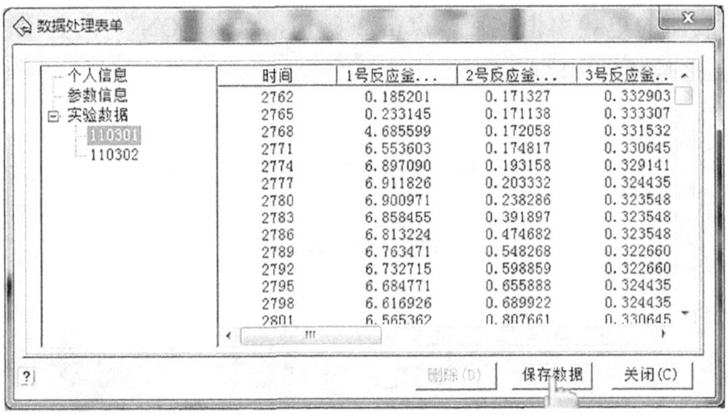

时间	1号反应釜...	2号反应釜...	3号反应釜..
2762	0.185201	0.171327	0.332903
2765	0.233145	0.171138	0.333307
2768	4.685599	0.172058	0.331532
2771	6.553603	0.174817	0.330645
2774	6.897090	0.193158	0.329141
2777	6.911826	0.203332	0.324435
2780	6.900971	0.238286	0.323548
2783	6.858455	0.391897	0.323548
2786	6.813224	0.474682	0.323548
2789	6.763471	0.548268	0.322660
2792	6.732715	0.598859	0.322660
2795	6.684771	0.655888	0.324435
2798	6.616926	0.689922	0.324435
2801	6.565362	0.807661	0.330645

图 4.54　采集数据

⑩ 依次点击界面中的搅拌电机，将转速全部设置为 0r/min（图 4.55）。

⑪ 点击蠕动泵，设置流量为 0，点击“OFF”（图 4.56）。

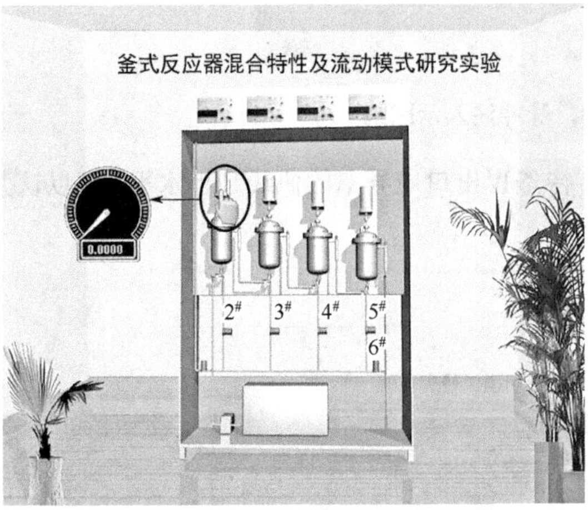

图 4.55　关停搅拌电机

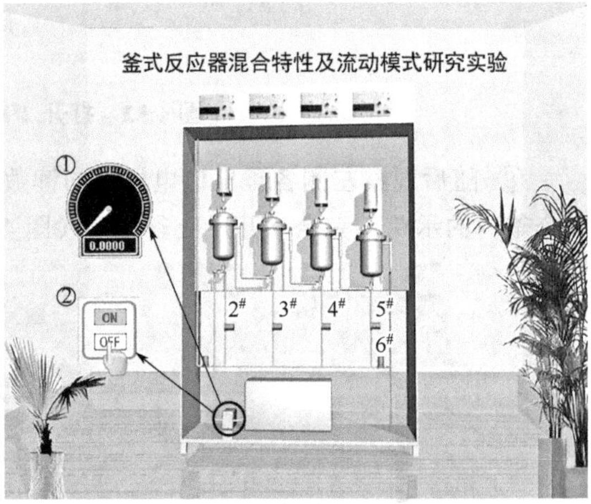

图 4.56　关闭蠕动泵

⑫ 点击 1#阀门，点击“OFF”，依次点击 2#、3#、4#、5#、6#电磁阀，选择“排空”，排尽各反应釜内的水（图 4.57、图 4.58）。

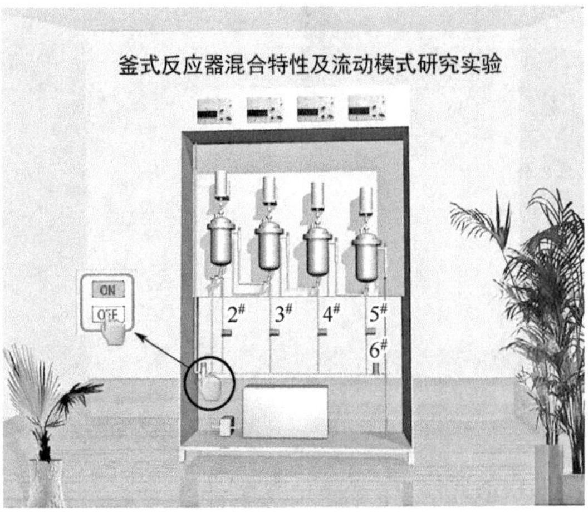

图 4.57　关闭 1#阀门

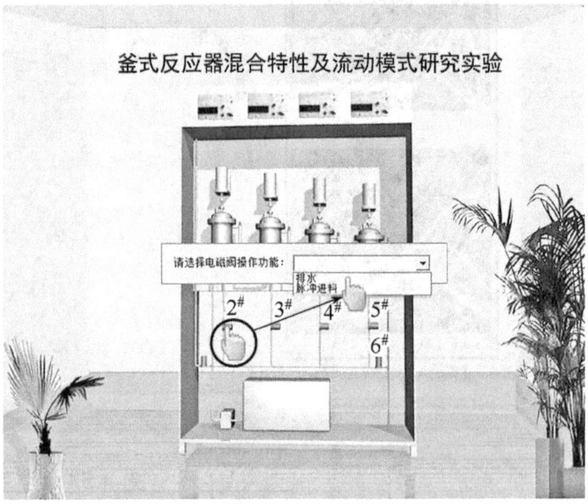

图 4.58　排空反应釜内的水

⑬ 关闭电源（图 4.59）。

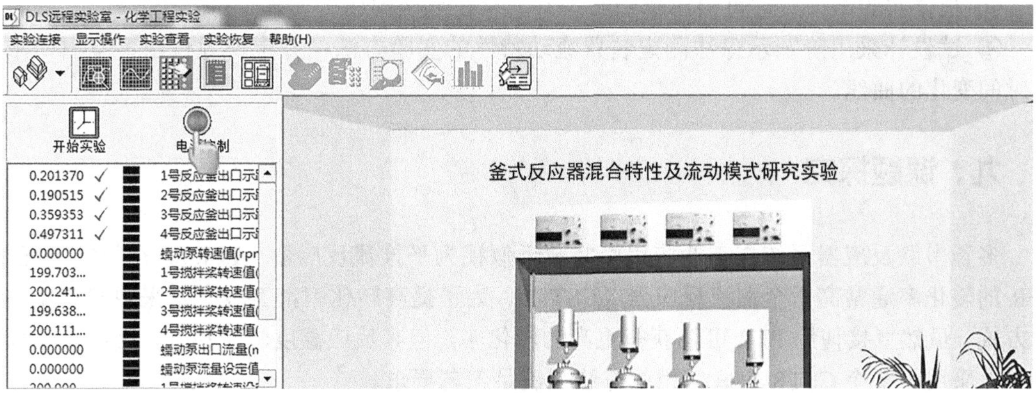

图 4.59 关闭电源

七、实验记录及数据处理

1. 实验记录

实验数据记录在表 4.9 中。

表 4.9 数据记录表

参数设定	蠕动泵转速/（r/min）	流量/（mL/min）	脉冲时间	电导率文件名称
			： ～ ：	

2. 数据处理

计算式中的浓度 $c(t)$可直接用电导率 $L(t)$或峰高的数值代入。

① 用辛普生法或梯形法计算出各釜流出曲线的面积。

② 计算各釜的平均停留时间、方差和模型参数 N。

已知：$(V_R)_i$=1070mL，v_{max}=250mL/min

$$L_o = \sum L(t)t \tag{4.32}$$

$$\overline{t} = \frac{\sum tL(t)}{\sum L(t)} \tag{4.33}$$

$$\sigma_t^2 = \frac{\sum L(t)t^2}{\sum L(t)} - \overline{t}^2 \quad 或 \quad \sigma_\theta^2 = \frac{\sigma_t^2}{(\overline{t})^2} \tag{4.34}$$

釜数

$$N = 1/\sigma_\theta^2 \tag{4.35}$$

③ 根据式（4.26）和式（4.29）分别计算 $E(\theta)$的理论值与实验值，作出理论 $E(\theta)\sim\theta$ 图与实验 $E(\theta)\sim\theta$ 图，并加以比较。

八、思考题

① 脉冲示踪前如何根据每个釜出口电导率的变化来判断各釜内流体的情况？

② 结合装置特点及操作条件，分析讨论实验值与理论值存在偏差的原因。

③ 根据实验结果，你可得出哪些结论？尚存在哪些问题？

④ 试设计采用阶跃示踪法测定装置流动特性的实验方法，并定性地作出各釜出口浓度随时间变化的曲线。

九、课题探究

多釜串联反应器系统在工业应用中常被近似视为平推流反应器（PFR）。在相同工况下，PFR 的转化率通常高于全混流反应器（CSTR）。为了提高转化率，工业上常采用 CSTR 串联的方式。虽然直接使用 PFR 可能获得更高的转化率，但其反应温度较难控制，因此在实际生产中，采用将多个 CSTR 串联使用的方法来满足工艺要求。

多釜串联反应器系统在工业过程中具有重要的应用价值，尤其是在需要高转化率和精确温度控制的化学反应中。与 PFR 和 CSTR 相比，多釜串联反应器在转化率、温度控制和操作灵活性方面具有独特的优势。然而，多釜串联反应器的过程控制较为复杂，需要综合考虑多个反应器的操作条件。在实际工业应用中，选择哪种反应器类型取决于具体的反应要求、操作条件和经济效益。

基于串联反应器在工业过程中的实际应用案例，探究其对于优化工业生产中反应器设计的重要作用，并比较其与 PFR 和 CSTR 在过程控制方法上的差异。

实验五　膨胀计法测定聚合反应速率

一、实验背景

膨胀计法是一种广泛应用于高分子化学领域的实验技术，用于测定聚合反应速率和聚合物的玻璃化转变温度（T_g）。该方法通过在膨胀计内装入适量的待测聚合物，并通过毛细管负压或抽真空的方式将惰性液体（如硅油或汞）引入膨胀计内。惰性液体对聚合物没有溶解作用，因此可以准确反映聚合物在加热过程中的体积变化。膨胀计通常置于油浴或水浴中，以一定的升温速率加热，同时记录惰性液体柱高度随温度的变化。

由于高分子聚合物在玻璃化转变温度前后会发生体积突变，惰性液体柱高度-温度曲线上会出现明显的折点。这个折点对应的温度即为聚合物的玻璃化转变温度（T_g）。通过分析惰性液体柱高度的变化，可以推导出聚合反应速率，进而了解聚合反应的动力学特性。

本实验选用的体系为甲基丙烯酸甲酯（MMA），MMA 是一种常见的单体，广泛用于合成有机玻璃（聚甲基丙烯酸甲酯，PMMA）。甲基丙烯酸甲酯的聚合反应是一个典型的自由基聚合过程，其反应速率可以通过膨胀计法进行精确测定。本实验不仅是测定聚合反应速率的基础实验，也是后续有机玻璃合成实验的前期准备工作。通过本实验掌握膨胀计法的基本原理和操作技巧，为后续的高分子材料合成和研究奠定基础。

二、实验目的

① 掌握膨胀计法测定聚合反应速率的原理和实验方法。

② 学习聚合反应动力学实验数据的处理与计算方法。

三、实验原理

聚合反应动力学主要是研究聚合速率、分子量与引发剂浓度、单体浓度、聚合温度等因素间的定量关系。

连锁聚合一般可分成三个基元反应：引发、增长、终止。若以引发剂引发，其反应式及动力学如下[14]：

引发

$$I \xrightarrow{k_d} 2R\cdot \tag{4.36}$$

$$R\cdot + M \rightarrow M\cdot \tag{4.37}$$

$$R_i\cdot = 2fk_d[I] \tag{4.38}$$

增长

$$M_n\cdot + M \xrightarrow{k_p} M_{n+1}\cdot \tag{4.39}$$

$$R_p = k_p[M\cdot][M] \tag{4.40}$$

终止

$$M_m\cdot + M_n\cdot \xrightarrow{k_t} P \tag{4.41}$$

$$R_t = 2k_t[M\cdot]^2 \tag{4.42}$$

式中，I、M、R・、M・、P为引发剂、单体、初级游离基或聚合物游离基及无活性聚合物；R_i、R_p、R_t为反应速率；k_d、k_p、k_t为速率常数；f为引发效率；[ ]为浓度。

经过一段时间聚合，引发速率与终止速率相等（R_i=R_t），构成动平衡。聚合速率可以用单位时间内单体的消耗量或聚合物的生成量来表示，即聚合速度应等于单体消失速度，$R=-\dfrac{d[M]}{dt}=R_i+R_p\approx R_p$。只有增长反应才消耗单体，因此也等于链增长速率。

聚合反应速率为：

$$-\frac{d[M]}{dt}=k_p\left(\frac{fk_d}{k_t}\right)^{1/2}[I]^{1/2}[M]=K[I]^{1/2}[M] \tag{4.43}$$

式中，K为聚合反应总速率常数。

单体转化为聚合物的过程中，由于聚合物的密度通常大于单体密度，反应体系的体积会缩小。因此通过测量聚合过程中体积的变化，可以计算反应转化率。

聚合速率的实验测定方法有直接法和间接法两类。

直接法有化学分析法、蒸发法、沉淀法。其中最常用的直接法是沉淀法，即在聚合过程中定时取样，加沉淀剂使聚合物沉淀，再通过分离、精制、干燥、称重，获得聚合物的量。

间接法是测定聚合过程中比体积、黏度、折射率、介电常数、吸收光谱等物性的变化，间接求其聚合物的量。

膨胀计法的原理是基于聚合过程中体积收缩与转化率之间的线性关系。膨胀计是一种特殊的聚合器，其上部装有毛细管。通过毛细管中液面的变化可以获得体系在聚合过程中的体积变化。

计算转化率：

$$C=\frac{V'}{V}\times 100\% \tag{4.44}$$

式中，C为转化率；V'表示不同反应时间t时体系体积收缩数，从膨胀计的毛细管刻度读出；V表示该条件下单体100%转化为聚合物时体积变化值。

$$V=V_{\mathrm{M}}-V_{\mathrm{P}}=V_{\mathrm{M}}-V_{\mathrm{M}}\frac{d_{\mathrm{M}}}{d_{\mathrm{P}}} \tag{4.45}$$

式中，d为密度，g/cm^3；下标M、P分别表示单体和聚合物。

四、实验试剂和仪器

实验试剂和仪器分别列于表4.10和表4.11中。

表4.10 实验试剂

试剂名称	规格	用量
甲基丙烯酸甲酯（MMA）	新鲜蒸馏，沸点=100.5℃	16mL
过氧化二苯甲酰（BPO）	重结晶	0.15g
洗液	自配	500mL
丙酮	化学纯	500mL

表4.11 实验仪器

仪器名称	规格	数量
膨胀计	定制加工	一套
烧杯	50mL	一只
恒温水浴槽	—	一套
量筒	25mL	一只
玻璃棒	—	一根
秒表	—	一只
另备试管夹、橡皮筋、乳胶管、乳胶手套、铁旋塞、洗耳球等		

实验使用的膨胀计结构如图4.60所示。

五、实验过程

1. 实验方法

本实验以过氧化二苯甲酰（BPO）引发甲基丙烯酸甲酯（MMA）在60℃下聚合。MMA在60℃的密度取$d_{\mathrm{M}}^{60}=0.8957\ \mathrm{g/cm^3}$，聚甲基丙烯酸甲酯（PMMA）在60℃的密度取$d_{\mathrm{P}}^{60}=1.179\ \mathrm{g/cm^3}$。

2. 实验步骤

准确量取 16mL MMA，称取 0.15g BPO，将两者置于 50mL 烧杯内混合均匀，倒入膨胀计底部玻璃容器内，插上毛细管，液面会逐渐上升至毛细管刻度线的 1/4～1/3 处，检查膨胀计内确认无气泡残留后，用橡皮筋固定连接膨胀计的毛细管与底部玻璃容器。

将装有反应物的膨胀计垂直浸入（60.0±0.5）℃的恒温水浴中。由于热膨胀作用，毛细管内液面会持续上升，待液面高度稳定即表明体系达到热平衡。记录此时的时间及膨胀计的液面高度作为实验的起始点，观察液面变化，液面开始下降即表示聚合反应开始，即刻计时，随后每隔 5min 记录一次毛细管液面高度，一般记录 6 个实验点即可。

实验应在适当的时间内完成，避免因聚合反应体系黏度过高导致毛细管与底部玻璃容器难以分离的情况发生。

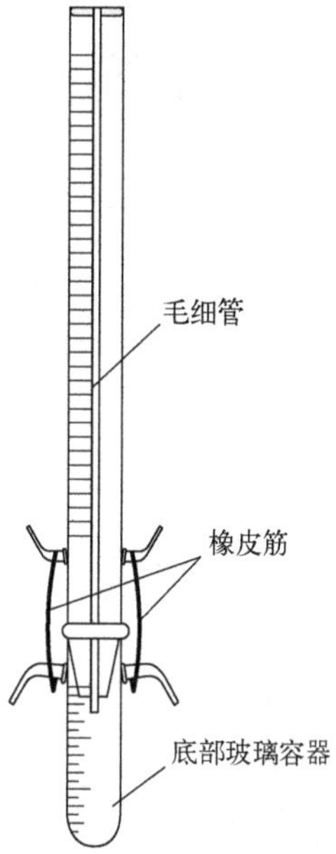

图 4.60 玻璃膨胀计示意图

六、虚拟仿真实验

1. 虚拟仿真实验装置结构认知

结构认知界面见图 4.61。

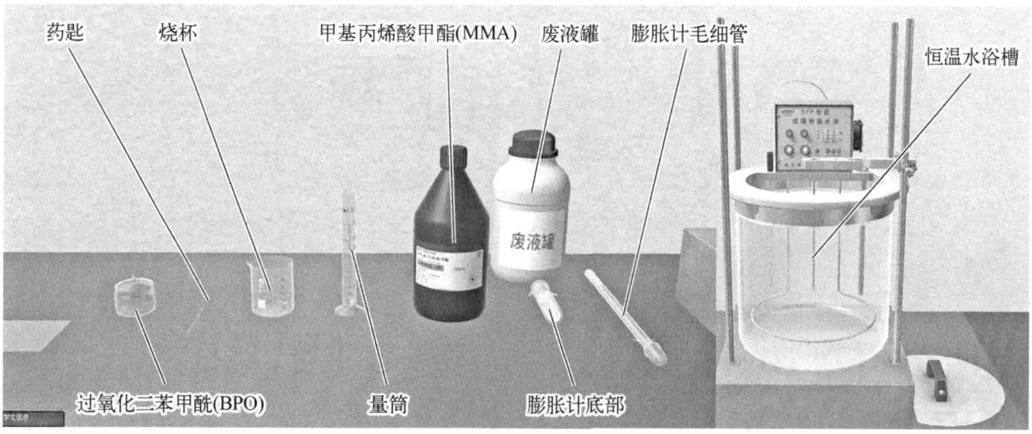

图 4.61 结构认知界面

2. 虚拟仿真实验步骤

① 点击量筒、试剂瓶及天平等实验用品，准确量取 16mL MMA，称取 0.15g BPO，在 50mL 烧杯内混合均匀（图 4.62）。

② 将混合液原料倒入膨胀计底部容器，插上毛细管，此时液面上升至 1/4～1/3 毛细管刻度处，用橡皮筋固定膨胀计的毛细管与底部容器，浸入（60.0±0.5）℃的恒温水浴中（图 4.63）。

③ 由于热膨胀，毛细管内液面不断上升，液面达到稳定时，可认为体系达到热平衡。记录时间及膨胀计的液面高度，以此作为实验初始点，观察液面变化。自液面开始下降时每隔 5min 点击读取一次毛细管体积变化，读取 6 个实验点（图 4.64）。

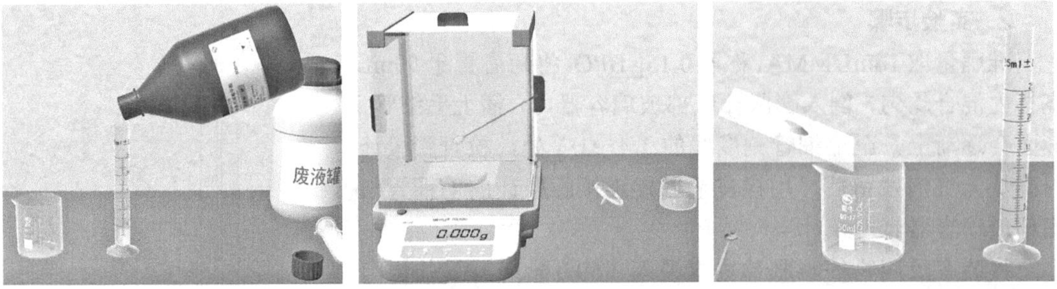

(a) 量取MMA　　(b) 称量BPO　　(c) 原料在烧杯内混合均匀

图 4.62　聚合反应试剂准备

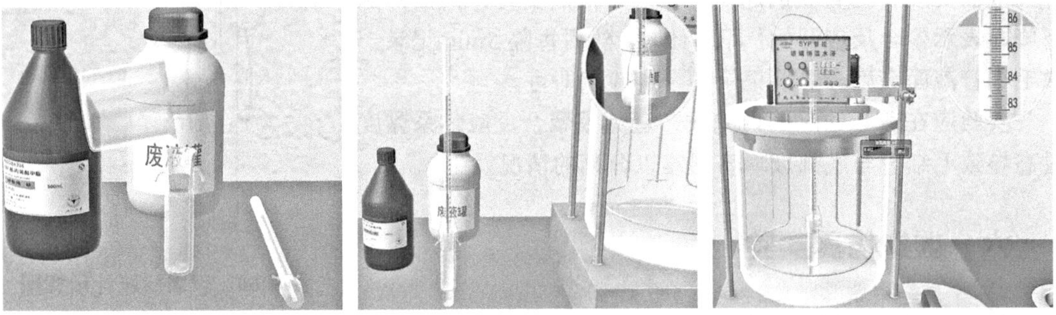

(a) 原料倒入膨胀计下部　　(b) 插上毛细管用橡皮筋固定　　(c) 将膨胀计浸入恒温水浴中

图 4.63　膨胀计的使用

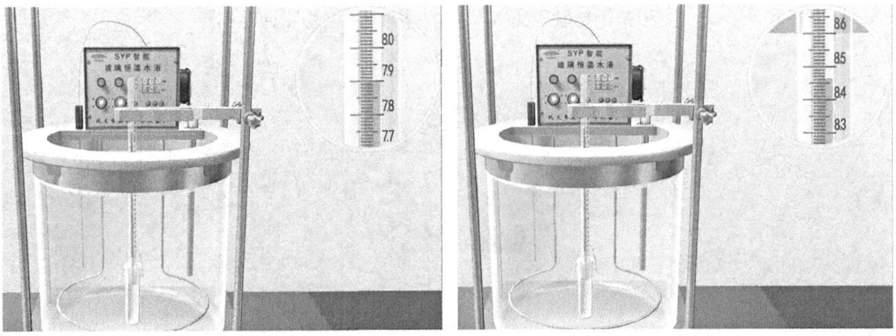

(a) 体系升温膨胀　　(b) 体系体积不变

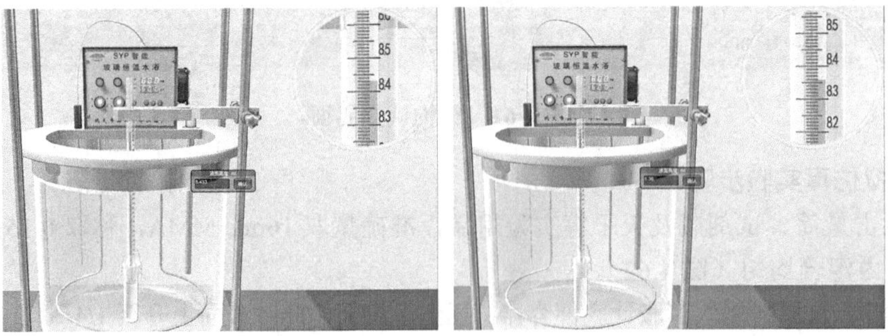

(c) 开始反应　　(d) 每5min记录体积刻度

图 4.64　实验过程观察和数据记录

④ 实验结束，点击取出毛细管，将膨胀计试管中的废液倒入废液罐，整理实验台，清洗

实验仪器（图 4.65）。

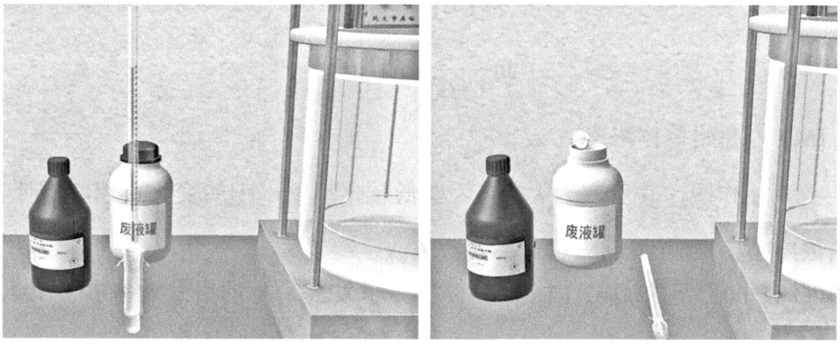

(a) 取出毛细管　　(b) 倒出膨胀计试管内废液

图 4.65　实验结束

七、实验记录及数据处理

1. 实验记录

① MMA 体积_____ mL，BPO 质量_____ g，恒温槽温度_______ ℃。

② 实验数据记录在表 4.12 中。

表 4.12　数据记录表

时间	实验现象（包括温度、溶液的变化、液面刻度数、实验操作等）
0:00	
…	
…	

2. 数据处理

① 诱导期：从到达热平衡至反应开始的时间为诱导期。

② 转化率～时间（C～t）曲线：根据式（4.44）及式（4.45）求得不同反应时间 t 下的转化率 C，以 C 对 t 作图得 C～t 曲线。通过曲线斜率求得反应速率 $R=[\mathrm{M}]\frac{\mathrm{d}C}{\mathrm{d}t}$，以 mol/（L・min）表示。

③ 反应总速率常数计算式（4.43）可改写为：

$$-\frac{\mathrm{d}[\mathrm{M}]}{[\mathrm{M}]}=K[\mathrm{I}]^{1/2}\mathrm{d}t \tag{4.46}$$

积分

$$\ln\frac{[\mathrm{M}]_0}{[\mathrm{M}]}=K[\mathrm{I}]^{1/2}t \tag{4.47}$$

$$\ln\frac{1}{1-C}=K[\mathrm{I}]^{1/2}t \tag{4.48}$$

式中，$[\mathrm{M}]_0$为起始单体浓度。

以$\ln\frac{1}{1-C}$对 t 作图，其斜率为$K[\mathrm{I}]^{1/2}$。在低转化率下，[I]的变化可忽略不计，即[I]等于引发剂起始浓度$[\mathrm{I}]_0$，则可得反应总速率常数 K。

已知 BPO 在 60℃下的 $k_{\mathrm{d}}=1.12\times10^{-5}$（$\mathrm{s}^{-1}$），引发 MMA 的引发效率 $f=0.492$，以此可进一步求得$k_{\mathrm{p}}/k_{\mathrm{t}}^{1/2}$。

八、思考题

① 分析实验过程中诱导期产生的原因。

② 若想提高实验结果的准确性，实验过程应注意哪些问题？

九、课题探究

本实验主要依赖肉眼观察法获取膨胀计数据，该方法在监测反应速率较快的聚合过程时存在显著局限性。由于人为因素引入的观测误差会严重影响实验数据的准确性和可靠性，这一传统方法已难以满足现代聚合动力学研究对数据精度的要求。特别是在反应速率较快或反应体系较为复杂的情况下，肉眼观察法难以捕捉瞬时的转化率变化，导致实验结果的重复性和可比性较差。

随着现代仪器分析技术的快速发展和计算机数据处理技术的广泛应用，实验测量技术正朝着自动化、智能化的方向快速发展。例如，基于光学传感器、红外光谱或压力传感器的实时监测技术已在聚合反应研究中得到初步应用，这些技术能够实现对反应过程的连续、精准监测，显著降低了人为误差的干扰。此外，结合数据采集系统和计算机算法，实验数据的处理效率和精度也得到了大幅提升。

基于本实验的研究特点和技术需求，探究采用先进的自动连续测定技术，通过实时记录聚合反应过程中的转化率变化，实现数据采集的自动化和精确化。不仅能够显著提高实验效率，还可实现对反应过程的连续监测，为聚合动力学研究提供更加可靠、精确的数据支持。

实验六　有机玻璃的制备

一、实验背景

有机玻璃，化学名称为聚甲基丙烯酸甲酯（PMMA），因其分子结构中存在庞大的侧基，呈现出无定形固体的特性。有机玻璃具备优异的透明性、化学稳定性、力学性能、耐候性，以及易染色和易加工等优点。这些特性使其在商业、轻工、建筑、化工等领域得到广泛应用，同时也被用于医疗和航空工业。

全角膜白斑病是一种严重的眼科疾病，病因是透明角膜被不透明物质覆盖，阻碍光线进入眼内，导致失明。目前尚无有效的药物治疗方法。医学家们提出了用人工角膜替代病变角膜的设想。人工角膜是一种直径仅几毫米的透明镜柱，固定在角膜上，使光线能够通过镜柱进入眼内。早期尝试使用光学玻璃和水晶植入角膜均告失败。然而，在第二次世界大战期间，一架飞机的有机玻璃座舱盖被炸毁，碎片嵌入飞行员的眼睛，多年后这些未被取出的碎片并未引发炎症或其他不良反应。这一现象启发了眼科医生将有机玻璃用于人工角膜。由于有机玻璃具有透光性好、化学性质稳定、对人体无毒、易于加工成所需形状，并能与人眼长期相容等优势，迅速得到了推广应用。此外，有机玻璃在航空领域也占据重要地位，尤其是战斗机、教练机等单层结构透明件，至今仍广泛使用航空有机玻璃。

有机玻璃可分为浇注有机玻璃、定向有机玻璃和微交联有机玻璃。其中，定向有机玻璃是通过将浇注有机玻璃加热至其玻璃化转变温度以上，经双轴定向拉伸制成的。经过定向拉伸后，有机玻璃的物理性质和力学性能得到显著改善，其室温抗应力-溶剂银纹性比浇注有机玻璃高 2～3 倍，冲击强度提高 1 倍，断裂韧度提高 1～2 倍。目前，定向有机玻璃已成为战斗机上最重要的透明材料，被广泛应用。

二、实验目的

了解本体聚合的基本特点，掌握其实验操作方法，并观察和记录聚合过程中体系黏度的变化情况。

三、实验原理

本体聚合是一种不添加其他助剂介质，仅依靠单体本身在引发剂或光、热等作用下进行的聚合反应，也称为块状聚合。本体聚合的产物具有纯度高、聚合工艺及后处理简单等优点。然而，随着聚合反应的进行，转化率提高，体系黏度增加，聚合热难以散发，因此聚合过程中的散热问题成为关键。此外，黏度增加，长链游离基末端被包埋，扩散困难，导致游离基双基终止速率大大降低，聚合速率急剧增加，出现所谓的自动加速现象或凝胶效应。这种现象轻则导致体系局部过热，使聚合物分子量分布变宽，影响产品的机械强度；重则导致体系温度失控，引发爆聚。为解决这些问题，本体聚合通常采用两段聚合的方法：第一阶段保持较低转化率，此时体系黏度较低，散热容易，可在较大规格的反应器中进行；第二阶段转化率和黏度较大，可进行薄层聚合或在特殊设计的反应器内聚合。

四、实验试剂和仪器

实验试剂和仪器分别列于表 4.13 和表 4.14 中。

表 4.13 实验试剂

试剂名称	规格	用量
甲基丙烯酸甲酯（MMA）	新鲜蒸馏，沸点 100.5℃	30mL

续表

试剂名称	规格	用量
过氧化二苯甲酰（BPO）	重结晶	0.05g
邻苯二甲酸二丁酯（DBP）	分析纯	2mL

表 4.14　实验仪器

仪器名称	规格	数量
锥形瓶	50mL	1 只
烧杯	1000mL	1 只
电炉	1kW	1 台
变压器	1kV	1 台
温度计	0～100℃	1 支
量筒	50、100mL	各一只
试管	10mm×70mm	1 支
烧杯	400 mL	1 只
制模玻璃（玻璃板）	100mm×100mm	2 块
另备橡胶片、玻璃纸、描图纸、胶水、试管夹、玻璃棒若干		

反应装置示意图如图 4.66 所示。

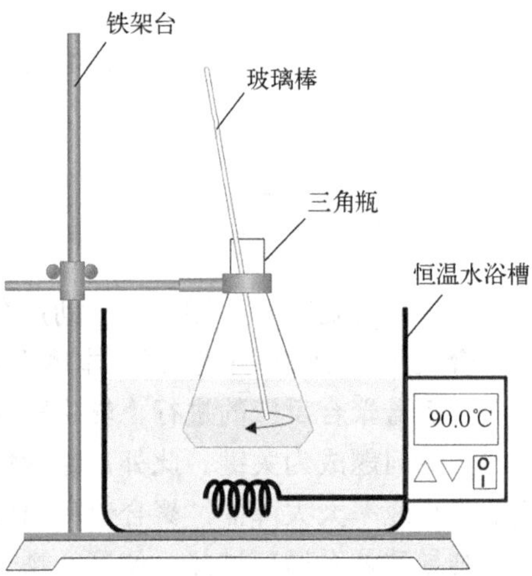

图 4.66　有机玻璃聚合实验装置示意图

五、实验过程

1. 实验方法

本实验采用甲基丙烯酸甲酯（MMA）作为单体进行本体聚合，以制备有机玻璃平板。在 MMA 本体聚合过程中，为解决散热困难、避免自动加速效应导致的爆聚现象，以及克服单体转化为聚合物时因密度差异引起的体积收缩问题，工业上通常采用高温预聚合工艺。具体而言，首先将单体预聚至约 10% 转化率的黏稠浆液，随后进行浇模操作，采用分段升温聚合，在较低温度下进行进一步聚合，以安全度过聚合危险期，最终经脱模处理制得有机玻璃平板。

2. 实验步骤

① 制作模具：将一定规格的两块普通玻璃板洗净后，烘干。用透明玻璃纸将橡皮条包好，使之不外露。将包好的橡皮条放在两块玻璃板之间的三边，用沾有胶水的描图纸把玻璃板三边封严，仅留出一边空着作灌浆用。制好的模具放入烘箱内，于 50℃烘干。

② 预聚制浆：在洗净烘干的锥形瓶中，加入 30mL MMA、0.05g BPO 及 2mL DBP，搅拌至 BPO 完全溶解，将锥形瓶放入水浴中，逐步加热至 90～92℃，保温。聚合过程中，不断用玻璃棒搅拌，使之均匀散热，同时可感知浆液黏度的变化。当浆液黏度增大到如甘油黏度时，立即取出锥形瓶，放入盛冷水的烧杯中冷却至 40℃左右，此浆液即为预聚浆液。随后立即将预聚浆液注入事先做好的玻璃模具中，另取一条描图纸封住模具的最后一边。

③ 低温聚合、高温聚合：将注有浆液的模具放入50℃烘箱内低温聚合，当原料液预聚合成柔软透明固体时，烘箱升温至100℃下继续聚合反应2h，使原料反应完全，再将产物冷却至室温。

④ 脱模：将模具放入水中浸泡少顷，撑开玻璃板，即得有机玻璃平板（实验中也可取出一部分预聚浆液倒入小试管中制成有机玻璃棒材）。

⑤ 爆聚：取一部分预聚浆液倒入试管中，在90℃下加热聚合，观察自动加速作用引起的爆聚现象。

六、虚拟仿真实验

1. 虚拟仿真实验装置结构认知

结构认知界面见图4.67。

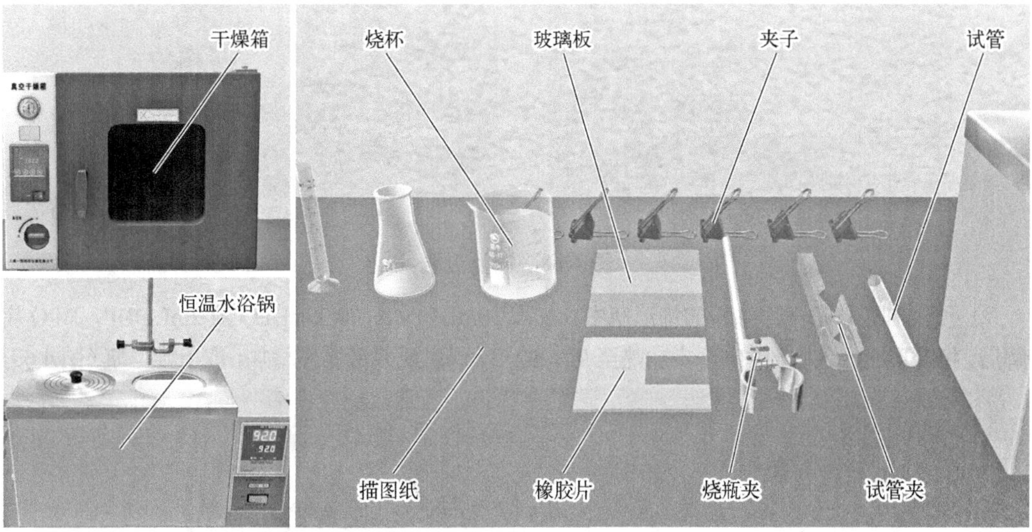

图4.67 结构认知界面

2. 虚拟仿真实验步骤

① 制模过程：取一片U形橡胶片，用透明玻璃纸包好，将包好的橡胶片放在两块玻璃板之间，用沾有胶水的描图纸把玻璃板左右及下边封严，留出一边作灌浆用（图4.68）。

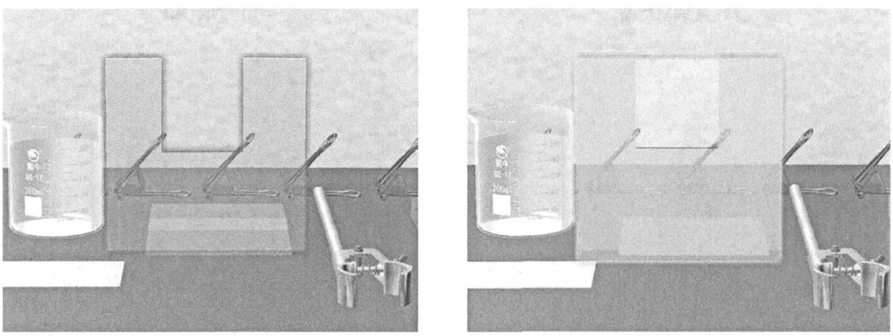

(a) 取U形橡胶片　　(b) 透明玻璃纸包橡胶片

图4.68

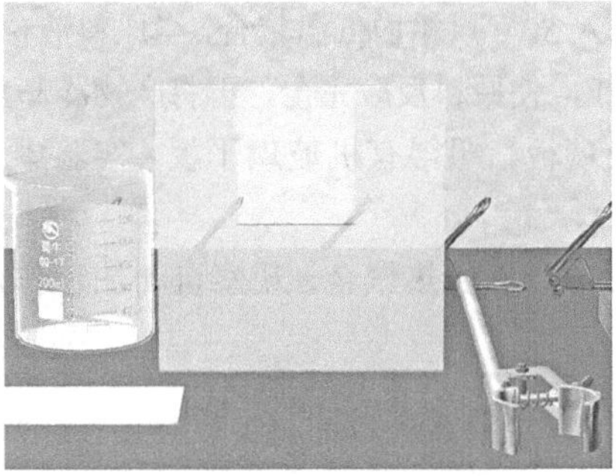

(c) 两片玻璃板夹住橡胶片

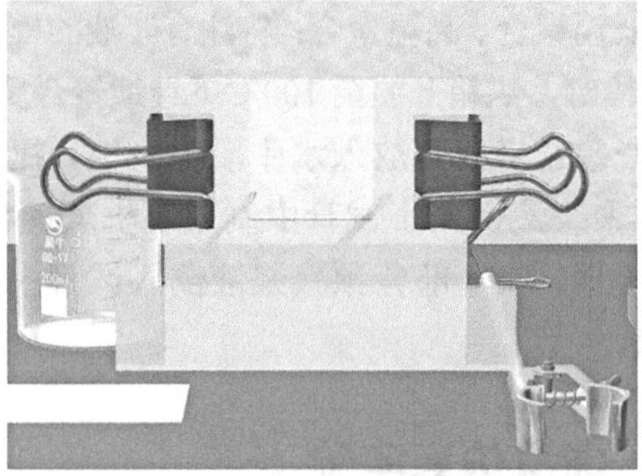

(d) 用描图纸封住底部

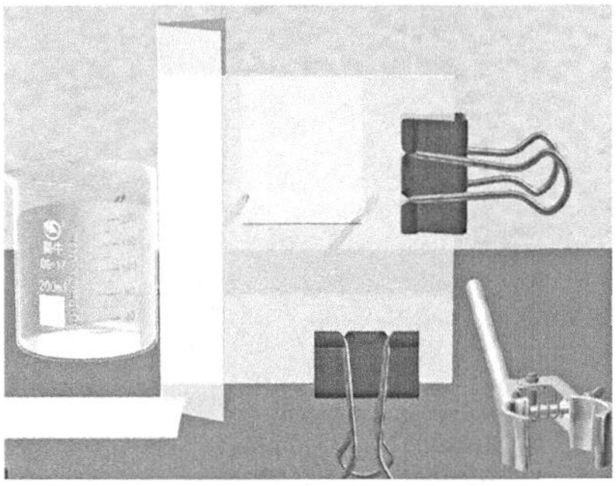

(e) 用描图纸封住侧边

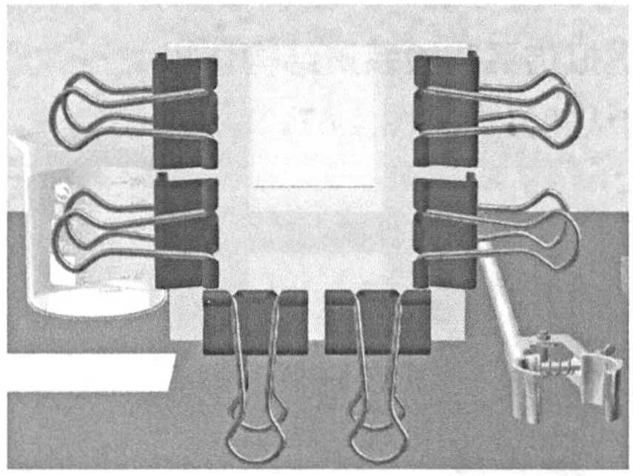

(f) 用夹子将模具固定好

图 4.68　制模过程

② 预聚制浆：在洗净烘干的锥形瓶中，加入 30mL MMA、0.05g BPO 及 2mL DBP，BPO 完全溶解后，将锥形瓶放入水浴中，逐步加热至 90～92℃，保温至浆液黏度增加，取出锥形瓶（图 4.69）。

(a) 量取MMA

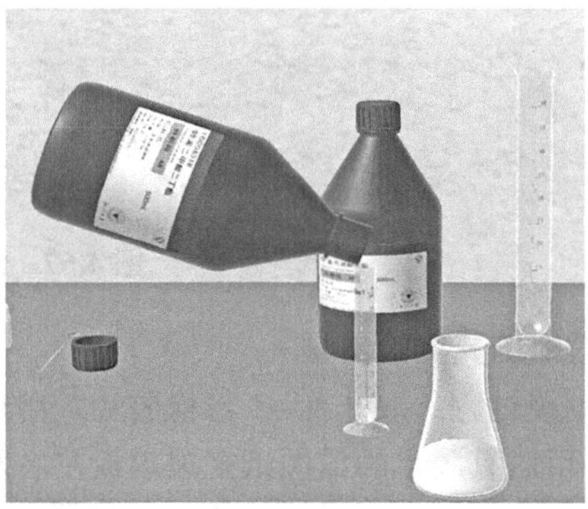

(b) 量取DBP

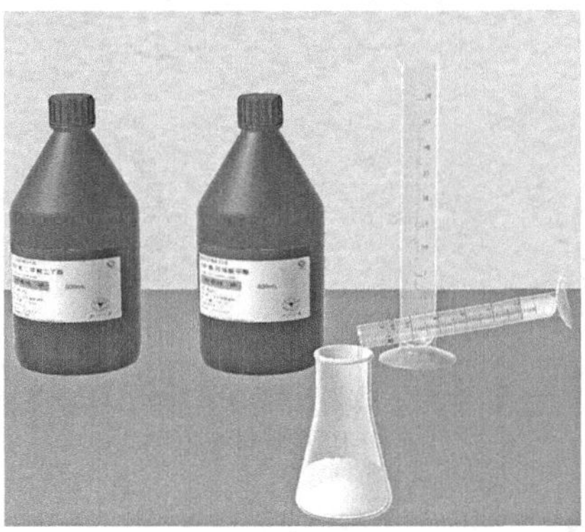

(c) 混合MMA和DBP

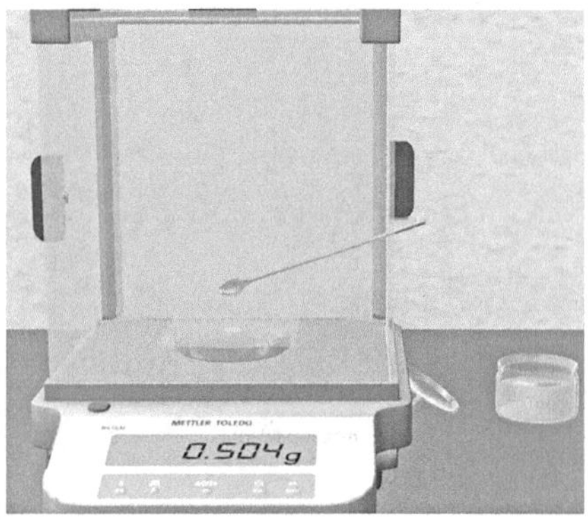

(d) 称取BPO

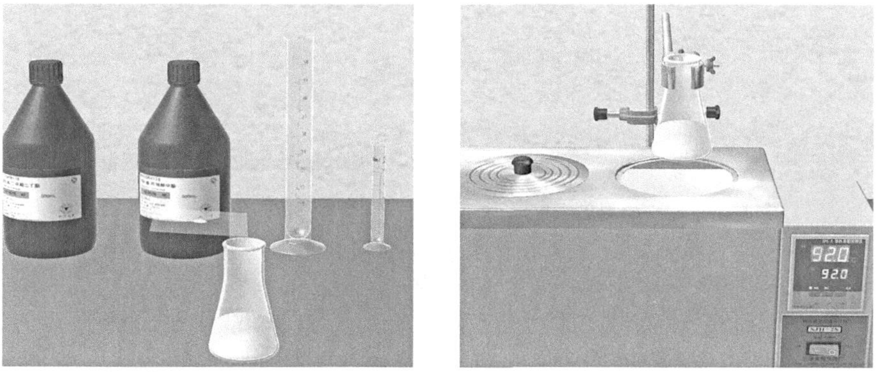

(e) 向混合液中加BPO　　(f) 设置恒温水浴温度

图 4.69　预聚制浆过程

③ 冷却注模：放入盛冷水的烧杯中冷却至40℃左右，注入模具，用描图纸封住模具的最后一边（图 4.70）。

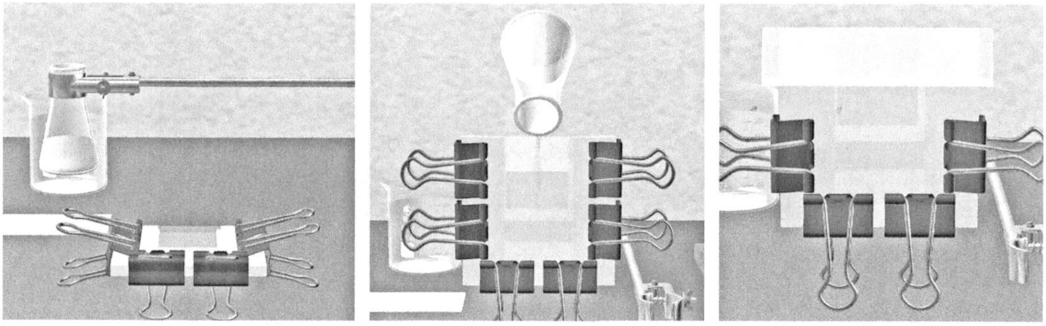

(a) 浆液冷却　　(b) 浆液倒入模具　　(c) 描图纸封住模具上边

图 4.70　注模过程

④ 低温聚合、高温聚合：模具放入 50℃烘箱内低温预聚合至透明状，烘箱再升温至 100℃，进行高温聚合 2h，使原料反应完全，然后冷却至室温（图 4.71）。

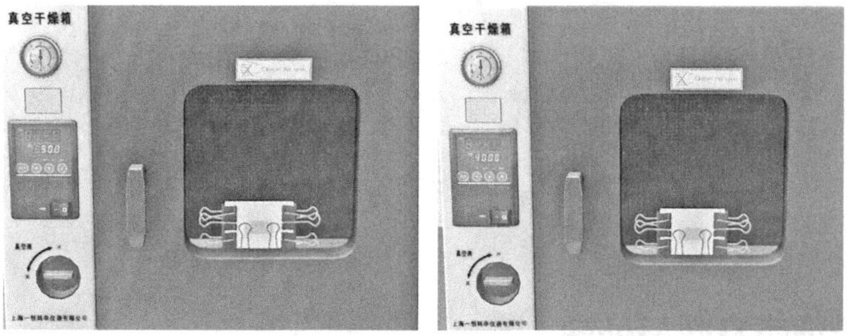

(a) 低温聚合　　(b) 高温聚合

图 4.71　低温、高温聚合过程

⑤ 爆聚：取一部分预聚浆液倒入试管中，在90℃下加热聚合，观察自动加速作用引起的爆聚现象（图 4.72）。

⑥ 脱模：拆下模具周边固定的夹子，撕开封边的描图纸，取下玻璃板，脱下橡胶片模具，即可得到有机玻璃成品（图 4.73）。

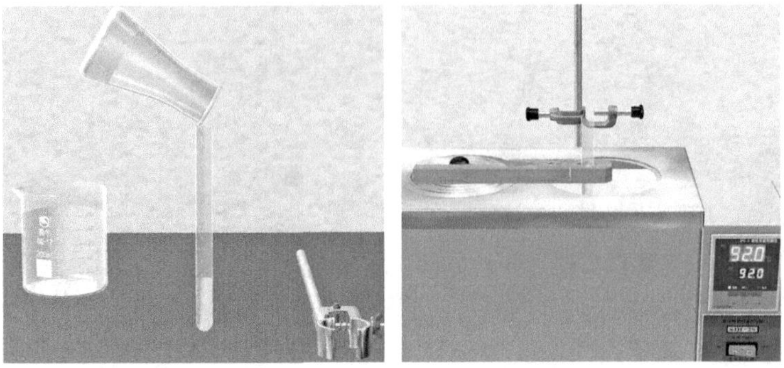

(a) 预聚浆液倒入试管　　(b) 爆聚过程观察

图 4.72　爆聚过程

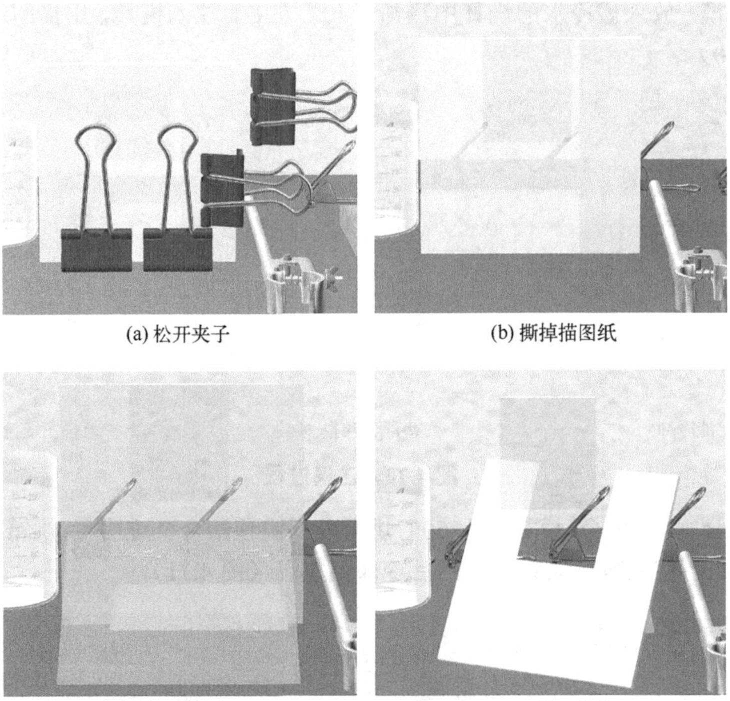

(a) 松开夹子　　(b) 撕掉描图纸

(c) 取下两侧的玻璃板　　(d) 取下橡胶片模具

图 4.73　脱模过程

七、实验记录及数据处理

1. 实验记录

① MMA 体积______ mL，DBP 体积______ mL，BPO 质量________ g。

② 预聚温度 ______ ℃，低温聚合温度______ ℃，高温聚合温度______ ℃。

③ 实验数据记录在表 4.15 中。

表 4.15　数据记录表

时间	实验现象（包括温度、溶液的变化、异常情况、实验操作等）
0:00	
…	
…	
…	

2. 数据处理

MMA 单体密度为 940kg/m^3，聚合物密度为 1190kg/m^3，计算聚合后体积收缩率。

八、思考题

① 针对实验结果，分析可能造成误差的原因。
② 在合成有机玻璃板时，为什么要采用预聚浆液？
③ 预聚合后的浆液为何要先低温聚合再高温聚合？试用自由基聚合机理来解释。
④ 若要制得厚 5mm、长 20cm、宽 15cm 的有机玻璃平板，计算所需单体量。
⑤ 在制造有机玻璃平板时，加入了少量 DBP，其主要作用是什么？

九、课题探究

有机玻璃（PMMA）因其卓越的透光性、较低的弹性模量以及轻质的特性，已成为现代水下装备制造中不可或缺的关键材料。其独特的物理和化学性能使其在舷窗、载人潜水器观察窗以及水下观光艇等高端装备中得到了广泛应用。作为水下耐压装备的核心构件，有机玻璃不仅确保了设备的整体安全性，还在极端水下环境中表现出优异的耐久性和可靠性。

近年来，随着材料科学和制造技术的不断进步，有机玻璃的应用领域进一步扩展。在深海探测、海洋资源开发以及水下科研等领域，有机玻璃构件凭借其高透明度、抗压强度和耐腐蚀性能，成为各国先进制造技术中的重要组成部分。特别是在深海载人潜水器和深海探测器的设计中，有机玻璃观察窗不仅提供了清晰的视野，还能够在高压环境下保持结构的完整性，确保科研人员的安全。

此外，有机玻璃在军事装备、航空航天以及高端民用设备中的应用也日益广泛。其轻质高强的特性使其成为替代传统玻璃材料的理想选择，同时其优异的加工性能也为复杂构件的制造提供了更多可能性。

有机玻璃凭借其独特的性能优势，还在不断拓展新的应用领域。探究有机玻璃在未来可能有哪些新的应用前景。

实验七　间溴硝基苯的合成

一、实验背景

间溴硝基苯（3-bromonitrobenzene）是一种重要的有机中间体，其化学式为 $C_6H_4BrNO_2$，是浅黄色晶体，具有显著的物理特性：熔点为 56℃，沸点为 265℃。间溴硝基苯在水中的溶解度较低，但易溶于乙醇、乙醚和苯等有机溶剂[15]。

作为一种重要的中间体，间溴硝基苯在多个工业领域具有广泛的应用价值。在医药领域，它是合成多种药物的重要原料，特别是用于制备间溴苯胺和间溴硫酚等关键中间体。这些中间体进一步用于生产具有安眠、镇静和镇吐作用的药物，如“吐来抗”。在染料和颜料工业中，间溴硝基苯也扮演着重要角色，可用于合成多种高性能染料和颜料。在实验室研究方面，间溴硝基苯因其独特的化学性质，常被用作研究芳香族亲电取代反应机理的模型化合物。其分子中的溴原子和硝基的定位效应为研究取代基对反应活性和选择性的影响提供了理想的平台。间溴硝基苯还可用于研究分子间相互作用、晶体工程和材料科学等领域，具有重要的科学研究价值。

此外，间溴硝基苯在有机化学研究中也有重要应用。它可作为试剂参与多种有机合成反应，为新型化合物的开发提供基础。随着全球经济的持续发展和人们对健康、环保问题的日益关注，间溴硝基苯的市场需求呈现稳定增长趋势。最新市场研究报告显示，全球间溴硝基苯市场规模预计在未来五年内将以年均复合增长率（CAGR）4.5%的速度持续扩大。

值得注意的是，间溴硝基苯的生产和应用也面临着一些挑战。首先，其生产过程涉及硝化和溴化反应，需要严格控制反应条件以确保产品质量和安全性。其次，作为一种含卤素化合物，其环境行为和生态毒性也受到越来越多的关注。因此，开发更加绿色环保的生产工艺和探索其环境友好型替代品成为当前研究的热点之一。

二、实验目的

① 掌握合成化工产品的工艺路线确定方法及工艺条件的选择依据；

② 了解实验前的准备工作，学习相关合成反应机理；

③ 学习制备间溴硝基苯的操作步骤以及实验过程的注意事项。

三、实验原理

根据文献资料[16-17]，间溴硝基苯较为成熟的合成工艺路线主要有如下三种：

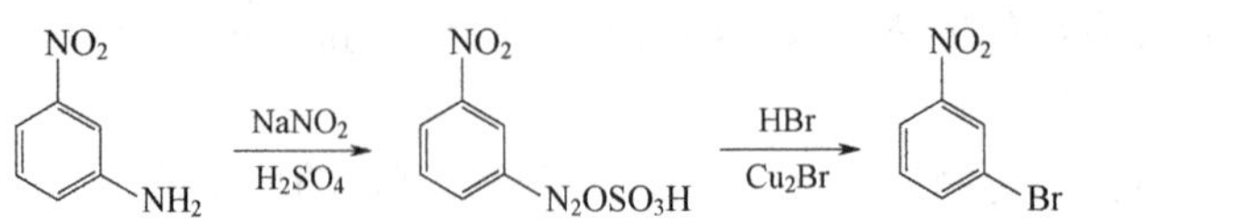

（4.49）

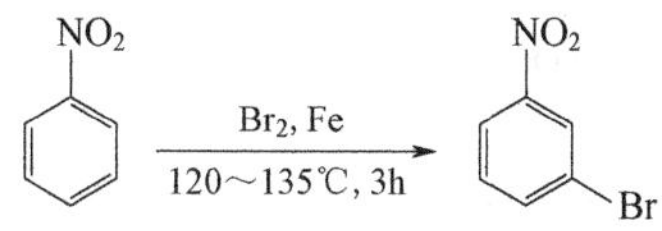

（4.50）

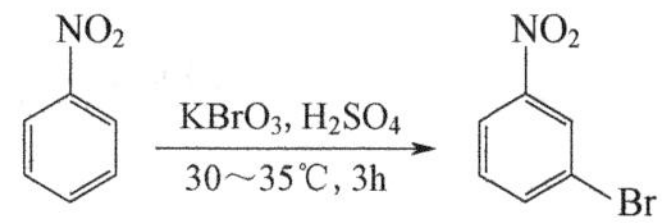

（4.51）

式（4.49）表示的合成路线，所用原料为间硝基苯胺，其价格远高于硝基苯，且反应复杂，需分两步进行。式（4.50）表示的合成路线，反应温度较高，在此温度下溴难以加入，且产品收率较低，仅 60%～75%。而式（4.51）表示的合成路线的反应条件温和，产品间溴硝基苯的收率达 80%～90%，基于上述比较选择式（4.51）合成反应作为本实验合成方案。

另根据 Amiram Groweiss 于 2000 年发表在 *Organic Process Research and Development* 的研究成果[18]，$NaBrO_3$ 与 $KBrO_3$ 溴化机理相似，用 $NaBrO_3$ 得到间溴硝基苯的收率可达 85%～98%，且 $NaBrO_3$ 的售价也低于 $KBrO_3$，故本实验选用 $NaBrO_3$ 作为溴化剂。

四、实验试剂和仪器

1. 实验试剂

硝基苯：常温下为淡黄色液体，分子量 123，熔点 6℃，沸点 210～211℃，相对密度 1.205，有苦杏仁气味，微溶于水，有毒。

间溴硝基苯：常温下为浅黄色结晶，分子量 202，熔点 56℃，沸点 256℃，难溶于水，有毒。

溴酸钠：白色结晶性粉末，分子量 150.892，熔点 755℃，沸点 1390℃，溶于水，有毒。

浓硫酸：98%（实验前配制成质量分数 65% 的硫酸）。

2. 实验仪器

机械搅拌器，三口烧瓶（250mL），超级恒温水浴槽，温度计，水循环真空泵，过滤瓶（1L），砂芯漏斗（滤板代号 G1，100mL），反应实验装置如图 4.74 所示。

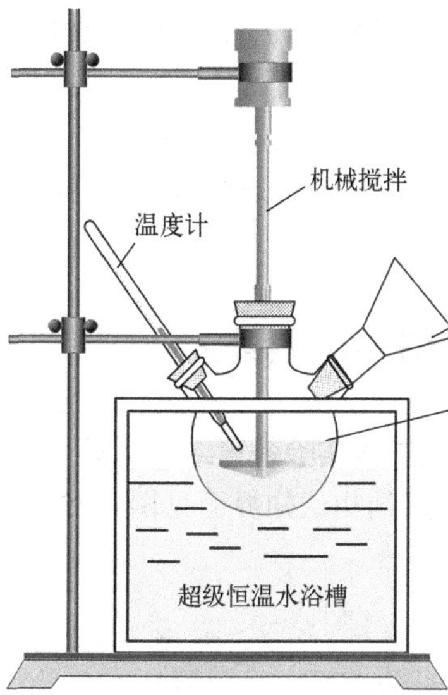

图 4.74 反应实验装置示意图

五、实验过程

1. 反应路径及条件

① 反应方程式：

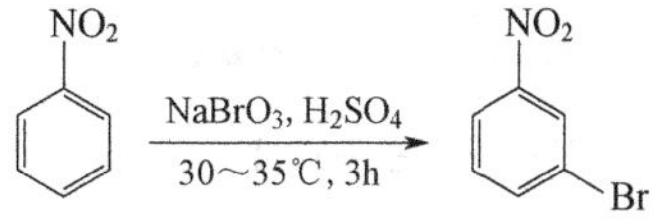

（4.52）

② 原料配比：

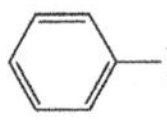—NO_2∶$NaBrO_3$=1∶1.01(摩尔比)

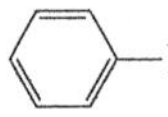—NO_2∶H_2SO_4=1∶10(质量比)，H_2SO_4浓度为65%(质量分数)

③ 反应温度 30～35℃，加料温度小于 30℃，反应时间 1～2h。

2. 实验步骤

① 称出空三口烧瓶的质量。

② 量取约 8mL 硝基苯，倒入三口烧瓶中，称量并记录硝基苯的质量。

③ 量取约 60mL 配制好的 65%（质量分数）硫酸，倒入三口烧瓶中。

④ 根据硝基苯∶溴酸钠=1∶1.01（摩尔比）和硝基苯的质量，计算溴酸钠需求量，称取溴酸钠于烧杯中。

⑤ 按图 4.74 连接好反应装置。打开超级恒温水浴，设置水浴温度在室温以下（用于冷却反应系统），开启机械搅拌器，设置为高速搅拌。

⑥ 缓慢、少量分次加入溴酸钠，加料时间控制在半小时内，确保反应温度低于 30℃。

⑦ 加料结束后，设置水浴温度为 30～35℃，继续搅拌，反应 1～2h。

⑧ 反应结束后，取出三口烧瓶，在水槽中冷却至室温。

⑨ 将三口烧瓶内的反应物料过滤，得到浅黄色固体滤饼。滤饼需经多次水洗过滤，直至滤液 pH 为中性。

⑩ 将产物抽干，装入样品袋中，称量并记录产品的质量。

注意：加料时，必须保持高速搅拌，分次少量缓慢加入溴酸钠，确保反应温度控制在 30℃以下。

六、虚拟仿真实验

1. 虚拟仿真实验装置结构认知

实验装置结构认知界面见图 4.75。

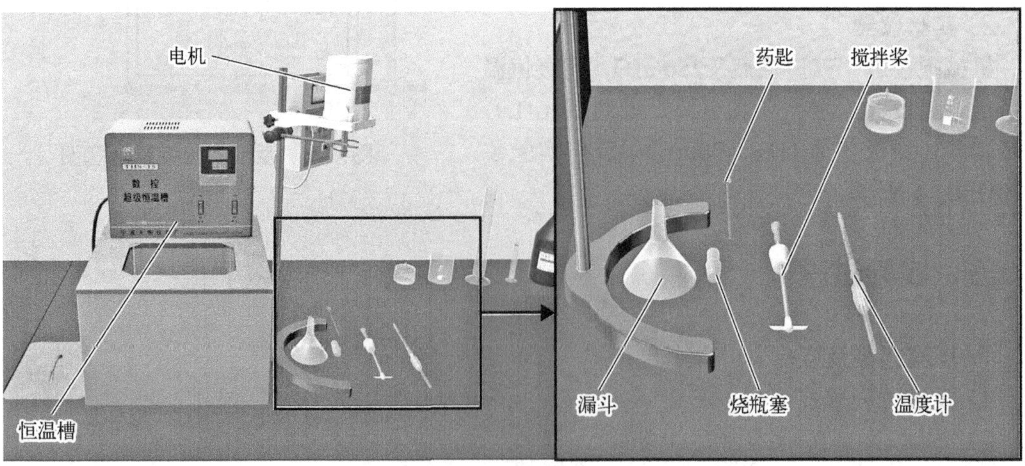

图 4.75 实验装置结构认知界面

2. 虚拟仿真实验步骤

① 点击三口烧瓶，称量空瓶的质量，依次点击量筒、硝基苯试剂瓶，量取约 8mL 硝基苯倒入三口烧瓶中，称量硝基苯和烧瓶总质量（图 4.76）。

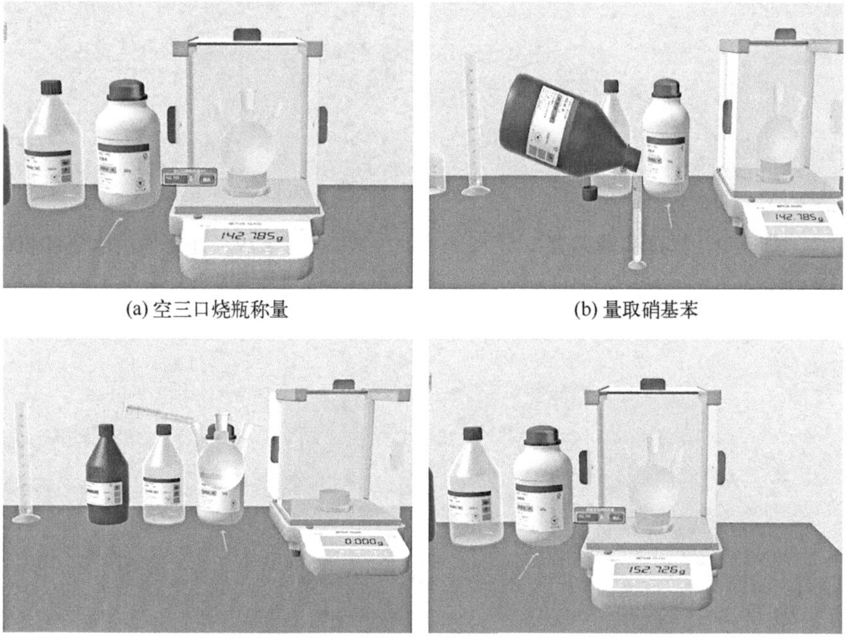

(a) 空三口烧瓶称量　(b) 量取硝基苯

(c) 倒入三口烧瓶　(d) 称量硝基苯

图 4.76　称量硝基苯质量

② 点击另一个量筒和硫酸试剂瓶，量取 65%（质量分数）硫酸约 60mL，移入三口烧瓶中。按摩尔比硝基苯∶溴酸钠=1∶1.01，根据硝基苯的质量，计算并称取溴酸钠于烧杯中（图 4.77）。

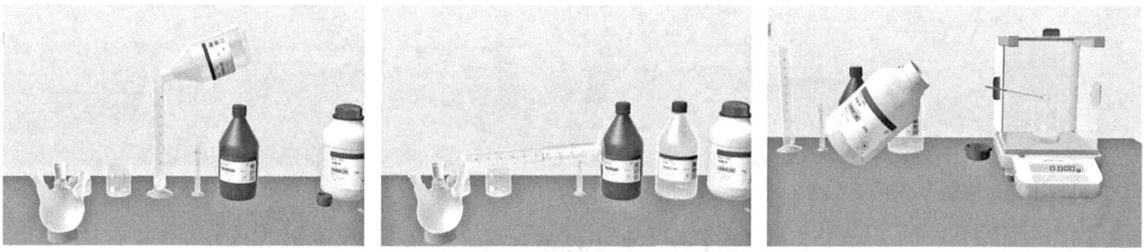

(a) 量取硫酸　(b) 倒入三口烧瓶　(c) 称取溴酸钠

图 4.77　量取硫酸、称量溴酸钠

③ 按实验装置图（图 4.74），点击各个部件，搭建实验装置（图 4.78）。

④ 点击超级恒温水浴槽电源键，开启恒温水浴，点击机械搅拌器电源键启动搅拌（图 4.79）。

⑤ 少量分次加入溴酸钠，控制温度在 30℃以下。加料结束后，水浴温度设置为 30～35℃。持续搅拌反应 1～2h（图 4.80）。

⑥ 反应结束后，将三口烧瓶移出水浴，冷却至室温。真空抽滤混合物，得到浅黄色固体粗产物。多次加水冲洗过滤，直至滤液的 pH 为中性（图 4.81）。

⑦ 粗产物干燥后取出装入样品袋，称量并记录粗产物的质量（图 4.82）。

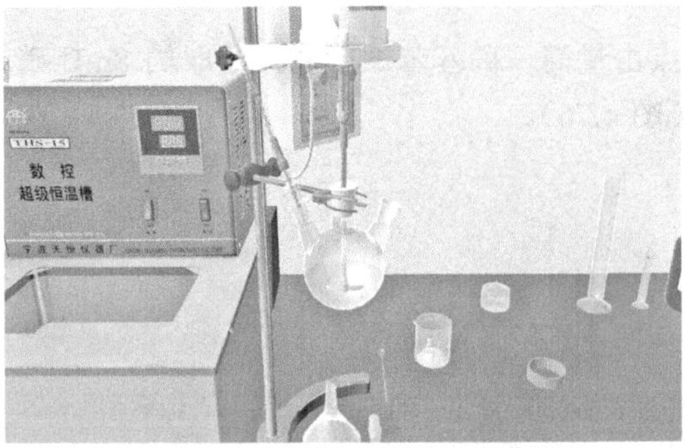

图 4.78　搭建实验装置

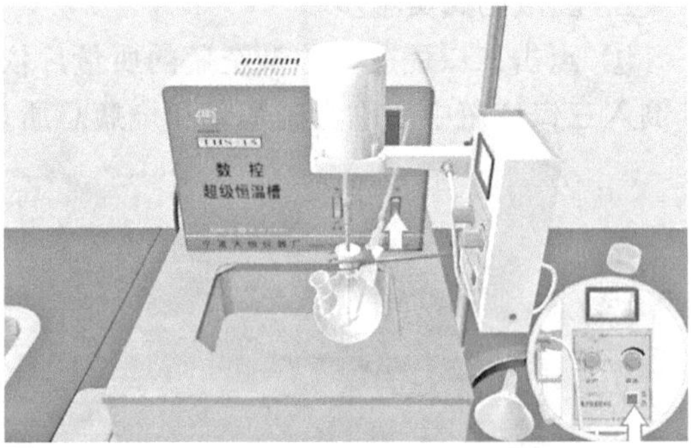

图 4.79　开启恒温水浴和机械搅拌

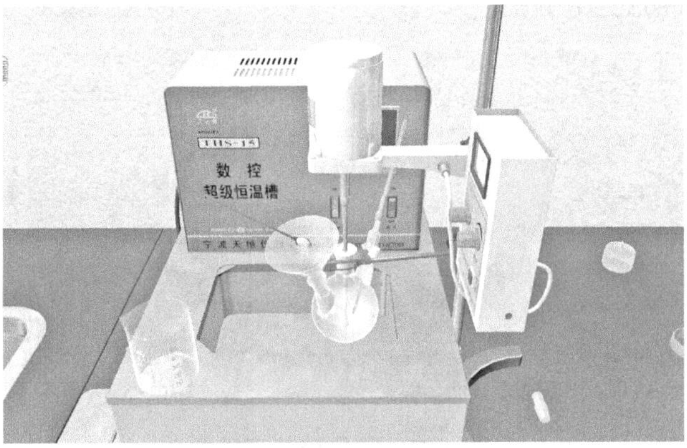

图 4.80　少量分次加入溴酸钠

(a) 取出三口烧瓶冷却至室温　　(b) 过滤反应产物　　(c) 滤饼多次水洗

图 4.81　反应结束后冷却过滤

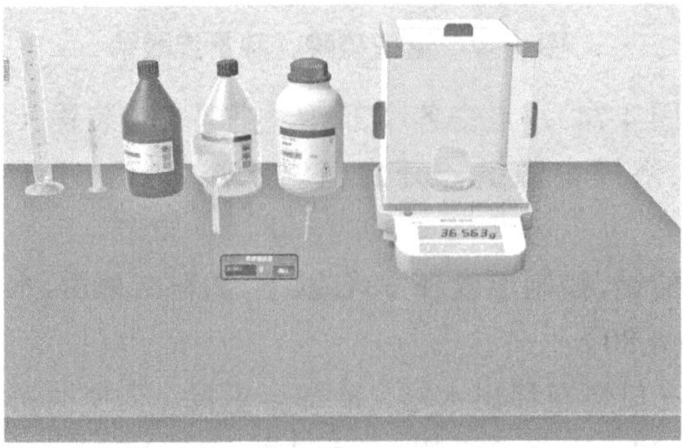

图 4.82　产物抽干、称重

七、实验记录及数据处理

1. 实验记录

实验数据和现象分别记录在表4.16和表4.17中。

表4.16 称量数据记录

项目	空三口烧瓶质量/g	空三口烧瓶+硝基苯质量/g	65%硫酸（质量分数）体积/mL	溴酸钠质量/g	间溴硝基苯质量/g

表4.17 实验现象记录

时间	实验现象（包括实验操作、温度、溶液的变化、异常情况等）
0:00	
…	
…	

2. 数据处理

① 计算产物质量；

② 计算产率。

八、思考题

① 请分析本实验得到的产物产率高或低的原因以及可能存在的误差。

② 一个化工产品要产业化，实验室小试阶段需要做些什么？

③ 本实验需要考察哪些工艺条件的控制？

九、课题探究

2005年11月13日，吉林省某石化公司发生了一起严重的安全生产事故。该公司的硝基苯精制塔在运行过程中突然发生剧烈爆炸，造成8名工作人员当场遇难，60人不同程度受伤。经事后调查统计，此次事故造成的直接经济损失高达6908万元。更为严重的是，爆炸导致大量有毒化学物质泄漏，引发了松花江重大水污染事件，对流域生态环境造成严重破坏，沿岸数百万居民的饮用水安全受到威胁，其负面影响持续数年之久。

硝基苯作为间溴硝基苯等化工产品的重要原料，在化工生产中具有不可替代的地位。然而，由于其易燃易爆、剧毒等危险特性，生产过程中的安全管控尤为重要。为确保诸如此类化工产品生产过程的安全性，必须从生产工艺的各个环节入手，系统性地采取多重防护措施，进而推动化工行业的绿色可持续发展。

从生产工艺过程出发，从多方面探究可采取的有效措施，以提升硝基苯生产过程的安全性，减小事故发生的概率，保障员工的生命安全和企业的财产安全，保护环境，实现可持续发展。

实验八　固体酸催化酯化合成乙酸丁酯

一、实验背景

乙酸丁酯是一种无色透明的液体，具有浓郁的香蕉香气。其天然品存在于多种水果和食品中，如苹果、香蕉、樱桃、葡萄、番茄、白兰地和可可豆等。根据我国 GB 2760—2024 标准，乙酸丁酯被允许作为天然等同食用香料使用。

早期的乙酸丁酯生产工艺主要是采用正丁醇与乙酸在硫酸催化下的酯化反应。然而，这种方法存在诸多问题：硫酸作为催化剂导致设备腐蚀严重、副反应多、后处理工艺复杂、废液排放量大等。这些问题不仅降低了生产效率，还对环境造成了严重污染。

近年来，研究人员致力于开发新型催化剂，如离子交换树脂等固体酸催化剂。强酸性阳离子交换树脂已成为目前常用的固体酸催化剂。这类树脂含有可被阳离子交换的氢质子，具有强酸性，并在这些酸性位点上表现出良好的催化活性，能够有效促进酸催化酯化反应。

与传统的硫酸催化剂相比，固体酸催化剂具有诸多优点：来源丰富、用量少、可反复使用、安全性高，且反应结束后容易与产品分离。因此，使用固体酸催化剂代替浓硫酸已成为当前乙酸丁酯生产的主要工艺。这一研究成果的应用不仅提高了生产效率，还显著降低了对环境的负面影响。

二、实验目的

① 掌握固体酸催化酯化工艺的特点与操作要点；

② 掌握毛细管色谱仪的使用方法；

③ 掌握用内标工作曲线法计算各组分的含量。

三、实验原理

有机酸与醇类进行的酯化反应是常见的化学反应，也是一个典型的酸催化可逆反应，如乙酸和正丁醇的反应，其反应式如下：

$$CH_3COOH + C_4H_9OH \rightleftharpoons CH_3COOC_4H_9 + H_2O \tag{4.53}$$

其可逆反应的平衡常数为：

$$\frac{c_{酯}c_{水}}{c_{酸}c_{醇}} = \frac{k_{正}}{k_{逆}} = K \tag{4.54}$$

式中，c 为物质浓度，kmol/m³；k 为反应速率常数，$m^3/(kmol \cdot h)$；K 为反应平衡常数。

酯化反应与水解反应构成可逆的化学平衡体系。从工业生产角度来看，采取一系列优化措施，可使反应转化率趋近于100%，关键在于实现产物与反应物的有效分离。以乙酸丁酯的合成为例，该酯化反应的产物是水和酯，通过蒸馏的方法将反应生成的水大量蒸出，以降低逆反应（水解反应）的速率，水蒸出的同时部分醇、酯和水形成共沸物也被蒸出，蒸出的气态混合物经过冷凝管冷却并冷凝集聚在分水器中，分层形成油层和水层，控制油水分界面在分水器分支口处，则油层将顺着分支口返回三口烧瓶，这样作为产品的乙酸丁酯便留在三口烧瓶中。这种工艺设计不仅提高了反应效率，还实现了产物的有效富集。

四、实验试剂和仪器

1. 实验试剂

乙酸（CH_3COOH）：沸点118℃，分子量60.05，密度1.05g/cm³。

正丁醇（C_4H_9OH）：沸点117.8℃，分子量74.12，密度0.81g/cm³。

催化剂：D72型阳离子交换树脂。

异丙醇［$(CH_3)_2CHOH$］：沸点 82.45℃，分子量60.06，密度0.7855g/cm³。

2. 实验仪器

磁力搅拌加热器，三口烧瓶，蒸馏柱，冷凝管，分水器，温度计，气相色谱仪。

反应实验装置示意图如图4.83所示。

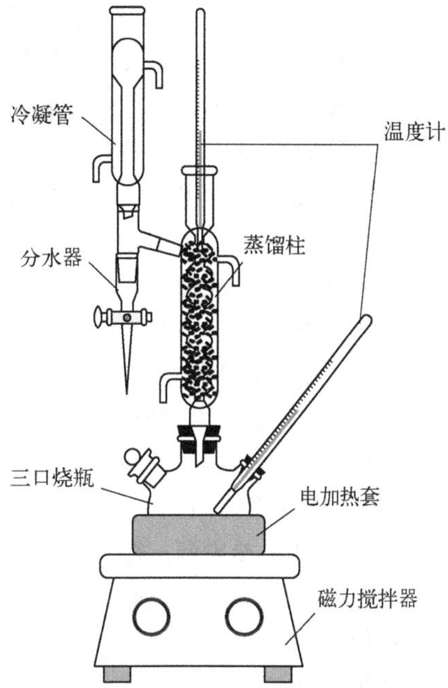

图4.83　反应实验装置示意图

五、实验过程

1. 实验方法

本实验采用强酸性阳离子交换树脂作为催化剂，以乙酸和正丁醇为反应物进行酯化反应。反应过程中，通过蒸馏的方法将酯化反应生成的水蒸出，而产物乙酸丁酯保留在三口烧瓶中。反应结束后，对三口烧瓶中的溶液进行产物分析。

分析方法采用毛细管气相色谱法，色谱条件为：柱温90℃，进样器温度150℃，检测器温度160℃。

三口烧瓶的溶液中各组分含量的确定采用内标工作曲线法：

① 在各种浓度的标准溶液中加入相同量的内标物，分别测量 i 组分与内标物 s 的峰面积 A，以峰面积比 A_i/A_s 对 c_i 绘制工作曲线，得到回归方程 $c_i=a+b\times\dfrac{A_i}{A_s}$。

本实验用异丙醇作为内标物，取不同浓度的标准溶液2mL，分别和0.5mL异丙醇在10mL容量瓶中混合均匀，得到各测试标准样，进样量为0.2μL，测试分析各标准样后得出内标工作曲线方程。

② 将与标准溶液中相同量的内标物加至样品溶液中，分别测出样品中 i 组分与内标物 s

的峰面积 A，将峰面积比 A_i/A_s 代入回归方程，计算出样品中 i 组分的含量。

取本实验产品 2mL 和 0.5mL 异丙醇在 10mL 容量瓶中混合均匀，取样测试，进样量为 0.2μL。测量产品中组分 i 与内标物 s 的峰面积 A，将峰面积比 A_i/A_s 代入回归方程，计算出产品中 i 组分的质量分数。

2. 实验步骤

① 称出空三烧口瓶（包括搅拌子）的质量。

② 量取约 20mL 乙酸，倒入三口烧瓶中，称量并记录乙酸的质量，计算乙酸的物质的量。

③ 按正丁醇：乙酸=1：1（摩尔比），根据所取乙酸的物质的量，计算所需正丁醇的体积（mL），量取正丁醇，倒入三口烧瓶中，称量并记录正丁醇的质量。

④ 催化剂的用量按乙酸质量的 5%计，称量并记录催化剂的质量，倒入三口烧瓶中（注意：避免将催化剂黏附在三口烧瓶的瓶口壁上，以防漏气）。

⑤ 按图 4.83 连接并组装实验装置。

⑥ 开冷却水，启动磁力搅拌加热器，开始升温并搅拌。

⑦ 加热至溶液沸腾，将水、醇和酯及其共沸物蒸出。

⑧ 乙酸丁酯、水和正丁醇组成的共沸气态混合物经蒸馏柱，通过冷凝管冷凝后收集于分水器中，上层油层中含乙酸丁酯、正丁醇和少量的水，下层水层中含水和少量的乙酸丁酯、正丁醇，分水器上层油层返回三口烧瓶，下层水层则留在分水器中。

⑨ 待分水器中的水量不再增加时，此时釜液温度约 126℃，蒸馏柱温度约 110℃。则可以判定酯化过程已结束。

⑩ 关闭加热电源，待三口烧瓶内温度降至 80℃以下时，卸下三口烧瓶。用水冷却至室温。

⑪ 从分水器中放出全部水相，称重并记录水量，将分水器中少量油相与瓶内溶液合并，称重并记录。

⑫ 取瓶内溶液进行气相色谱分析，记录产品（反应产物）的组成。

六、虚拟仿真实验

1. 虚拟仿真实验装置结构认知

结构认知界面见图 4.84。

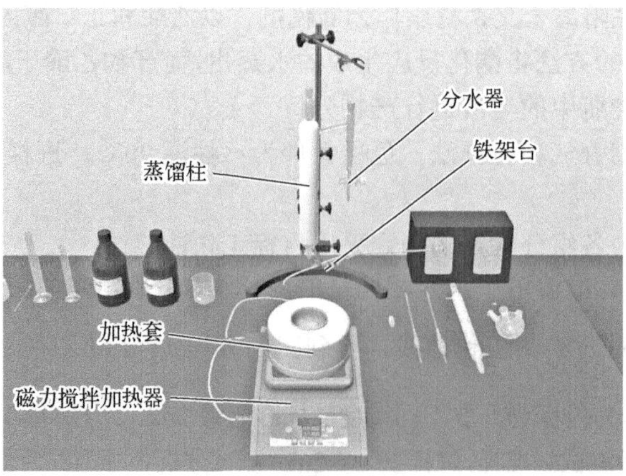

图 4.84 结构认知界面

2. 虚拟仿真实验步骤

① 称量空三口瓶加搅拌子的质量。点击量筒和乙酸试剂瓶，量取约 20mL 乙酸倒入三口烧瓶中，称量并记录乙酸的质量（图 4.85）。

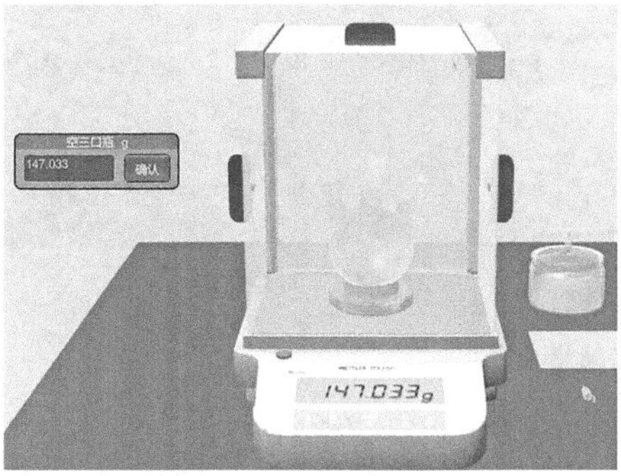

(a) 搅拌子放入三口烧瓶并称量

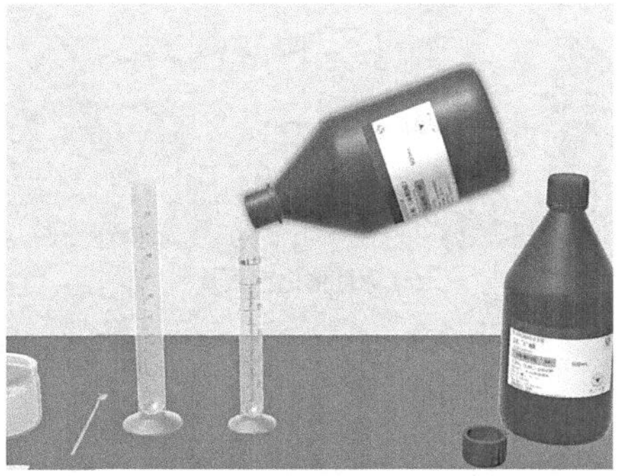

(b) 量取乙酸

(c) 乙酸倒入三口烧瓶

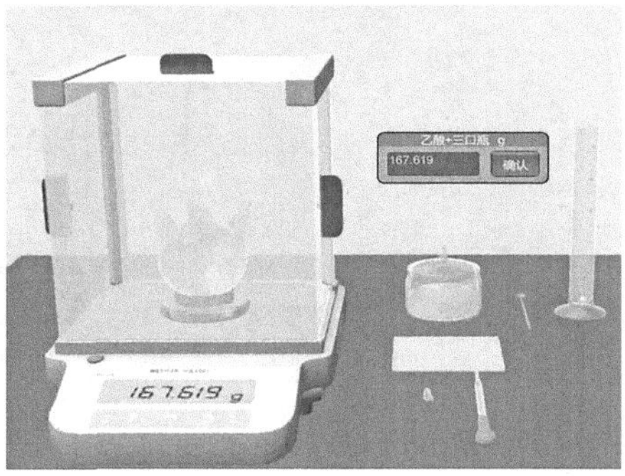

(d) 称量乙酸质量

图 4.85　称量乙酸

② 按摩尔比正丁醇∶乙酸=1∶1，根据所取乙酸的物质的量，计算并量取正丁醇，倒入三口烧瓶中，称量并记录正丁醇的质量（图 4.86）。

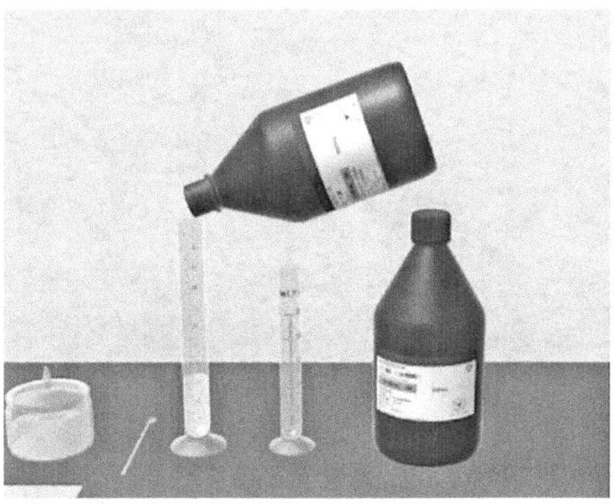

(a) 量取正丁醇

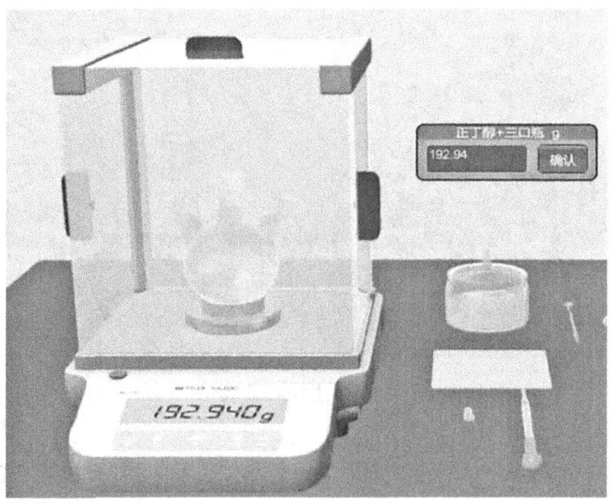

(b) 称量正丁醇

图 4.86　称量正丁醇

③ 按乙酸量的 5%称量催化剂并倒入三口烧瓶中（图 4.87）。

④ 根据实验流程搭建实验装置（图 4.88）。

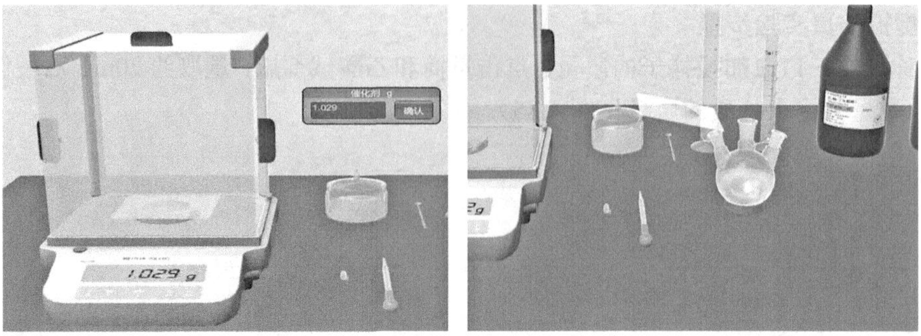

(a) 称量催化剂质量　　　　(b) 倒入三口烧瓶中

图 4.87　称量催化剂

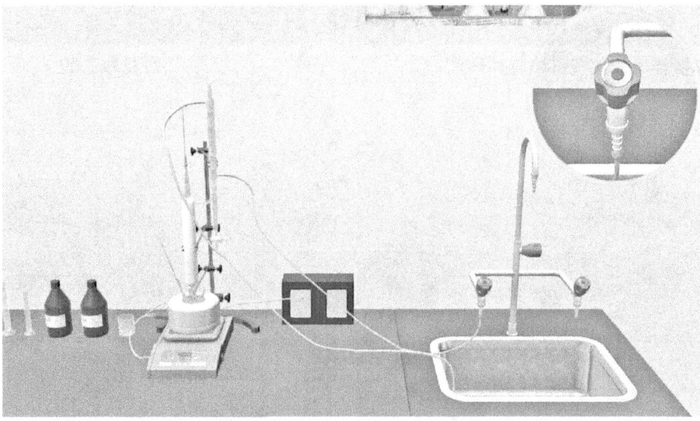

图 4.88　搭建实验装置

⑤ 点击自来水阀接通冷却水，开启磁力搅拌加热器，设置温度和转速（图 4.89）。

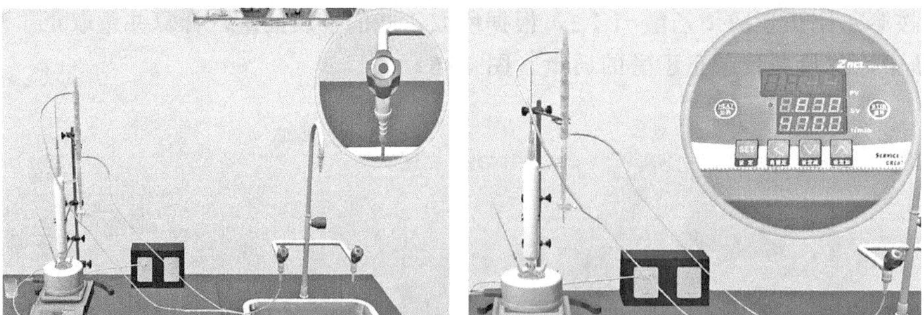

(a) 开启冷却水　　　　(b) 启动磁力搅拌加热器

图 4.89　升温和搅拌

⑥ 反应釜温度升至 126℃左右，体系沸腾后蒸发，蒸汽经蒸馏柱到冷凝管，冷凝液收集于分水器中，蒸馏柱温度约 110℃，分水器中的油水界面恒定后认为酯化反应结束（图 4.90）。

⑦ 关闭磁力搅拌加热器电源，待三口烧瓶内温度降至 80℃以下时，拆下反应釜，用冷水冷却至室温（图 4.91）。

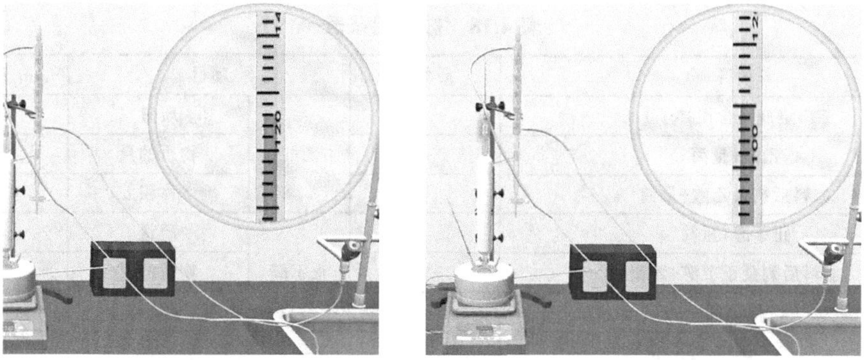

(a) 三口烧瓶溶液温度　　　　(b) 蒸馏柱温度

图 4.90　反应过程温度监测

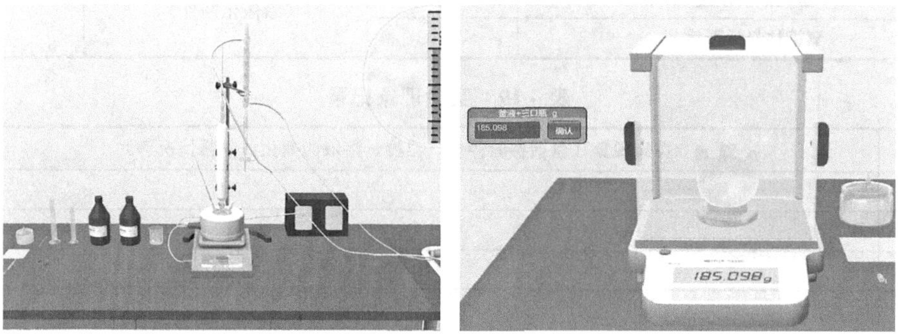

(a) 三口烧瓶降温　　　　(b) 三口烧瓶称重

图 4.91　降温冷却

⑧ 放出分水器内全部的水称量，将分水器中油相与三口烧瓶内的产物合并后称重（图 4.92）。产物取样，进行气相色谱分析，导出粗产品组成分析报告。

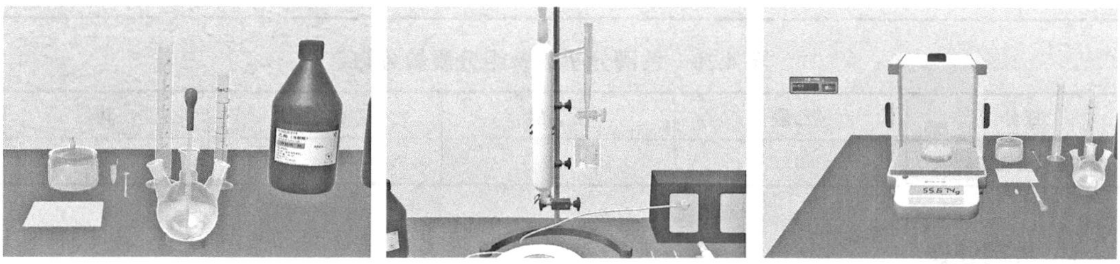

(a) 取样分析　　　　(b) 分水器放水　　　　(c) 称量水量

图 4.92　产物组成分析及水量称量

⑨ 实验结束后，清洗实验仪器和用具，还原实验台。

七、实验记录及数据处理

1. 实验记录

实验数据、现象及色谱分析结果分别记录在表 4.18、表 4.19 和表 4.20 中。

表 4.18　数据记录表

<table>
<tr><th>项目</th><th>质量/g</th><th colspan="2">项目</th><th>计算值</th></tr>
<tr><td>三口烧瓶（含搅拌子）</td><td></td><td rowspan="3">乙酸</td><td>质量</td><td></td></tr>
<tr><td>乙酸+量筒</td><td></td><td>物质的量</td><td></td></tr>
<tr><td>加料后剩余乙酸+量筒</td><td></td><td>体积</td><td></td></tr>
<tr><td>正丁醇+量筒</td><td></td><td rowspan="3">正丁醇</td><td>质量</td><td></td></tr>
<tr><td>加料后剩余正丁醇+量筒</td><td></td><td>物质的量</td><td></td></tr>
<tr><td>催化剂</td><td></td><td>体积</td><td></td></tr>
<tr><td>量筒</td><td></td><td colspan="2" rowspan="2">水相质量</td><td rowspan="2"></td></tr>
<tr><td>量筒+水相</td><td></td></tr>
<tr><td>反应后三口烧瓶的总质量（含搅拌子和催化剂）</td><td></td><td colspan="2" rowspan="3">正丁醇粗产品质量
（除催化剂外）</td><td rowspan="3"></td></tr>
<tr><td>釜底最后温度</td><td>/℃</td></tr>
<tr><td>蒸馏柱最后温度</td><td>/℃</td></tr>
</table>

表 4.19　实验现象记录

时间	实验现象（包括实验操作、温度、溶液的变化、异常情况等）
0:00	
…	
…	
…	

表 4.20　色谱分析的各组分质量分数

成分	乙酸	正丁醇	乙酸丁酯	其他
质量分数/%				

2. 数据处理

① 进行物料衡算，计算产品损失；

② 结合色谱分析结果，计算转化率。

八、思考题

① 结合色谱分析结果和转化率计算结果，分析和讨论实验结果。

② 该实验的常用合成工艺有哪些，对本实验所采用的工艺进行评价。

③ 本实验采用间歇式反应装置，需要考察哪些工艺条件？分别会对实验结果产生怎样的影响？

九、课题探究

催化剂在化学反应中扮演着至关重要的角色，其主要功能是降低反应的活化能，从而显著加快反应速率。这一特性使得催化剂在炼油、化工、制药和环保等多个行业中得到了广泛应用。催化剂技术的不断进步，无疑是推动化工及相关行业发展的关键动力之一。

本实验采用固体酸催化剂替代传统的浓硫酸催化剂。这种选择具有多方面的优势。固体酸催化剂通常具有更高的催化活性和选择性，能够更有效地促进目标反应的进行。固体酸催化剂的使用避免了浓硫酸的强腐蚀性和危险性，提高了实验操作的安全性。

从绿色生产的理念来看，固体酸催化剂的使用更加符合可持续发展的要求。减少了有害化学物质的使用和排放，对环境更加友好。同时，固体酸催化剂也需要回收和再利用才能实现资源的节约和循环利用。探究实际工业生产中，固体酸催化剂的回收和再利用所面临的技术或经济上的挑战。

第5章

化工专业综合实验

实验九　气固流化床反应器的流化特性研究

一、实验背景

当流体自下而上通过堆积有固体颗粒的床层时，固体颗粒会受到浮力、曳力和重力这三种主要力的作用。这些力的平衡决定了颗粒的运动状态和床层的性质。当流体流量较小时，颗粒受到的升力（浮力与曳力之和）小于其自身重力，颗粒保持静止，流体仅从颗粒间的空隙通过。此时床层称为固定床，常见于低流速的过滤或吸附过程。随着流体流量的增加，颗粒受到的曳力逐渐增大。当升力与颗粒自身重力达到平衡时，颗粒开始在床层内进行上下、左右、前后的剧烈运动，这种现象称为固体的流态化。流化床具有类似流体的性质，颗粒可以在床层中自由运动，同时床层表现出良好的传热和传质特性。当流速超过某一临界值时，颗粒受到的升力大于其自身重力，颗粒将被流体带出床层，此时床层进入输送床状态，也称为气流输送状态。这种状态常用于气力输送或颗粒分离过程[4-5]。

根据流化床内颗粒的分布形态，流态化可分为散式流态化和聚式流态化。散式流态化是指随着流体流量的增加，床层内空隙率增大，颗粒间距加大，但颗粒分布均匀，流体以近似平推流的形式通过床层。这种流态化常见于液固系统，如液体流化床反应器。而聚式流态化的床层明显分为两部分，即乳化相和气泡相。气泡在上升过程中会夹带周围的乳化相，当气泡到达界面破裂时，乳化相在重力作用下返回床层。气泡在上升过程中可能发生分裂或与相邻气泡聚并，这一过程对乳化相产生强烈扰动，显著影响两相间的传质与反应效率。聚式流态化常见于气固系统，如气体流化床反应器。

流化床反应器通常由浓相段和稀相段组成。当流体通过床层的空塔速度介于初始流化速度和带出速度之间时，颗粒在气流作用下悬浮于床层中，形成浓相段。在浓相段中，上升的气泡在界面处破裂，气泡内的颗粒及被夹带的乳化相颗粒被抛向上方空间。由于上方空间固体含量较少，实际气速较低，无法维持颗粒的悬浮状态，颗粒将在重力作用下返回浓相段。由于颗粒离开浓相段时具有一定的初速度，它们会在上方空间上升一段距离后再下降。因此，流化床反应器需要预留一定的空间用于颗粒分离，这段空间称为稀相段或分离段。

流化床在非均相反应中具有显著优势，主要体现在以下几个方面：

① 优异的传热性能　流体和颗粒的运动使床层内温度分布均匀，固体颗粒的运动破坏了传热面附近的层流边界层，显著提高了传热系数，优于空管或固定床。

② 连续操作便捷　易于实现固体物料的连续输入和输出，适合工业化生产。

③ 高效催化反应　细颗粒的使用可消除内扩散阻力，抑制串联副反应，提升反应效率。

基于这些优势，流化床已广泛应用于气固、液固、气液固反应，如催化剂快速失活需立即再生的催化裂化反应；强放热反应，如乙烯氧氯化、丙烯氨氧化、萘氧化、丁烯氧化脱氢等；固相加工反应，如黄铁矿、闪锌矿的焙烧和石灰石的煅烧等。

二、实验目的

① 通过观察气固流化床反应器中不同气速下固体粒子的流化状况，建立对流态化过程的直观认识。

② 掌握临界流化速度（U_{mf}）的测量原理、方法和步骤，明确细粒子流化床的基本特性。

③ 深入理解两相理论，明确临界流化速度与起始鼓泡速度的区别。

三、实验原理

在气固流化床反应器中，气体通过床层的压力降Δp 与空床速度 U 之间的关系能够很好地描述床层的流化过程。

如图 5.1 所示，气体自下而上流过床层。当气体流速较小时，Δp 与 U 在双对数坐标系上呈直线关系（图 5.1 中的 AB 段）。此时，流体从颗粒间隙中通过，颗粒仍然相互接触并处于静止状态，属于固定床阶段。

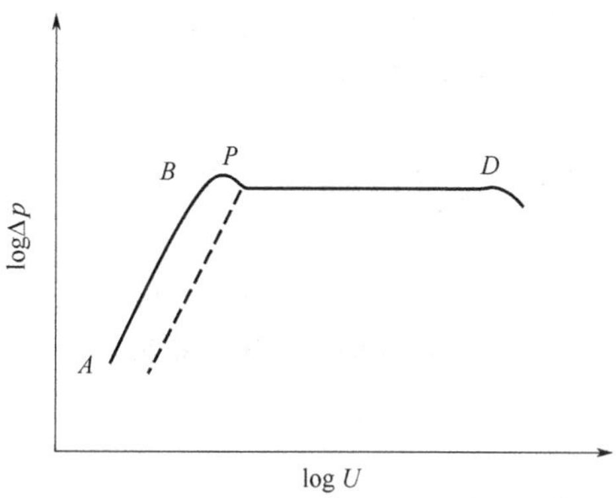

图 5.1　均匀颗粒的压降与气速的关系

当气体流速增大至某一临界值后，床层内颗粒开始松动。随着流速继续增加，床层膨胀，空隙率增大，颗粒悬浮而不再相互支撑，并且处于运动状态。此时，容器内床层形成明显的界面（图 5.1 中的 BP 段）。

当气体流速继续增大至Δp 接近单位面积床层颗粒质量时，Δp 达到最大值（图 5.1 中的 P 点）。此后，随着流速进一步增加，Δp 略有下降并趋于稳定，床层高度持续增加，固体颗粒完全悬浮于流体中，随气体流动上下翻滚，床层进入流化床阶段。开始流化的最小气体流速称为临界流化速度（U_{mf}）。

随着气体流速继续增大至颗粒不能自由沉降时，颗粒开始被带出床层（图 5.1 中的 D 点），即为夹带起始点。随着流速进一步增大，被带出的颗粒数量增加，Δp 随流速增大而逐渐降低。当流速达到某一特定值时，床层内所有颗粒将被带出，形成空床，此时对应的流速称为颗粒带出速度（U_t）。

临界流化速度可以通过$\Delta p \sim U$的实验方法进行测定，也可用经验公式计算，常用的经验公式为[19]：

$$U_{mf} = 0.695 \frac{d_p^{1.82}(\rho_s - \rho_g)g^{0.94}}{\mu^{0.88}\rho_g^{0.06}} \tag{5.1}$$

式中，d_p为颗粒平均直径，m；ρ_s为固体颗粒密度，kg/m³；ρ_g为气体密度，kg/m³；μ为流体黏度，mPa·s；g为重力加速度，m/s²。

在正常气速条件下，若突然中断处于稳定流化状态的流化床的气源，床层将经历三个阶段。首先，床层中存在的气泡会迅速逸出，导致床层高度急剧下降；随后，浓相中的气体开始逸出，此时床层以恒定速率下降；最后，颗粒自身的质量将颗粒间隙中的残余气体挤出，这一阶段床层高度变化趋于平缓。通过记录这一过程，可以得到床层高度H_T随时间t变化的塌落曲线（如图5.2所示）。基于这一现象可以推断，若床层中不存在气泡，床层将从初始时刻起以恒定速率下降。通过将塌落曲线中的等速下降段外推至时间t=0处，即为浓相床层的高度H_D。通过系统性地在不同初始床层高度条件下进行气源中断实验，绘制多条塌落曲线，可以识别出一条无气泡逸出段的特征曲线，该曲线等速下降起始点所对应的气速即为起始鼓泡速度U_{mb}。同时，通过测定Δp的变化，可以分析床层内部的流动特性，如沟流和节涌等流态化现象。

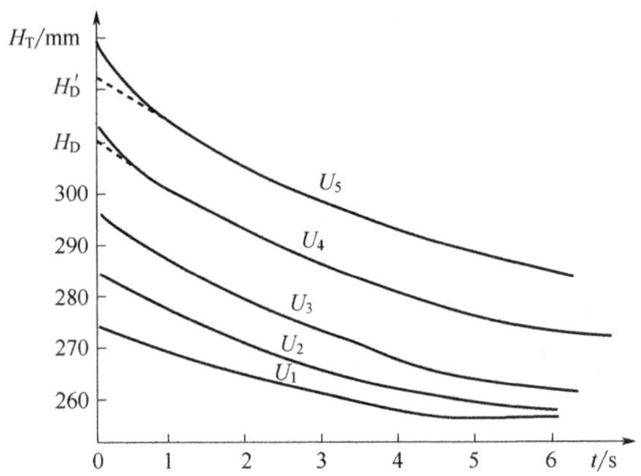

图5.2　$H_T \sim t$关系曲线

四、实验试剂和仪器

本实验所用的流化床为ϕ100mm×4mm的有机玻璃管。床体上装有扩大管和过滤装置，以回收稀相段的细颗粒。气体分布板为多孔筛板，开孔率为1%，固相为活性炭颗粒。实验装置示意图如图5.3所示。

五、实验过程

① 熟悉实验流程，检查各设备是否完好，确保其处于准备运转状态。

② 打开空气压缩机，通过调节进气阀的开度来控制送入流化床的空气流量。逐步增加气体流量（由小到大），记录每个流量下床层的压降（Δp），并将数据填入实验记录表中，实验过程中观察流化床中颗粒的变化情况，包括从固定床阶段到均匀散式流化床阶段，再到鼓泡流化状态的转变。

③ 逐渐减小气速（由大到小），记录不同气速下的Δp，对比观察两种变化方式（由小到大和由大到小）下的不同现象和结果，分析其差异。

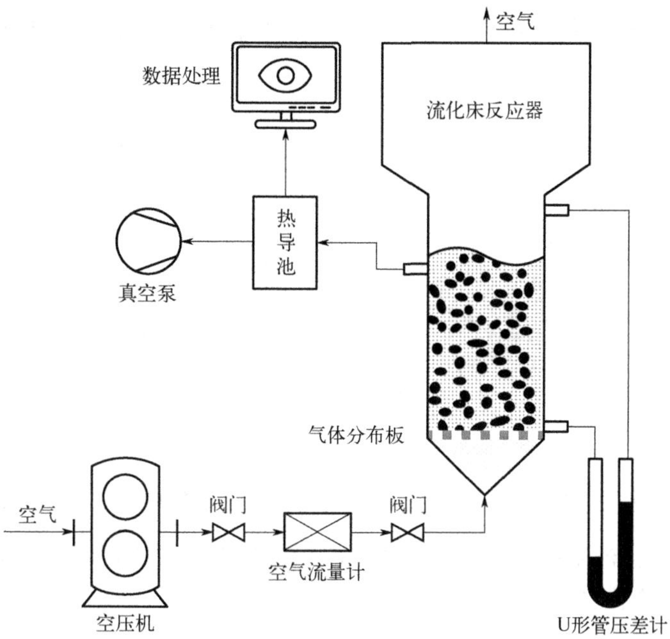

图 5.3　实验装置示意图

六、虚拟仿真实验

1. 虚拟仿真实验装置结构认知

结构认知界面见图 5.4。

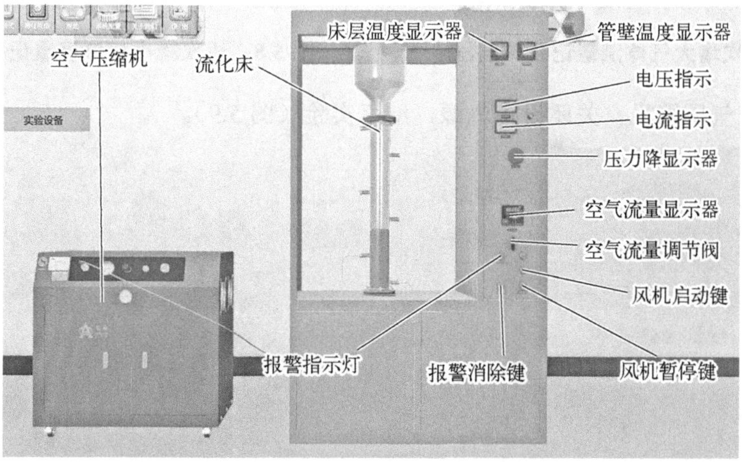

图 5.4　结构认知界面

2. 虚拟仿真实验步骤

① 点击设备背面的电源开关（图 5.5）。

② 点击界面中空气压缩机开关，空气流量调节阀用于改变气体流量（图 5.6）。

③ 点击界面气体流量控制阀门，逆时针旋转逐渐增大气体流量 G，记录相应流量下床

层压降Δp，同时观察流化床中颗粒由固定床到均匀散式流化再到鼓泡流化状态的变化（图 5.7）。

图 5.5　打开电源开关

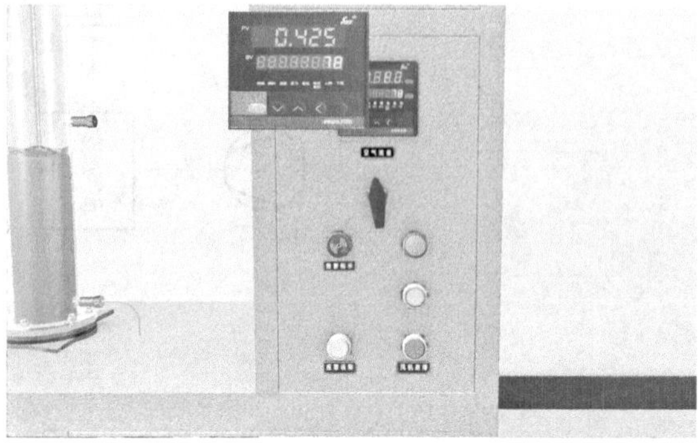

图 5.6　调节气体流量

④ 点击界面气体流量控制阀门，顺时针旋转逐渐减小输入气体流量，记录不同流量下的Δp，观察床层形态变化（图 5.8）。

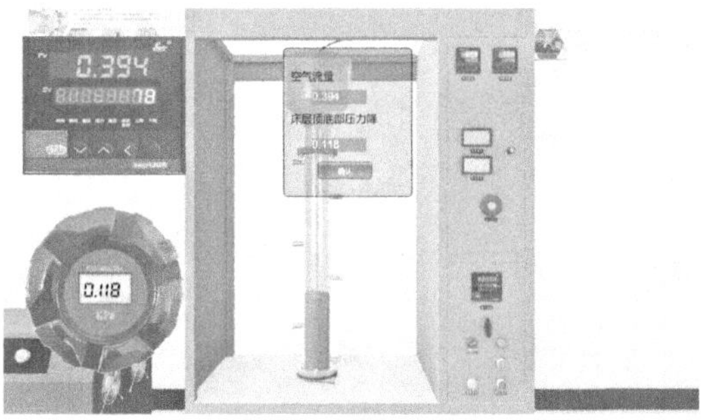

图 5.7　逐次增大气体流量记录床层压降

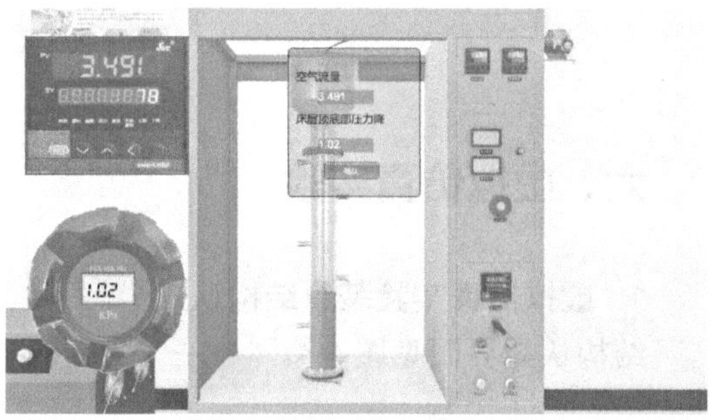

图 5.8　逐次减小气体流量记录床层压降

⑤ 关闭空气压缩机，关闭设备电源，结束实验（图 5.9）。

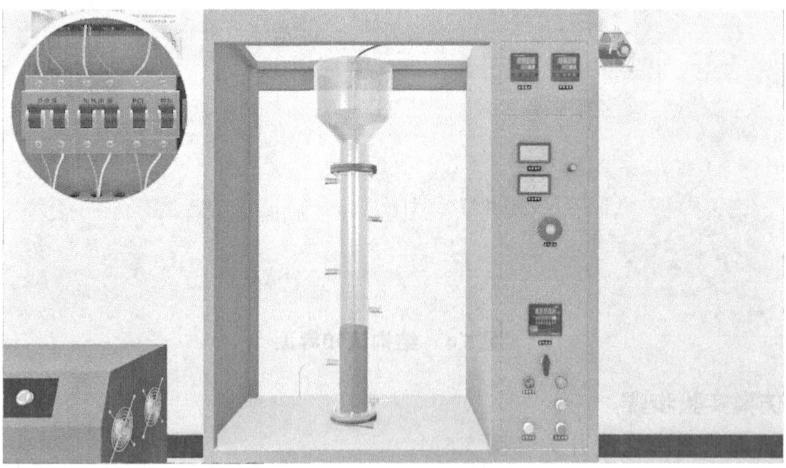

图 5.9　关闭设备电源

七、实验记录及数据处理

1. 实验记录

实验数据记录在表 5.1 和表 5.2 中。

表 5.1　流量增大过程数据记录表

序号	时间/s	G_1/（m^3/h）	U_1/（m/s）	Δp_1/kPa
1				
2				
3				
4				
5				
6				
7				
8				
9				
10				

表 5.2　流量减小过程数据记录表

序号	时间/s	G_2/（m^3/h）	U_2/（m/s）	Δp_2/kPa
1				
2				
3				
4				
5				
6				
7				
8				
9				
10				

2. 数据处理

在双对数坐标系上作出$\Delta p \sim U$ 图，并在图中标出临界流化速度 U_{mf}。

八、思考题

① $\lg\Delta p \sim \lg U$ 图中上行与下行之临界点所反映出的床层动态是怎样的？

② 为什么说临界流化速度不易测得，临界流化速度测定中应注意哪些问题？

九、课题探究

流态化技术的发展历程源远流长，其雏形最早可追溯至明代科学家宋应星所著的《天工开物》。书中详细记载了通过持续颠簸使谷物产生流动性，从而实现谷物与沙粒分离的原始方法。这一古老的分离技术原理不仅体现了先人的智慧，其核心思想至今仍在现代摇床选矿过程中得到传承和应用。

我国现代流态化技术的系统研究始于著名化学工程专家汪家鼎院士。20 世纪 50 年代，汪家鼎院士率先开展了流化床褐煤低温干馏技术的探索性研究，为我国流态化技术的发展奠定了重要基础。经过数十年的发展，流化床技术已在化工、能源、材料等多个工业领域得到广泛应用，特别是在煤加工和石油炼制过程中，流化床反应器凭借其优异的传热传质性能和操作灵活性，已成为不可或缺的关键设备，其重要性日益凸显。

探究随着科技的进步，流态化技术在未来可能面临的挑战和机遇，以及通过跨学科合作和技术融合来推动其进一步发展的可能性。

实验十　用瞬间快速反应测定气膜和液膜的传质系数

一、实验背景

气液相反应过程是指气相中的组分必须进入液相才能发生化学反应的过程。在这类反应中，反应组分可能是一个在气相、另一个在液相，也可能两个组分都在气相，但都需要进入溶液中才能进行反应。化学吸收就是气液相反应过程的一个典型例子。

气液相反应过程在化工、环保等行业中有着广泛的应用：

① 生产化工产品，例如乙烯与氯气通入悬浮有三氯化铁的二氯乙烷溶液中生产二氯乙烷，乙烯和氧气通入 $PbCl_2$-$CuCl_2$ 的醋酸水溶液生产乙醛，氧气通入含醋酸锰的乙醛溶液生产醋酸（也叫“乙酸”），乙烯通入含三氯化铝的苯中合成乙苯，异丙苯空气氧化以制取过氧化氢异丙苯等。

② 气相组分脱除或回收，例如合成氨生产中除去原料气体中硫化氢、二氧化碳，燃煤电厂通过石灰石-石膏法脱除尾气中的二氧化硫，硝酸厂通过碱液回收尾气中的氮氧化物等。

二、实验目的

① 测定氢氧化钠（NaOH）溶液吸收 CO_2 的气液相反应的总传质系数 K_G 及气膜传质系数 k_G 和液膜传质系数 k_L。

② 了解传质和反应对吸收过程控制步骤的影响，加深对气液相反应过程的认识。

三、实验原理

气液相反应过程是指气相反应物通过相界面传递进入液相并在其中发生化学反应的过程。该过程涉及气相反应物在气液两相间的传质和液相中的化学反应，是一个传质与反应相互耦合的复杂体系。因此，研究气液相反应过程必须首先深入理解气液两相间的传质机理及其动力学特征。

本实验采用 NaOH 溶液吸收 CO_2 的瞬时快速反应体系，通过简化的实验设计与理论分析相结合的方法，旨在获取传质过程的关键信息。

在间歇搅拌鼓泡釜中，NaOH 溶液吸收 CO_2 进行反应吸收时，CO_2-NaOH-H_2O 系统存在以下溶解与反应的过程：

① $CO_2(g) \rightleftharpoons CO_2(aq)$　　② $CO_2(aq) + H_2O \rightleftharpoons H_2CO_3$

③ $H_2CO_3 \rightleftharpoons H^+ + HCO_3^-$　　④ $HCO_3^- \rightleftharpoons H^+ + CO_3^{2-}$

⑤ $NaOH \longrightarrow Na^+ + OH^-$　　⑥ $H^+ + OH^- \longrightarrow H_2O$

因此可以认为 NaOH 溶液吸收 CO_2 的传质过程包含：CO_2 从气相主体传递到气液界面；CO_2 溶解于液膜与水反应并电离出 H^+；H^+从液膜向液相主体扩散；H^+与 OH^-在反应界面发生化学反应。

NaOH 与 CO_2 反应的化学计量式为：

$$\underset{A}{CO_2} + \underset{B}{2NaOH} \longrightarrow \underset{C}{Na_2CO_3} + \underset{D}{H_2O} \tag{5.2}$$

本实验采用低浓度吸收，该反应过程可近似视为瞬间快速反应。根据双膜理论，气液相界面附近的浓度分布如图 5.10 所示。在液相中，CO_2 与 NaOH 一经接触即发生反应，使得液相侧的 CO_2 与 NaOH 无法共存。因此，在离界面某一深度 y_R 处形成一个反应面 R。当 c_B 增加时，B 的扩散推动力增大，扩散速度加快，导致 y_R 减小。当 c_B 增加到某一临界浓度 c_{BC} 时，反应面将与相界面重合，扩散到界面的 A 瞬间完成反应，此时 $c_{Ai}=p_{Ai}=0$，CO_2-NaOH 反应吸收过程由气膜传质控制，反应的进行不影响气相传质系数。随着吸收过程的推进，直至 NaOH 完全反应，吸收过程从 CO_2 的化学吸收转变为 CO_2 的物理吸收。

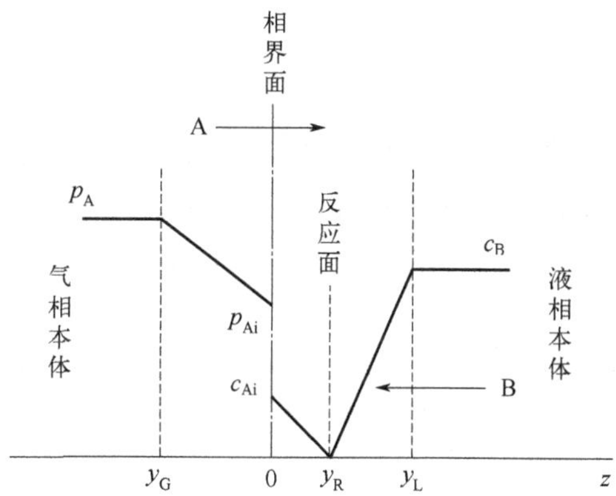

图 5.10　瞬间反应气液相界面附近的浓度分布

根据双膜理论的传质方程：

气相
$$N_A = \frac{D_G}{RTy_G} \times \frac{p}{p_m}(p_A - p_{Ai}) = k_G(p_A - p_{Ai}) \tag{5.3}$$

液相
$$N_A = \frac{D_L}{y_L} \times \frac{c}{c_m}(c_{Ai} - c_A) = k_L(c_{Ai} - c_A) \tag{5.4}$$

式中，N_A 为 CO_2 传质速率，kmol/(m² · s)；k_G 为气相传质系数，kmol/(m² · s · kPa)；k_L 为液相传质系数，kmol/［m² · s · (kmol/m³)］；y_G、y_L 为气膜、液膜当量厚度，m；D_G、D_L 为 CO_2 在气相、液相的扩散系数，m²/s；p 为气相总压，kPa；p_m 为空气平均分压，kPa；p_A 为 CO_2 在气相中分压，kPa；p_{Ai} 为 CO_2 在相界面处的平衡分压，kPa；c 为液相总浓度，kmol/m³；c_m 为 NaOH 溶液平均浓度，kmol/m³；c_A 为 CO_2 在液相中的浓度，kmol/m³；c_{Ai} 为 CO_2 在相界面处的平衡浓度，kmol/m³。

以气相分压为推动力的总传质方程：

$$N_A=\frac{p_A-p_A^*}{\dfrac{1}{k_G}+\dfrac{1}{H_A k_L}}=K_G(p_A-p_A^*) \tag{5.5}$$

式中，$p_A^*=c_A/H_A$；H_A为CO_2溶解度系数，kmol/(m^3 • kPa)；K_G为气相总传质系数，kmol/(m^2 • s • kPa)。

$$\frac{1}{K_G}=\frac{1}{k_G}+\frac{1}{H_A k_L} \tag{5.6}$$

由于NaOH溶液吸收CO_2过程为瞬时反应吸收，反应面上$c_A=p_A^*=0$，k_L随NaOH的浓度c_B的变化而变化，当$c_B \geqslant c_{BC}$时，为气膜传质控制，即

$$N_A=K_G(p_A-0)=K_G p_A \tag{5.7}$$

当$c_B \to 0$时，为物理吸收过程，则有：

$$N_A=K_G(p_A-p_A^*)=K_G p_A=\frac{p_A}{\dfrac{1}{k_G}+\dfrac{1}{H_A k_L}} \tag{5.8}$$

由NaOH与CO_2化学反应式，对CO_2作物料衡算，得

$$p_{A出}=p_{A进}-\frac{1}{2}\frac{V_L}{V_G}\left(-\frac{\Delta c_B}{\Delta t}\right)RT \tag{5.9}$$

式中，$p_{A出}$为CO_2出口分压，kPa；$p_{A进}$为CO_2进口分压，kPa；R为摩尔气体常数，8.314kJ/(kmol • K)；T为温度，K；V_L为釜内液体体积，m^3；V_G为通入气体的体积流量，m^3/s；Δt为时间变化量，s；Δc_B为NaOH浓度变化量，kmol/m^3。

设搅拌釜内气液为全混，则CO_2分压$p_A=p_{A出}$，CO_2的吸收速率可以通过搅拌釜进出口CO_2的含量改变来求得，也可以由NaOH的浓度变化求得，本实验采用电导法测得搅拌釜内溶液的电导率L随时间t的变化，由下式可以求得吸收率X随时间t的变化曲线。

$$X(t)=\frac{L_0-L(t)}{L_0-L_\infty} \tag{5.10}$$

式中，$X(t)$为t时刻的吸收率；L_0为起始电导率，S/m；L_∞为终止时的电导率，S/m；$L(t)$为t时刻的电导率，S/m。

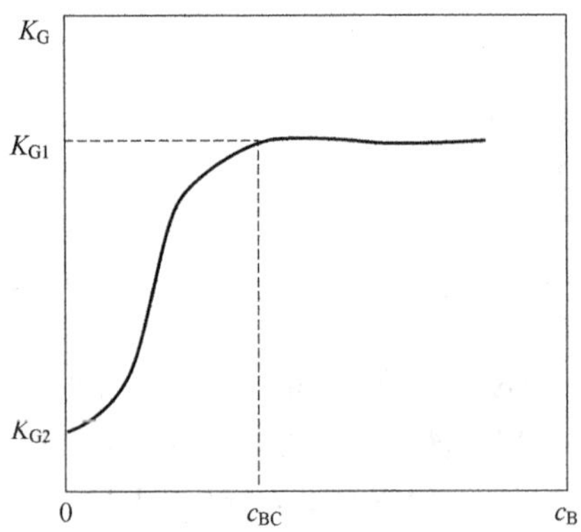

图 5.11 K_G随c_B的变化

在本实验中，OH^-为强碱离子，其强碱完全解离且OH^-小、迁移率高，其电导率较高，而CO_3^{2-}为弱酸离子，其酸或盐的解离程度低且CO_3^{2-}大、迁移率低，其电导率较低，即两种离子的电导率存在显著差异。本实验采用稀溶液吸收，故溶液的电导率主要由OH^-的浓度决定。通过测量溶液电导率随时间的变化，可以间接得到NaOH浓度随时间的变化率。基于此数据，结合化学反应式，可以计算CO_2吸收传质速率随时间的变化。

$$N_A=\frac{1}{2}c_B\frac{\Delta x}{\Delta t} \tag{5.11}$$

由式（5.5）和式（5.11）可求得某一时刻t（某一c_B下）的K_G，再作K_G～c_B的关系图，如图5.11所示。

根据上述分析，由图 5.11 可求得：

$$k_G=K_{G1} \tag{5.12}$$

$$\frac{1}{K_{G2}}=\frac{1}{k_G}+\frac{1}{H_A k_L} \tag{5.13}$$

即得 k_G 和 k_L 值。

四、实验试剂和仪器

1. 实验试剂

NaOH（分析纯），CO_2 气体（纯度为 99.9%）。

2. 实验仪器

转子流量计，空气压缩机，搅拌鼓泡釜，电导率仪，气体混合器等。实验装置流程示意图如图 5.12 所示。

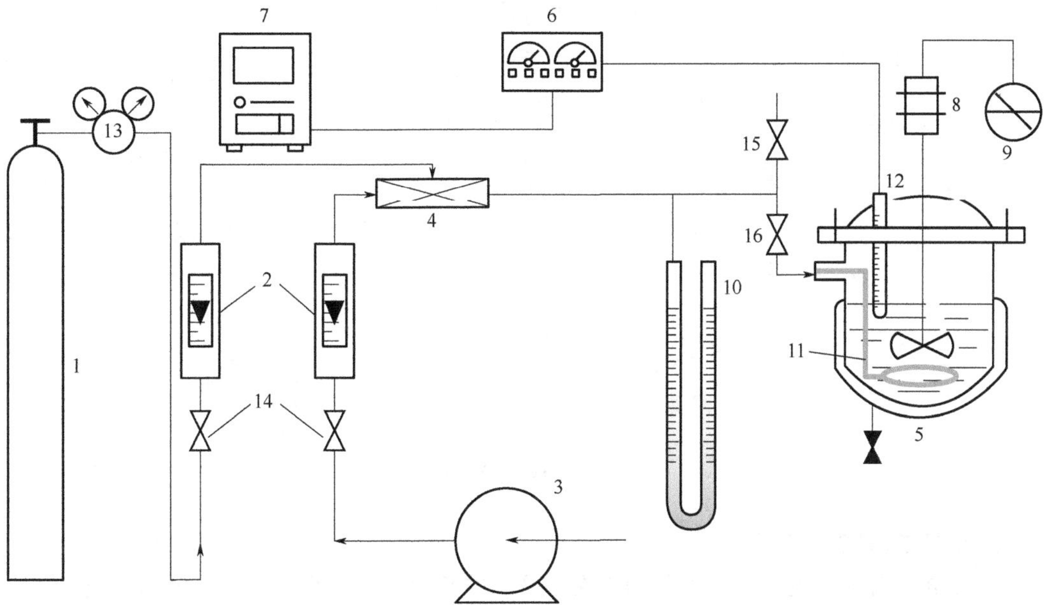

图 5.12　实验装置流程示意图

1—CO_2 钢瓶；2—转子流量计；3—空气压缩机；4—气体混合器；5—搅拌鼓泡釜；6—电导率仪；7—记录仪；8—搅拌电机；9—电机调速器；10—差压计；11—气体分布器；12—电导笔；13—CO_2 减压阀；14—流量调节阀；15—放空阀；16—反应釜进气阀

五、实验过程

① 配制 2L 浓度 0.04mol/L 的 NaOH 溶液，将溶液移入搅拌鼓泡釜内，启动搅拌电机，待溶液混合均匀后，开启电导率仪和记录仪，记录初始电导率值 L_0。

② 打开空气压缩机，调节空气流量至实验设定值。

③ 开启 CO_2 钢瓶，缓慢调节 CO_2 流量计，使 CO_2 气体流量达到实验要求。

④ 待空气和 CO_2 流量稳定后切换混合气至搅拌鼓泡釜内，同时开始记录溶液电导率随时间的变化，当记录仪上指示浓度（电导率 L）稳定时，即达到 L_∞，可以切换混合气至放空。

⑤ 实验结束后，依次关闭气体阀门、电导仪和记录仪，切断电源，排放掉搅拌鼓泡釜内的液体，用水清洗搅拌鼓泡釜。

六、虚拟仿真实验

1. 虚拟仿真实验装置结构认知

结构认知界面见图 5.13。

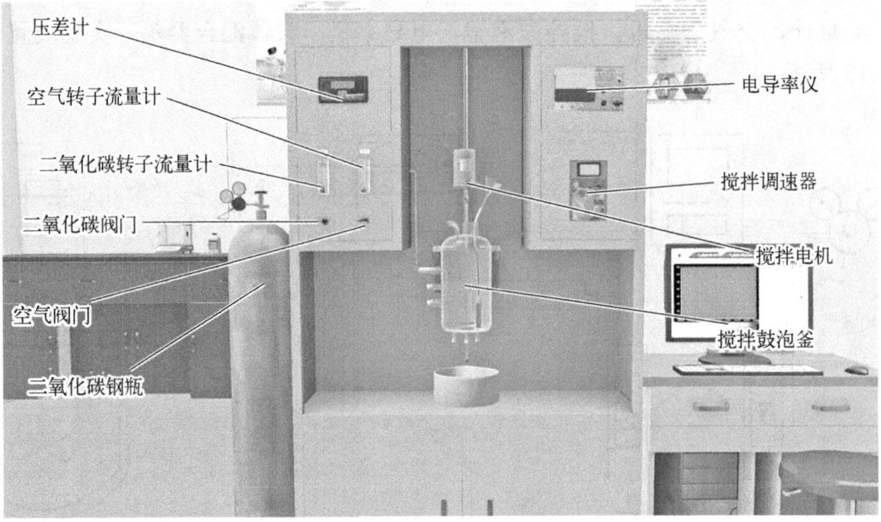

图 5.13　结构认知界面

2. 虚拟仿真实验步骤

① 点击仪器总电源，打开空气和 CO_2 气阀，并将空气流量设置为 6～8L/min，将 CO_2 流量设置为 0.10m^3/h 左右，打开放空阀，待空气和 CO_2 流量稳定后，打开反应釜排液口排出釜内残液（图 5.14）。

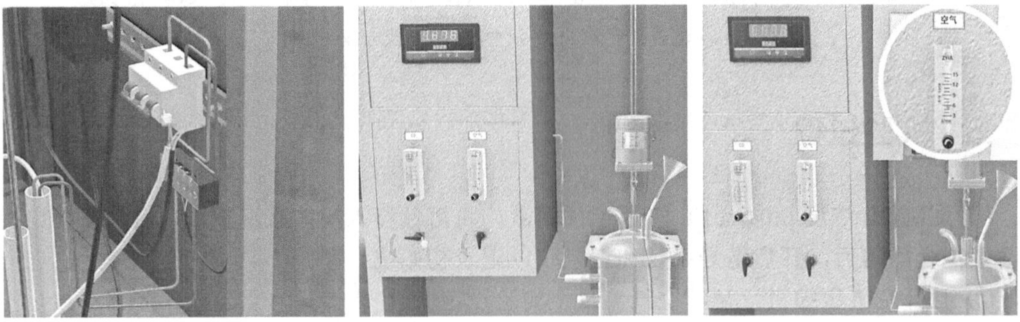

(a) 打开总电源　　(b) 打开空气和 CO_2 气阀　　(c) 设置空气流量

(d) 设置CO_2流量　　(e) 待空气和CO_2流量稳定　　(f) 排出反应釜内液体

图 5.14　实验准备

② 称量 NaOH 的质量，配制 2L 浓度 0.04mol/L 的 NaOH 溶液，加入反应釜中(图 5.15)。

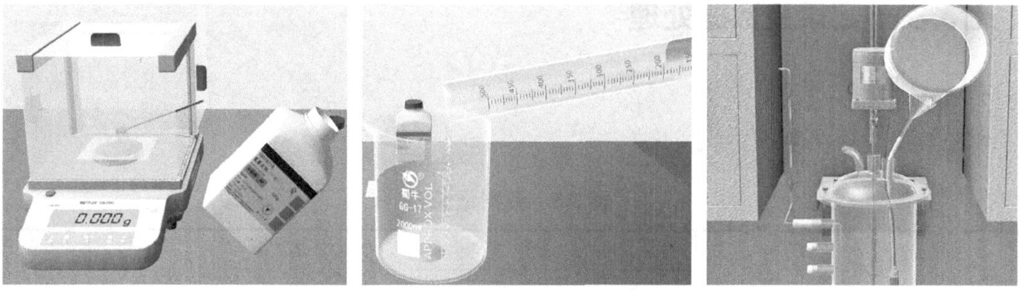

(a) 称量NaOH　　(b) 配制0.04mol/L的NaOH溶液　　(c) 将NaOH溶液倒入反应釜

图 5.15　配制 NaOH 溶液

③ 启动搅拌电机，开启电导率仪和记录仪，待空气和 CO_2 流量稳定后，关闭放空阀，打开反应釜进气阀，切换混合气至搅拌鼓泡釜内，点击电脑数据显示软件中“恢复更新”，读取并记录电导率随时间的变化（图 5.16）。

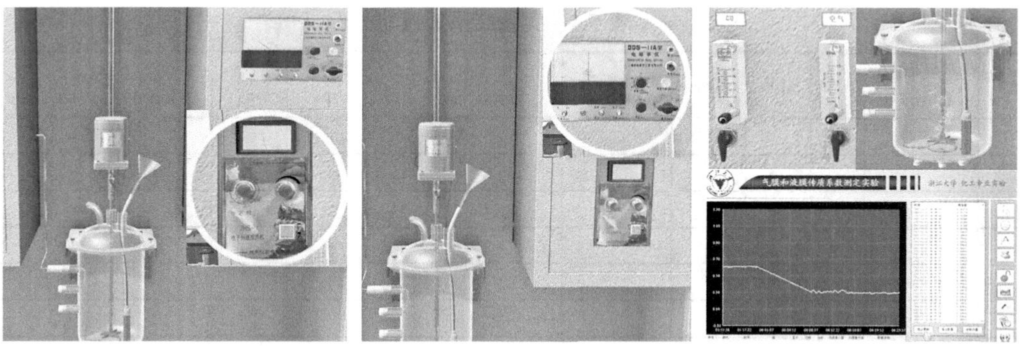

(a) 打开搅拌电机　　(b) 打开电导率仪　　(c) 通空气和CO_2读电导率数据

图 5.16　实验过程

④ 待记录仪上指示浓度（电导率）稳定（停止下降）时，关闭气体阀门，关闭电导率仪和记录仪，切断电源（图 5.17），结束实验。

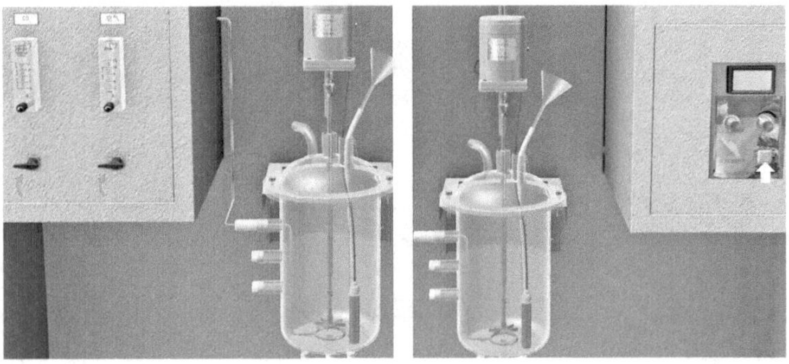

(a) 关闭空气和CO_2气阀　　　　(b) 关闭电导率仪

图 5.17　实验结束

七、实验记录及数据处理

1. 实验记录

实验数据记录在表 5.3 中。

表 5.3　数据记录表

L_0 /（S/m）	L_∞ /（S/m）	Δp /mmH$_2$O	气体流量		NaOH 溶液		$p_{大气压}$ /Pa	$T_{室}$ /℃
			V_{air} /（L/min）	V_{CO_2} /（L/min）	V/L	c_{B0} /（mol/L）		

2. 数据处理

由电导率 L 随时间 t 的变化得到吸收率 X 随时间 t 的变化，进而得到气相总传质系数 K_G 及气膜和液膜传质系数 k_G、k_L，并分析实验结果的合理性。实验数据处理结果汇总于表 5.4 中。

表 5.4　实验结果汇总表

t/s	$L_0-L(t)$/（S/m）	X	ΔX	Δt/s	c_B /（mol/L）	N_A /［kmol/（m^2·s）］	$p_{A出}$ /Pa	$p_{A进}$ /Pa	K_G /［kmol/（m^2·s·kPa）］
0									
…									
…									
…									

八、思考题

① 什么是瞬间气液反应的临界浓度 c_{BC}？为什么在 $c_B \geqslant c_{BC}$ 时 $K_G=k_G$？

② 当 $c_B < c_{BC}$，$c_B=0$ 时，其吸收速率式分别为什么形式？

③ 为什么可以假设 k_G 在整个实验中保持不变？

④ 双膜理论应用于本实验时有何局限性？

九、课题探究

大气环境污染源多为相关企业排放的大流量低浓度废气。这种废气通常来自大规模的工业生产过程，如化工厂、发电厂和钢铁厂等。虽然废气中有害物质的浓度相对较低，但由于排放量大，长期累积仍会对环境造成显著影响。这类废气通常含有多种复杂成分，如挥发性有机化合物（VOCs）、氮氧化物（NO_x）和硫氧化物（SO_x）等。

气液反应吸收工艺因其高效、低成本和广泛适用性，成为处理大流量低浓度废气的常用方法。该工艺通过使废气与液体吸收剂充分接触，利用化学反应去除废气中的有害物质。然而，该工艺也面临一些挑战，如吸收剂的选择、高能耗以及废液处理问题。未来的发展方向包括引入智能化控制系统以提高处理效率，开发更加环保的吸收剂，以及将气液反应吸收工艺与其他废气处理技术结合，形成多级处理系统，以进一步提高废气处理效果。

从环保工程的角度出发，需要确保高效、经济、安全的处理效果。探究不同污染源适宜采用的气液相反应器类型；基于气液反应传质吸收的理论，阐述大流量低浓度废气处理最佳工艺操作参数的确定方法。

实验十一　乙苯脱氢制苯乙烯

一、实验背景

苯乙烯是一种重要的化工原料，广泛应用于合成树脂、离子交换树脂及合成橡胶的生产，是制造聚苯乙烯、发泡聚苯乙烯、丁苯橡胶、ABS 树脂（苯乙烯与丙烯腈、丁二烯共聚）、SAN 树脂（苯乙烯与丙烯腈共聚）等产品的关键原料。此外，苯乙烯还用于医药、染料、农药及选矿等行业。聚苯乙烯因其易加工成型、透明、廉价、刚性、绝缘性好以及印刷性能优异等特点，被广泛用于轻工业、日常装潢、照明指示及包装等领域。

苯乙烯最早于 1839 年被发现。1930 年，美国陶氏化学公司首次开发出由乙苯热脱氢制取苯乙烯的技术。1937 年，美国陶氏化学公司和德国巴斯夫公司分别实现了乙苯脱氢制苯乙烯的工业化生产，为现代苯乙烯的大规模生产奠定了基础。进入 20 世纪 70 年代后，随着节能降耗的需求增加，苯乙烯生产工艺得到了进一步改进，相继出现了苯乙烯联产环氧丙烷的 Halcon 乙苯共氧化法以及 UOP 的 Styro-Plus 选择脱氢新工艺。

当前苯乙烯的生产工艺主要有三种[20]：

① 乙苯催化脱氢　以乙苯为原料，借助催化剂，采用多床绝热或管式等温反应器，在蒸汽存在下脱氢生成苯乙烯。该工艺技术成熟，苯乙烯收率较高，但反应温度较高，蒸汽用量大，且乙苯转化率较低，导致分离工序负荷大，能耗较高。

② 丙烯与乙苯共氧化制取环氧丙烷（PO）及苯乙烯　该工艺在生产苯乙烯的同时，可联产重要的有机化工原料环氧丙烷。其优点是不需要高温反应，节约能源，且避免了氯醇法

生产环氧丙烷的环境污染问题。缺点是流程较长、投资较高、副产物较多、苯乙烯收率较低。

③ 从蒸汽裂解汽油中抽提蒸馏回收苯乙烯　该方法从裂解汽油中提取苯乙烯，适用于特定原料来源的生产。

目前，全球90%的苯乙烯是通过乙苯催化脱氢法生产的。尽管该工艺技术成熟且收率较高，但其高能耗和低转化率的问题仍然存在。相比之下，乙苯共氧化法虽然流程复杂且投资较高，但其节能环保的优势使其在某些应用场景中具有竞争力。

二、实验目的

① 了解以乙苯为原料，氧化铁系为催化剂，在固定床单管反应器中制备苯乙烯的过程。

② 掌握通过调节反应条件（如温度、流量等）来稳定工艺操作条件的方法。

③ 掌握乙苯脱氢制苯乙烯的过程中，转化率、选择性、收率与反应温度的关系，并确定最适宜的反应温度区域。

④ 掌握温度控制和流量控制的常用仪表、仪器的使用方法。

⑤ 学习气相色谱分析的基本原理，掌握气相色谱仪的操作方法。

三、实验原理

主反应：

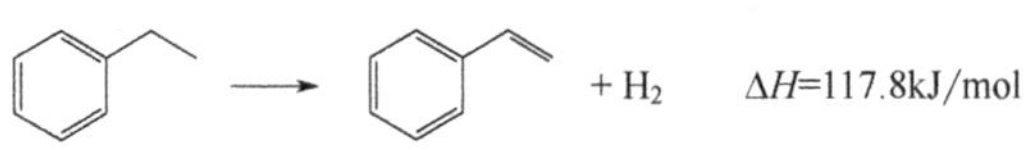

（5.14）

副反应：

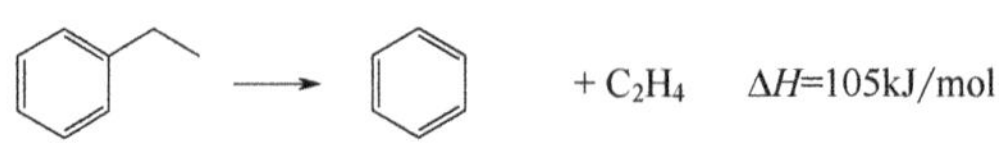

（5.15）

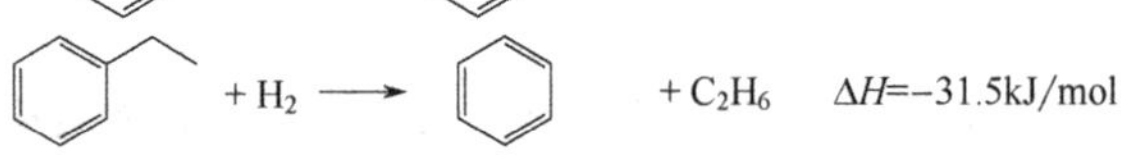

（5.16）

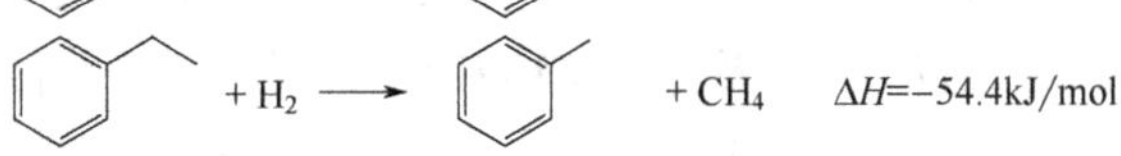

（5.17）

在水蒸气存在的条件下，还可能发生下列反应：

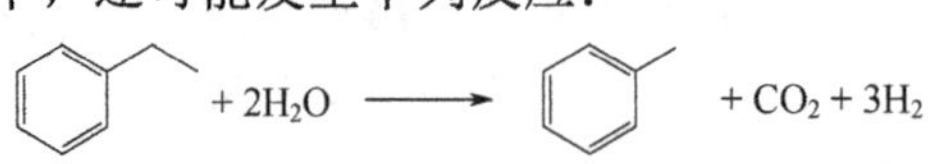

（5.18）

此外，还有部分芳烃脱氢缩合物、聚合物、焦油和碳生成。这些副反应的发生不仅降低了反应的选择性，还容易使催化剂表面结焦进而造成催化活性下降。

影响乙苯脱氢反应的因素有：

① 温度　乙苯脱氢反应为吸热反应，$\Delta H^0>0$，从平衡常数与温度的关系式$\left(\dfrac{\partial \ln K_p}{\partial T}\right)_p=\dfrac{\Delta H^0}{RT^2}$可知，当压力$p$不变时，提高温度$T$可增大平衡常数$K_p$，从而提高脱氢反应的平衡转化率。但是温度过高则副反应增加，使得苯乙烯选择性下降，能耗增大，设备材质要求提高，故应控制适当的反应温度，以平衡转化率、选择性和经济性。

② 压力　乙苯脱氢为体积增加的反应，从平衡常数与压力的关系式 $K_p = K_n\left[\frac{p_{总}}{\sum n_i}\right]^{\Delta\gamma}$ 可知，当 $\Delta\gamma>0$ 时，降低总压 $p_{总}$ 可使 K_p 增大，从而增加了反应的平衡转化率，即降低压力有利于平衡向脱氢方向移动。实验中采用加入惰性气体或减压的方法，通常使用水蒸气作稀释剂，它可降低乙苯的分压，以提高平衡转化率。水蒸气的加入还可向脱氢反应提供部分热量，使反应温度比较稳定，促使反应产物迅速脱离催化剂表面，有利于反应向苯乙烯方向进行；同时有利于除去催化剂表面的积炭。但水蒸气增大到一定程度后，转化率提高并不显著，因此需要适宜的水蒸气用量，本实验采用水∶乙苯=1.5∶1（体积比）[21]。

③ 空速　乙苯脱氢反应中，平行副反应和连串副反应发生的概率随着接触时间的延长而增加，导致主产物苯乙烯的选择性下降，故需采用较高的空速，以提高选择性。适宜的空速与催化剂的最佳活性及反应温度密切相关，在本实验中，乙苯的空速以 $0.6h^{-1}$ 为宜。

④ 催化剂　乙苯脱氢反应的关键是选择催化剂。此反应的催化剂种类较多，其中以铁系催化剂的应用最广。以氧化铁为主，添加铬、钾助催化剂，可使乙苯的转化率达到 40%，选择性达到 90%。在实际工业应用中，催化剂的形状对反应收率也有很大影响，小粒径、低比表面积以及具有星形、十字形截面等异形催化剂均有利于提高选择性。

四、实验试剂和仪器

1. 实验试剂

乙苯（分析纯），去离子水，氮气（纯度≥98.5%），铁系催化剂。

2. 实验仪器

电子天平，气相色谱仪，秒表，烧杯（100mL），分液漏斗（100mL），色谱取样管（1μL），固定床管式反应器，预热器，进料泵。实验装置流程图如图 5.18 所示。

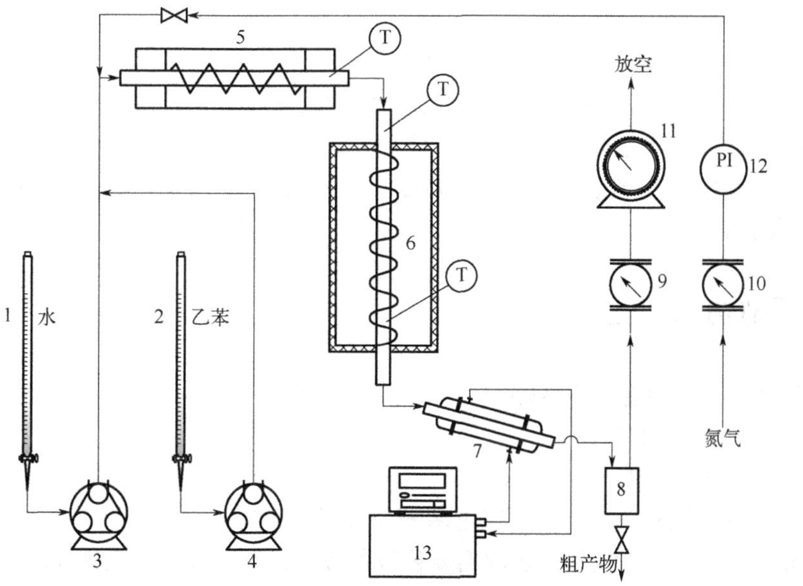

图 5.18　乙苯脱氢实验装置工艺流程图

1—去离子水计量管；2—乙苯计量管；3，4—进料泵；5—预热器（汽化室）；6—固定床管式反应器；7—冷凝器；8—集液罐；9—尾气流量计；10—N_2 流量计；11—湿式气体流量计；12—N_2 压力表；13—低温恒温槽

五、实验过程

1. 实验方法

本实验采用乙苯催化脱氢法制备苯乙烯，用固定床管式反应器测定不同温度下乙苯脱氢反应的转化率、苯乙烯的选择性和收率。汽化温度控制在 300℃左右，反应器前温度控制在500℃，脱氢反应温度分别为540℃、560℃、580℃、600℃，水∶乙苯=1.5∶1（体积流量比）。

2. 实验步骤

① 打开仪表电源，待各仪表初始化完成后，设定汽化室温度控制值为300℃，反应器前温度控制值为500℃，反应器温度控制值为540℃。

② 系统通氮气，调节氮气流量为20L/h。打开冷凝器的冷却水，放空集液罐内的残液。

③ 当汽化室温度达到 200℃，反应器温度达 400℃时，调节氮气流量为 10L/h，记录去离子水计量管内水的起始体积刻度，开始通入去离子水，控制其流量约为0.75mL/min。

④ 当反应器内温度升至540℃左右并稳定后，停止通氮气，记录乙苯计量管内乙苯的起始体积刻度，开始通入乙苯，流量约为0.5mL/min。

⑤ 物料在反应器内反应50min左右，停止乙苯进料，调节氮气流量为10L/h。记录此时乙苯计量管中乙苯的体积刻度，计算乙苯加入反应器的体积。

⑥ 用烧杯将粗产品从集液罐转移至分液漏斗，静置分层。完全分层后，分去水层，称出烃层液体质量。

⑦ 用色谱取样管取少量烃层液体样品，注入气相色谱仪分析其组成，得出各组分的百分含量。

⑧ 改变反应器控制温度为 560℃，继续升温，当反应器温度升至 560℃左右并稳定后，再次向反应器中通入乙苯，重复步骤④～⑦中的相关操作，测得 560℃下的有关实验数据。

⑨ 重复步骤⑧，分别测得580℃、600℃下的有关实验数据。

⑩ 反应结束后，停止加乙苯。反应温度维持在500℃左右，继续通水（水蒸气），进行催化剂的清焦再生，约半小时后停止通水，停止各反应器加热，持续通氮气吹扫置换反应器，并使实验装置降温。待实验装置降温到300℃以下时，停止通氮气，关闭冷却水，切断电源，整理好实验装置。

六、虚拟仿真实验

1. 虚拟仿真实验装置结构认知

结构认知界面见图5.19。

2. 虚拟仿真实验步骤

① 点击设备电源开关，点击仪表电源开关（图5.20）。

② 旋转显示屏右下方旋钮，选取需要修改的数值：设置汽化温度为300℃，反应器前温度为500℃，反应器温度为540℃。按住按钮调整数值。打开预热器加热电源（图5.21）。

③ 点击界面中的氮气转子流量计，流量设定约为20L/h（图5.22）。

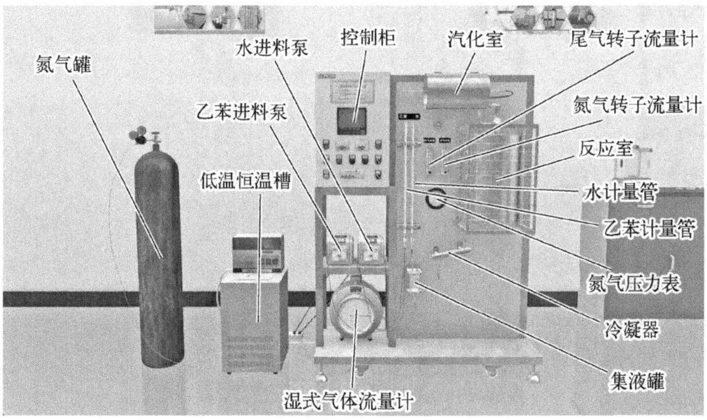

图 5.19　结构认知界面

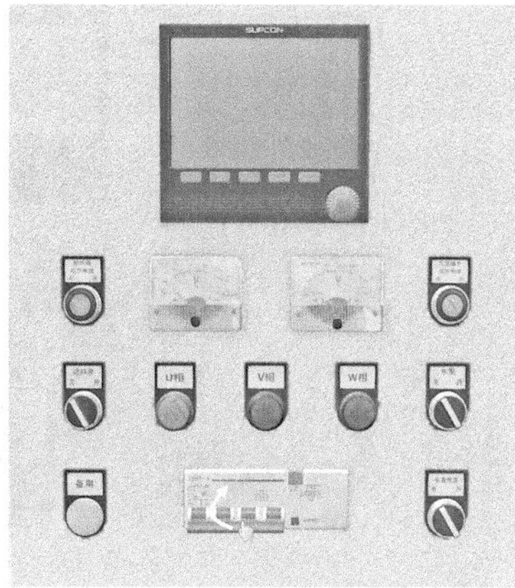

图 5.20　设备电源开关控制

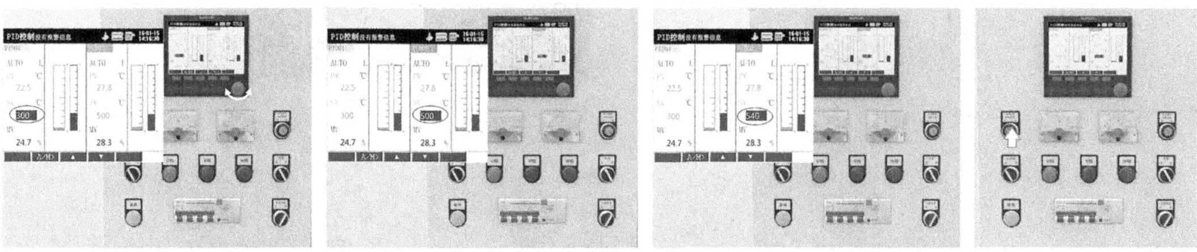

(a) 设置汽化温度　(b) 设置反应器前温度　(c) 设置反应器温度　(d) 启动预热器加热电源

图 5.21　设置温度及启动预热器

④ 点击界面冷却水开关，打开冷却水。将反应器温度设定为 540℃，当预热温度达到 200℃时，打开反应器加热电源（图 5.23）。

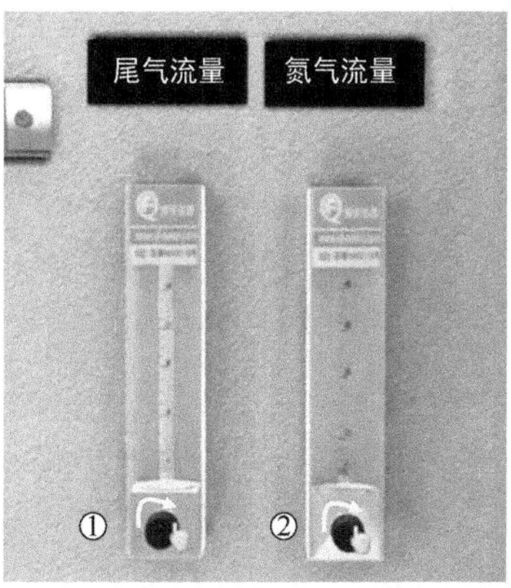

图 5.22　调节氮气流量计

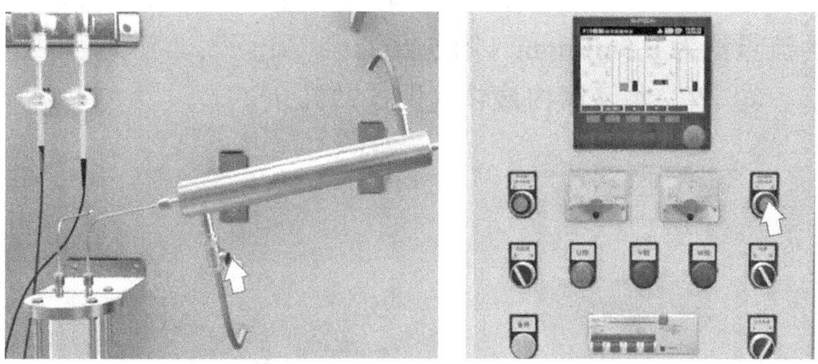

(a) 打开冷却水开关　(b) 启动反应器加热电源

图 5.23　打开冷却水，启动加热

⑤ 当反应器温度达到 400℃时，点击进料启动开关开始加水（去离子水），设置其流量为 0.75mL/min 左右（图 5.24）。

⑥ 点击氮气流量调节阀，设置流量约 10L/h。当反应器温度达 540℃时，关闭氮气转子流量计，记录乙苯的初始体积（图 5.25）。

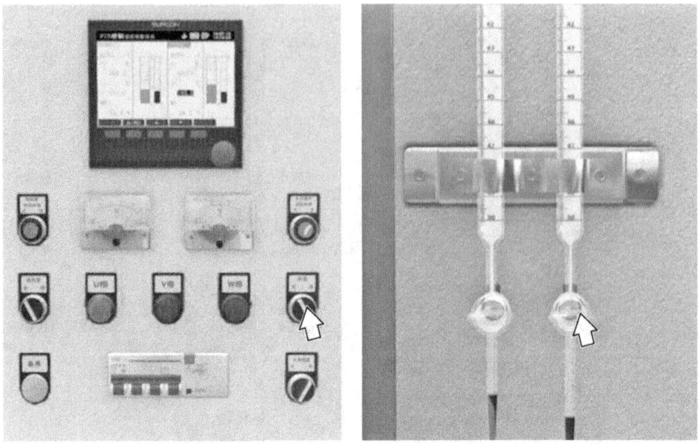

(a) 启动进料　　(b) 控制水的流量

图 5.24　启动进料及控制流量

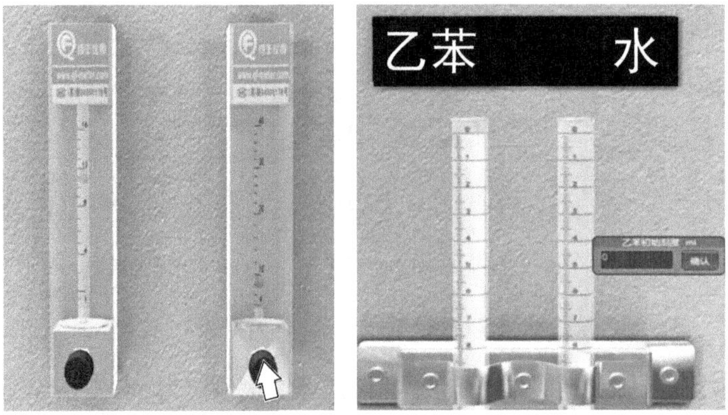

(a) 调节氮气流量　　(b) 记录乙苯初始体积

图 5.25　调节氮气流量，记录乙苯初始体积

⑦ 点击乙苯进料泵开关，输送乙苯，控制水和乙苯的体积流量比约为 1.5∶1，设置乙苯的流量约为 0.5mL/min（图 5.26）。

⑧ 放空集液罐内液体（图 5.27）。

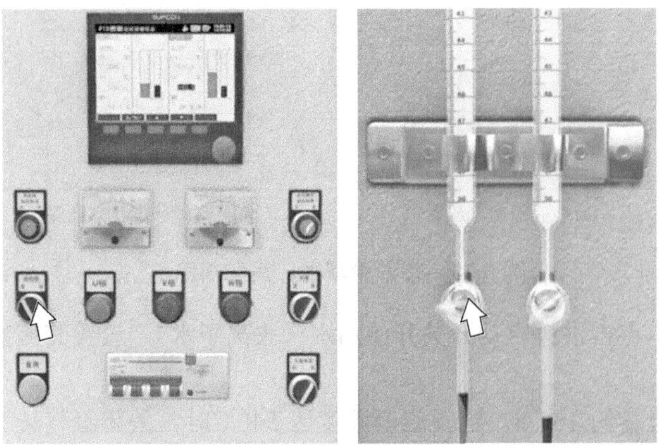

(a) 启动乙苯进料泵　　(b) 控制乙苯进料流量

图 5.26　启动乙苯进料泵及控制乙苯进料速度

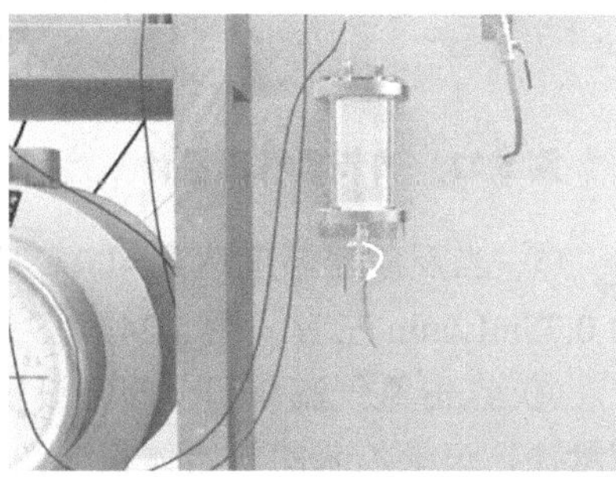

图 5.27　放空集液罐内液体

⑨ 反应约 50min 后，点击乙苯进料泵开关，停止乙苯进料，点击氮气流量阀，设置流量约为 10L/h（图 5.28）。

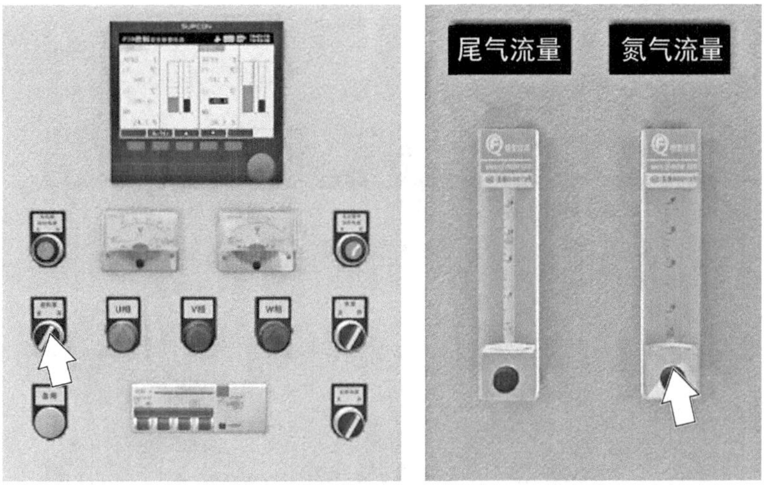

(a) 关闭乙苯进料泵　　(b) 通氮气

图 5.28　关闭乙苯进料泵及通入氮气

⑩ 记录乙苯结束加料后的体积，记录汽化温度，记录反应器温度（图 5.29）。

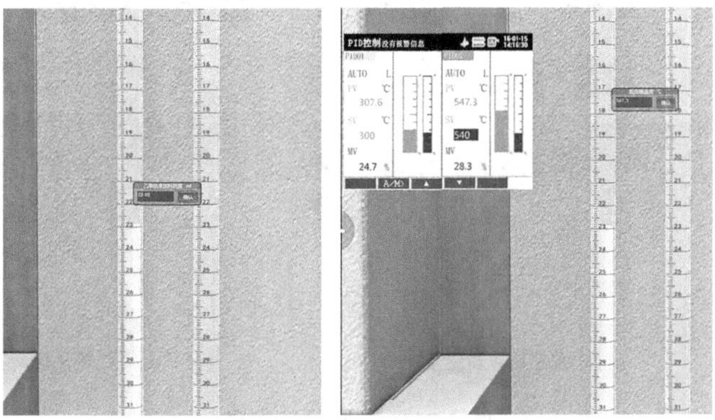

(a) 记录乙苯体积　　(b) 记录反应器温度

图 5.29　记录乙苯体积和反应器温度

⑪ 点击量筒从集液罐底部收集粗产品至分液漏斗，静置分层。点击分液漏斗，分去水层，将烃层倒入量筒中，称量烃层的质量。取少量样品进行气相色谱分析，计算出各组分的百分含量（图 5.30）。

⑫ 重新设置反应器温度为 560℃、580℃、600℃。达到反应温度时，关闭氮气转子流量计（图 5.31）。

⑬ 点击乙苯进料泵开关，输送乙苯。反应约 50min，测定相关实验数据（图 5.32）。

⑭ 反应结束后，点击乙苯进料泵，停止输送，维持反应器温度为 500℃，通入水蒸气进行催化剂清焦再生（图 5.33）。

⑮ 约 30min 后，停止通水蒸气，通入氮气，置换反应器内氢气，停止反应器加热。反应器降温到 300℃以下时，停止通入氮气，关闭冷却水，切断电源（图 5.34）。

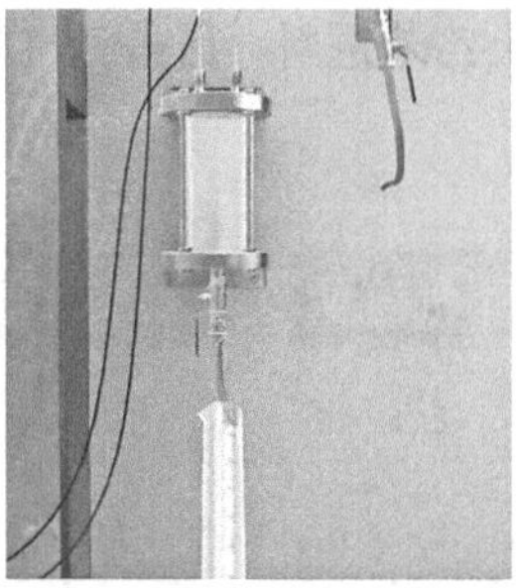

(a) 量筒收集粗产品

(b) 静置分层

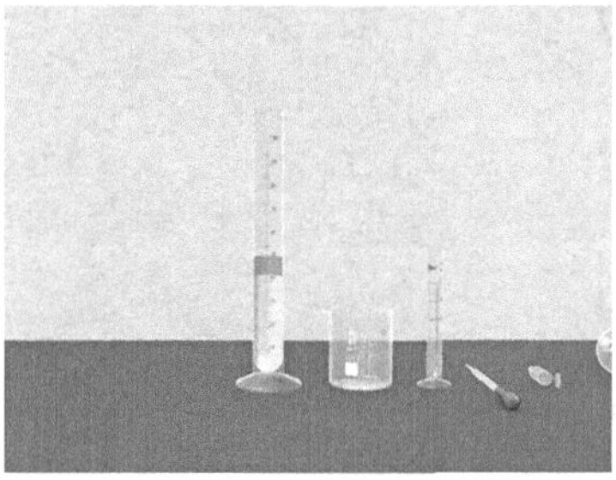

(c) 水、烃层的分离

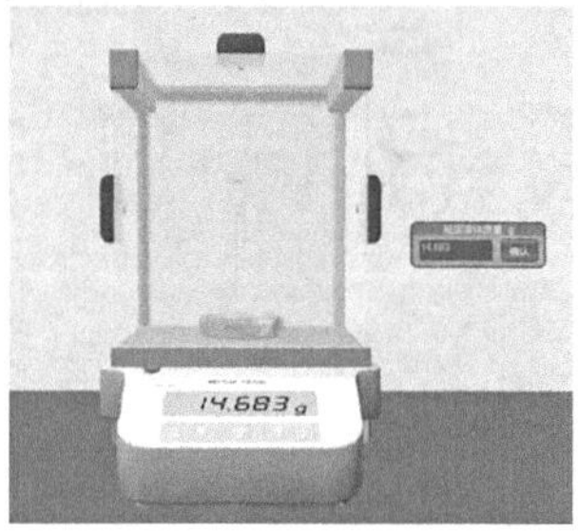

(d) 称量烃层质量

图 5.30　分离并称量产品

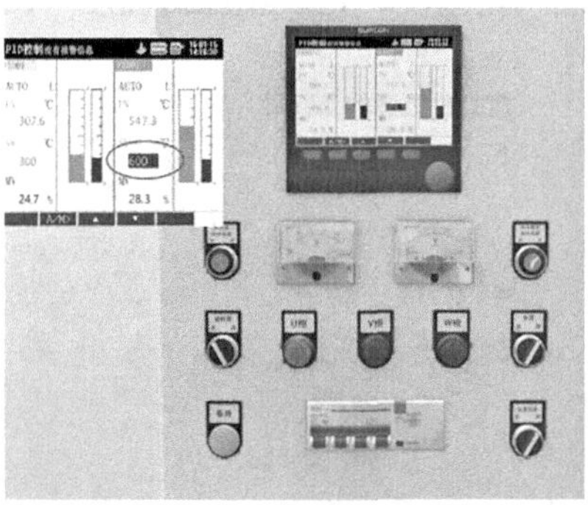

(a) 设定反应器温度

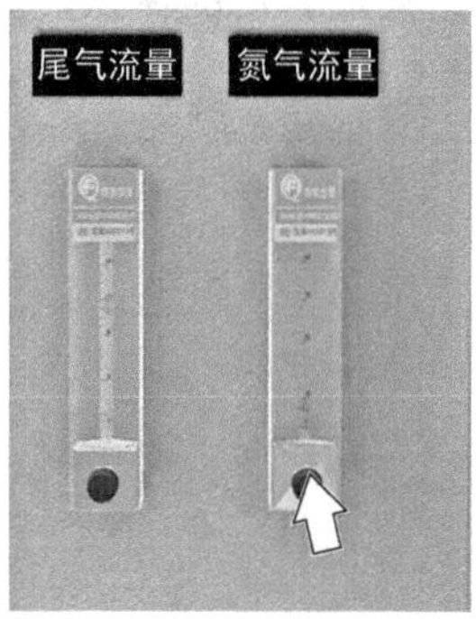

(b) 关闭氮气流量计

图 5.31　改变反应条件

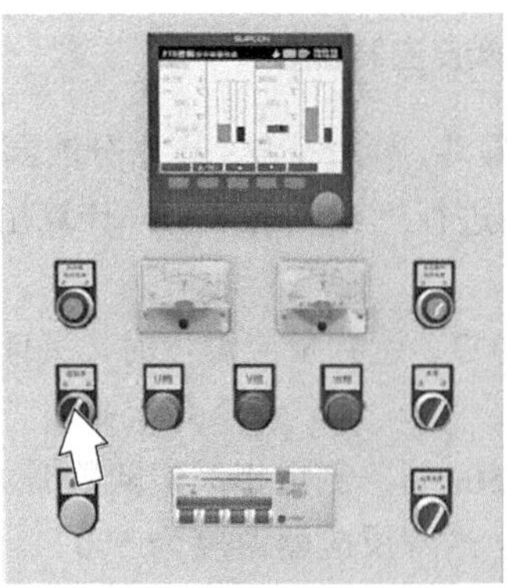

(a) 打开进料泵

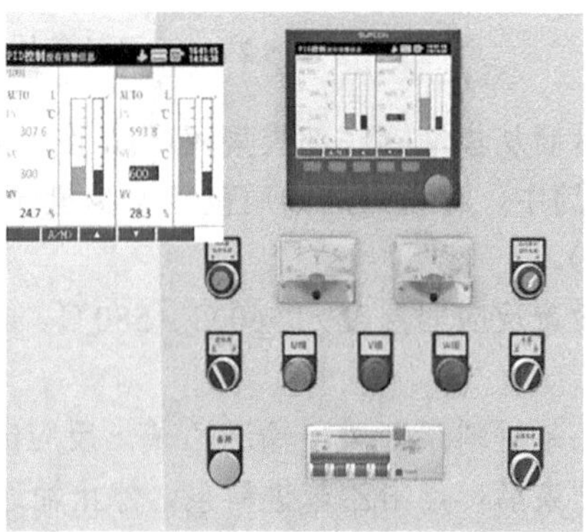

(b) 测得实验数据

图 5.32　打开进料泵及记录实验数据

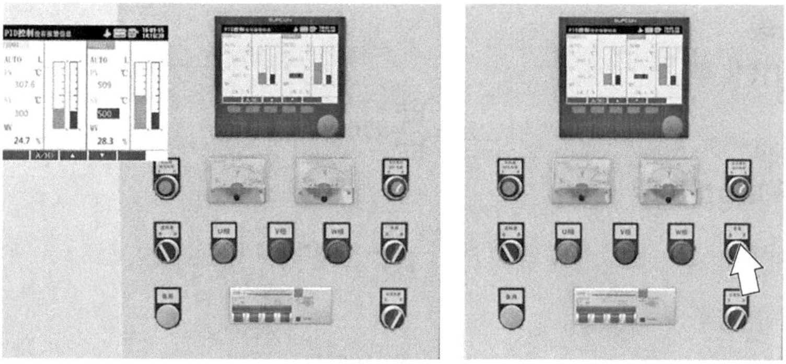

(a) 维持温度　　　　(b) 通入水蒸气

图 5.33　催化剂再生

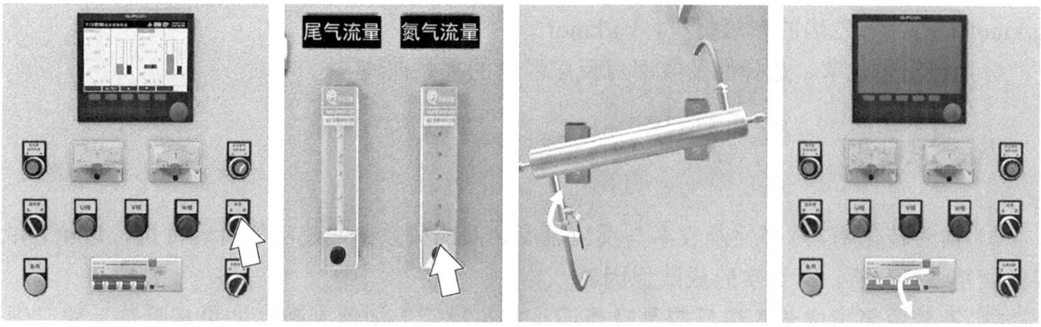

(a) 停止加水　　(b) 通入氮气　　(c) 关闭冷却水　　(d) 切断电源

图 5.34　结束实验

七、实验记录及数据处理

1. 实验记录

实验数据及色谱分析结果分别记录在表 5.5 和表 5.6 中。

表 5.5　数据记录表

时间/min	温度/℃		原料加入量/mL				烃层液质量/g
	汽化室温度	反应器温度	乙苯		水		
			始	终	始	终	

表 5.6　粗产品分析结果汇总

反应温度/℃	烃层液体总质量/g	烃层液体成分分析				乙苯耗量/g
		苯乙烯		乙苯		
		含量/%	质量/g	含量/%	质量/g	

2. 数据处理

① 乙苯的转化率：

$$\alpha=\frac{\mathrm{RF}}{\mathrm{FF}}\times 100\% \tag{5.19}$$

② 苯乙烯的选择性：

$$S=\frac{P/M_1}{\mathrm{RF}/M_0}\times 100\% \tag{5.20}$$

③ 苯乙烯的收率：

$$Y=\alpha S\times 100\% \tag{5.21}$$

式中，α 为原料乙苯的转化率，%；S 为苯乙烯的选择性，%；Y 为苯乙烯的收率，%；RF 为乙苯的消耗量，g；FF 为乙苯的加入量，g；P 为苯乙烯生成量，g；M_0 为乙苯摩尔质量，kg/kmol；M_1 为苯乙烯的摩尔质量，kg/kmol。

分别作出转化率、选择性及收率对反应温度的关系曲线。

八、思考题

① 请对转化率、选择性及收率与反应温度之间的关系曲线趋势的合理性进行讨论，并对实验误差进行分析，总结实验成败原因。

② 乙苯脱氢生成苯乙烯反应是吸热还是放热反应？如何判断？如果是吸热反应，则升高还是降低反应温度对该反应有利？为什么？

③ 乙苯脱氢生成苯乙烯反应的体积增大还是减小？加压还是减压更有利于反应的进行？为什么？

④ 为何要向反应体系加入去离子水？可以用自来水代替去离子水吗？为什么？

⑤ 乙苯脱氢反应过程中，哪些产物或副产物为液体，哪些为气体？如何分析判断？

九、课题探究

白色污染（white pollution）是指难降解的塑料垃圾对环境造成的污染现象，这一称谓形象地反映了其对生态系统和人类健康的深远影响。其中，以苯乙烯聚合得到的聚苯乙烯为原料的各类制品（如一次性餐具、包装材料等）是白色污染的主要来源之一。由于其化学结构稳定，难以自然降解，聚苯乙烯在环境中长期存在，对土壤、水源和生物多样性构成了严重威胁。

近年来，世界各国针对聚苯乙烯污染问题展开了广泛研究，通过替代材料开发、回收技术创新、政策法规完善以及公众教育等多方面的努力，在减少聚苯乙烯污染方面取得了显著进展。然而，可生物降解材料（如 PLA）和聚苯乙烯回收技术虽然在实验室中取得了成功，但在实际应用中是否具有经济性和可持续性？替代材料的生产成本是否过高？回收技术是否能够大规模推广并避免二次污染？另外，尽管许多国家出台了“限塑令”或“禁塑令”，但为什么公众仍然广泛使用一次性塑料制品？是政策执行不力，还是缺乏可行的替代方案？如何通过政策设计和社会动员真正改变公众行为？显然白色污染的治理仍需全球共同努力，针对白色污染现状的复杂性，从科学技术层面，以及政策、经济、社会和文化等多个维度分析未来的研究如何实现可持续发展的目标。

实验十二　釜式反应器混合特性研究

一、实验背景

在化学反应工程中，平推流反应器（PFR）和全混流反应器（CSTR）是两种理想化的反应器模型，分别代表连续流动的管式反应器和釜式反应器中流体流动的极端理想状态。然而，实际工业反应器中的流体流动情况往往偏离这些理想状态，因此直接使用理想反应器模型进行计算会导致偏差。为了准确计算实际反应器的性能，必须首先确定反应器内流体的流动特性，并根据这些特性推导出适用于非理想流动反应器的计算公式。

通常，反应器内流体的流动情况可以通过返混程度来描述。返混是指物料在反应器内流动时发生的逆向混合现象。度量返混程度的最简单且有效的方法是确定物料在反应器内的停留时间分布规律。停留时间分布反映了物料在反应器内停留时间的统计特性，是影响化学反应结果的关键因素。虽然单个流体粒子在反应器内的运动轨迹是随机的且难以测量，但大量粒子的运动规律可以通过统计方法进行描述。常用的描述方法包括概率函数、概率密度函数，以及数学期望和方差等特征值。

为了测定停留时间分布，通常采用示踪法。示踪法通过在反应器物料进口处输入一个激励信号，并在出口处测量输出信号随时间的变化（即响应），从而确定物料在反应器内的停留时间分布规律。由于激励信号是通过向系统中加入示踪剂产生的，因此称为示踪法。示踪剂的选择需满足以下要求：①示踪剂与原物料互溶且不发生化学反应；②示踪剂的加入不影响主流体的流动形态；③示踪剂能够通过简便且精确的方法进行检测；④示踪剂应尽量选择无毒、不易燃、无腐蚀性且成本较低的物质。实验过程中应确保测量操作不会影响当前的停留时间分布。

示踪法主要包括阶跃输入法和脉冲输入法两种。

① 阶跃输入法是通过将进料中示踪剂的浓度从一个稳态突然切换到另一个稳态来实现的。具体操作是，原本进料中不含或含有低浓度示踪剂，从某一时刻起，将进料完全切换为含有示踪剂（或提高示踪剂浓度）的流体，并保持该状态不变，从而使进料中示踪剂浓度发生阶跃式突变。

② 脉冲输入法则是在极短的时间间隔内（$\Delta t \to 0$）将示踪剂注入进料流中，或者瞬间用示踪剂代替原本不含示踪剂的进料，随后立即恢复原来的进料。这种方法相当于给进料施加一个示踪剂脉冲信号，同时测量出口流中示踪剂浓度随时间的变化，即响应曲线。

通过这两种方法，可以有效地测定反应器内物料的停留时间分布，进而为反应器的设计和优化提供重要依据。

二、实验目的

① 研究连续均相流动反应器中的非理想流动现象，并分析返混产生的原因。

② 掌握理想全混流反应器的流动模型，通过测定流体在反应器中的停留时间分布，探究反应器内部构件、搅拌桨类型及搅拌强度对混合特性的影响，并分析其偏离理想全混流模型的情况。

③ 掌握使用脉冲法或阶跃法测定停留时间分布，并学习相应的数据处理方法。

三、实验原理

在实际连续操作反应器中，由于存在短路流、死区及漏流等现象，反应器内的流体流动往往偏离理想流动状态，导致不同程度的返混。这种返混使得同一时间进入反应器的流体在反应器内的停留时间分布不均匀，形成停留时间分布（residence time distribution，RTD）。因此，通常通过测量停留时间分布来分析反应器内的返混程度。

流体在反应器内的停留时间是一个随机过程，停留时间分布函数 $E(t)$ 可用于表征反应器内的混合特性。一般情况下，停留时间分布函数通过脉冲示踪法或阶跃示踪法进行实验测定，进而分析反应器的流动特性和返混程度。

$$E(t)=\frac{c(t)}{c_0}=\frac{c(t)}{\int_0^{\infty}c(t)\mathrm{d}t} \tag{5.22}$$

式中，$c_0=\dfrac{Q}{V}=\dfrac{\text{示踪剂的脉冲量}}{\text{流体的体积流量}}$，kmol/m^3；$c(t)$ 为出口处示踪剂浓度，kmol/m^3；t 为停留时间，s。

或写成离散型函数：

$$E(t)=\frac{c(t)}{\sum_1^n c(t)\Delta t} \tag{5.23}$$

$$E(\theta)=\bar{t}E(t)=\frac{\bar{t}c(t)}{\sum_1^n c(t)\Delta t} \tag{5.24}$$

式中，$\bar{t}$ 为平均停留时间，s。

由此可见，若用脉冲示踪法测定出口浓度变化曲线，即可得到 $E(t)$函数。对于理想全混流反应器的流动，如用脉冲示踪法测定其出口浓度变化曲线，可得到停留时间分布的密度函数 $E(\theta)$为：

$$E(\theta)=\bar{t}E(t)=\mathrm{e}^{-\theta} \tag{5.25}$$

据式(5.24)可得到一组实验测定 $E(\theta)$～θ 曲线，可与式（5.25）计算得到的理想全混流反应器的流动曲线（图 5.35）进行比较。

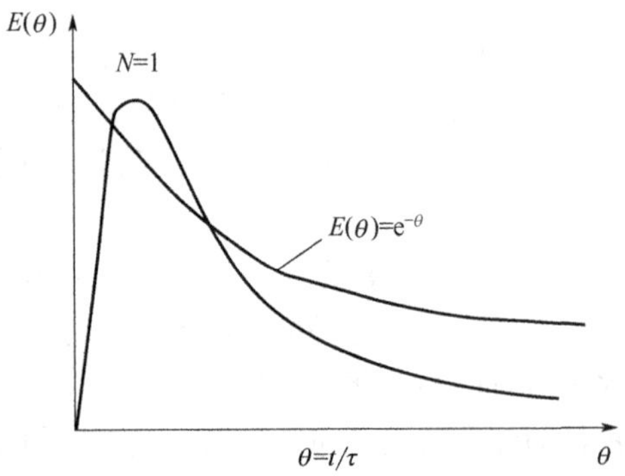

图 5.35　理想全混流反应器的停留时间分布

为了进行定量比较，引入随机函数的特征值——均值 $\bar{t}$ 和方差 σ_t^2。

均值（平均停留时间）$\bar{t}$：

$$\bar{t}=\frac{\int_0^{\infty}tE(t)\mathrm{d}t}{\int_0^{\infty}E(t)\mathrm{d}t}=\frac{\int_0^{\infty}tc(t)\mathrm{d}t}{\int_0^{\infty}c(t)\mathrm{d}t} \tag{5.26}$$

方差（散度）σ_t^2：

$$\sigma_t^2=\int_0^{\infty}t^2E(t)\mathrm{d}t-(\bar{t})^2=\frac{\int_0^{\infty}t^2c(t)\mathrm{d}t}{\int_0^{\infty}c(t)\mathrm{d}t}-(\bar{t})^2 \tag{5.27}$$

可改写成离散型函数式：

$$\bar{t}=\frac{\sum tc(t)\Delta t}{\sum c(t)\Delta t} \tag{5.28}$$

$$\sigma_t^2=\frac{\sum t^2c(t)\Delta t}{\sum c(t)\Delta t}-(\bar{t})^2 \tag{5.29}$$

令 $\theta=\frac{t}{\bar{t}}$（无量纲），则相应的方差 σ_θ^2 与 σ_t^2 的关系如下：

$$\sigma_\theta^2=\frac{\sigma_t^2}{(\bar{t})^2} \tag{5.30}$$

由实验测定的停留时间分布曲线，可计算平均停留时间 $\bar{t}$ 及方差 σ_t^2，而 σ_t^2 值的大小即表征停留时间分布的分散程度。

本实验中由于釜内部构件、搅拌桨型式和搅拌强度不同，釜内的流动特性偏离了理想全混流反应器的流动模型，可采用多级全混流反应器串联模型进行描述：

$$N=\frac{1}{\sigma_\theta^2} \tag{5.31}$$

式中，N 为釜数（级数）。

因此，由测定的停留时间分布曲线，得到其特征值 σ_t^2（或 σ_θ^2）后即可求出不同条件下的流动模型参数 N，当 N=1 时即为理想全混流反应器。

四、实验试剂和仪器

实验试剂：硝酸钠（分析纯），去离子水。

本装置主要由四个独立的搅拌釜式反应器组成，每个反应器配备的搅拌桨类型和挡板可参考图 5.36。这些反应器既可独立操作，也可实现多个反应釜的串联操作。配套设备包括定量连续进料装置、示踪剂（饱和硝酸钠溶液）加料装置、搅拌控制装置以及反应釜出口浓度检测装置。实验流程见图 5.36。

五、实验过程

1. 实验方法

① 测定不同搅拌强度下单个釜式反应器的停留时间分布，并与理想全混流反应器的流

动模型进行比较，确定接近理想反应器混合特性的搅拌强度。

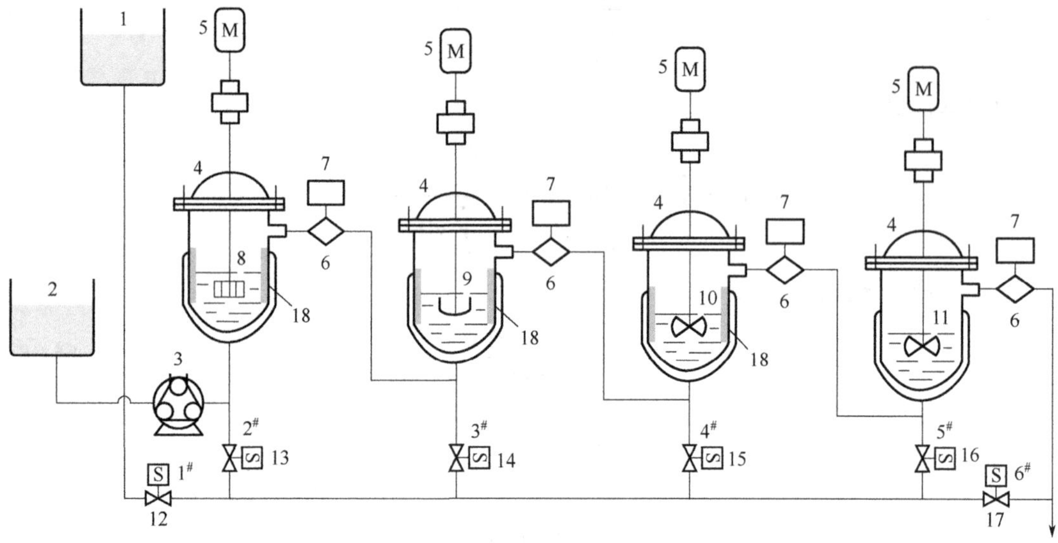

图 5.36　实验流程示意图

1—示踪剂高位槽；2—水槽；3—蠕动泵；4—釜式反应器；5—搅拌电机；6—电导槽；7—电导仪（DDS-ⅡA）；8—桨式搅拌器；9—锚式搅拌器；10，11—螺旋式搅拌器；12～17—电磁阀；18—挡板

② 观察纵向挡板、搅拌桨类型对釜式反应器流动特性的影响，对比相同搅拌强度下，桨式搅拌器、螺旋式搅拌器和锚式搅拌器对反应器流动特性的影响，并与理想全混流反应器的流动模型进行比较。

2. 实验步骤

釜式反应器混合特性研究的实验装置如图 5.37 所示。蠕动泵将储液槽中的水自釜底打入釜Ⅰ，水从釜Ⅰ上溢流支口流出，经过电导率检测池，依次通过釜Ⅱ、釜Ⅲ、釜Ⅳ后排入下水管。4 个釜的体积均为 1500mL，各自配备可调速的搅拌电机，分别控制每个釜的搅拌强度，每个釜出口液体示踪剂的浓度由电导仪实时测定。

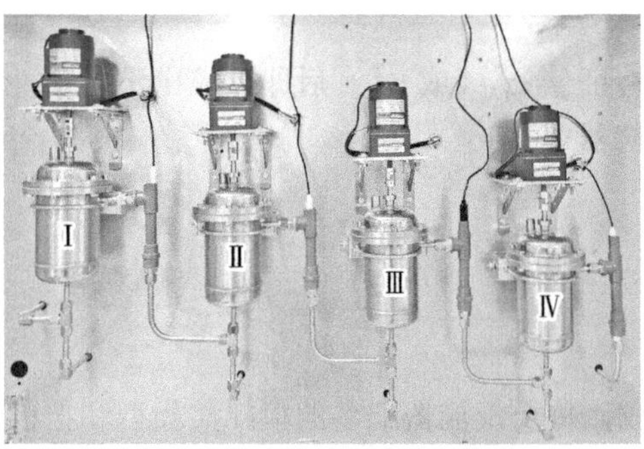

图 5.37　釜式反应器混合特性研究实验装置

Ⅰ、Ⅱ、Ⅲ、Ⅳ—串联釜式反应器

（1）搅拌强度对釜式反应器流动特性的影响

不同搅拌强度下釜式反应器停留时间分布的测定可在任意一个反应器中进行（如选择釜Ⅱ），搅拌桨的转速范围为 0～400r/min。实验时合理选取 4～5 个转速（0～400r/min），比较同一釜式反应器在不同转速下的停留时间分布，即可得到搅拌强度对釜式反应器流动特性的影响。

① 启动蠕动泵，将流量调至最大值，待流量稳定后，向反应釜注水，直至充满（约 5min）；

② 将搅拌电机转速调至设定值，等待转速稳定；

③ 打开阀门 6#，排净管路中可能残余的水，随后关闭阀门 6#；

④ 打开阀门 1# （该阀 30s 后自动关闭），使示踪剂充满管路；

⑤ 当反应釜出口液体的电导率趋于稳定后（此时电导率变化较大，因水的电导率远高于空气），依次打开阀门 1#和阀门 3#（若选择釜Ⅰ，则打开阀门 2#），向釜Ⅱ脉冲注入示踪剂，并记录此时刻 t；

⑥ 脉冲注入后，实时监测釜Ⅱ出口电导率读数，待电导率曲线走平，表明釜内示踪剂已被纯净水完全替换；

⑦ 在电导率曲线图上选取一个区域，起始时刻为 t 附近，结束时刻为电导率曲线走平的时刻附近，在该区域内采集数据并保存，作为当前转速下的电导率值；

⑧ 调整搅拌桨转速，重复步骤⑤～⑦，直至完成所有设定转速下的实验；

⑨ 停止搅拌，关闭蠕动泵，排空反应釜内的水，关闭电源，结束实验。

（2）搅拌桨类型对釜式反应器流动特性的影响

本装置的 4 个反应釜内装有 3 类搅拌桨（见图 5.36），考察相同操作条件下 3 类搅拌桨单釜的停留时间分布的差异，可探究搅拌桨型式对釜式反应器流动特性的影响。

① 打开蠕动泵，设定所需流量，等待流量稳定；

② 将釜Ⅰ的搅拌桨转速设定为特定值 r（本实验旨在研究搅拌桨类型对流动特性的影响，由于釜Ⅳ无挡板，故不纳入考察范围），等待转速稳定；

③ 当釜Ⅰ出口液体的电导率稳定后，向釜内脉冲注入示踪剂，并记录此时刻 t；

④ 注入示踪剂后，持续观察釜Ⅰ出口的电导率读数，待电导率曲线趋于平稳，表明釜内示踪剂已被纯净水完全替换；

⑤ 在电导率曲线图上选择一个区域，起始时刻为 t 附近，结束时刻为电导率曲线走平的时刻附近，采集该区域内的数据并保存为釜Ⅰ的电导率值；

⑥ 第 1 个釜实验完成后，第 2 个釜和第 3 个釜的实验重复步骤②～⑤；

⑦ 停止搅拌和蠕动泵，排空釜内的水，关闭电源，实验结束。

（3）釜内纵向挡板对流动特性的影响

本实验装置中的反应釜Ⅲ和反应釜Ⅳ，除了釜Ⅲ内有挡板外其他均相同，通过比较相同操作条件下釜Ⅲ和釜Ⅳ的停留时间分布曲线，可得出釜内纵向挡板对流动特性的影响。

① 打开蠕动泵，设置其流量，等待流量稳定；

② 设定釜Ⅲ的搅拌桨转速为设定值 r，等待转速稳定；

③ 待釜Ⅲ出口液体的电导率恒定后，向釜内脉冲注入示踪剂，记下此时刻 t；

④ 脉冲示踪后，持续监测釜Ⅲ出口电导率的变化，等待电导率曲线趋于平稳，表明釜内的示踪剂被纯净水完全替换；

⑤ 在电导率曲线图上选择一区域，开始时刻在 t 时刻附近，结束时刻在电导率曲线走平的时刻附近，在这个区域内采集数据，并保存为该釜的电导率值；

⑥ 釜Ⅲ实验完成以后，釜Ⅳ实验重复步骤②～⑤；

⑦ 停止搅拌，停止蠕动泵，将釜内的水排空，关闭电源，结束实验。

六、虚拟仿真实验

1. 虚拟仿真实验装置结构认知

结构认知界面见图 5.38。

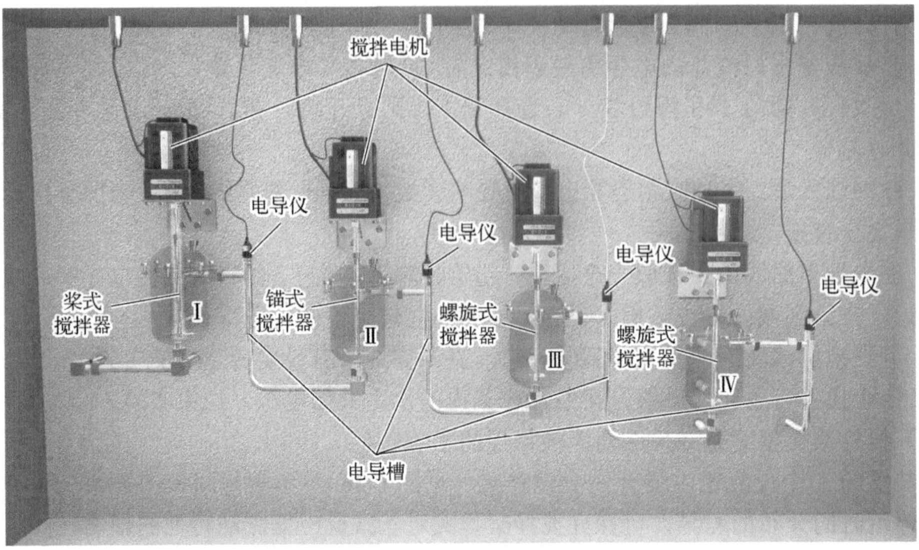

图 5.38 结构认知界面

2. 虚拟仿真实验步骤

（1）选择釜Ⅰ，探究搅拌桨的转速为 0、200、400r/min 下反应釜的混合特性

① 点击界面中“开始实验”“进液启动”按键，点击蠕动泵，设定流量为 225mL/min（图 5.39）。

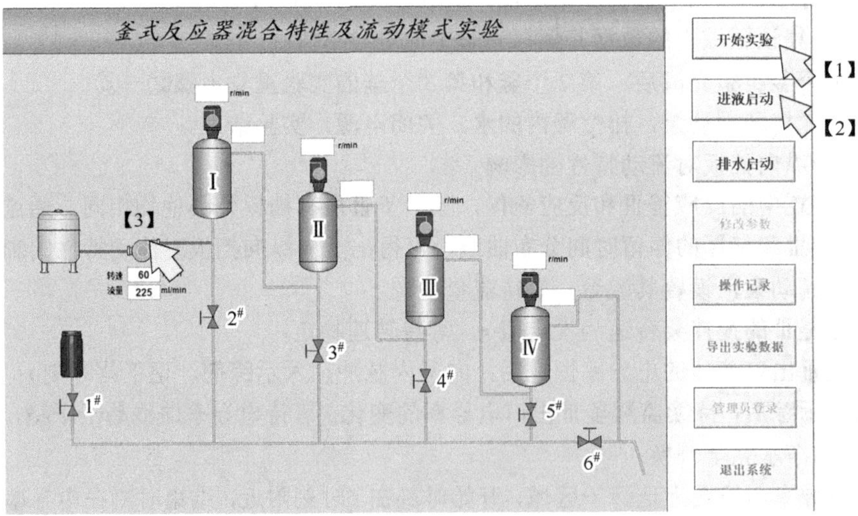

图 5.39 开始实验及蠕动泵设置

② 点击反应釜Ⅰ上方搅拌电机，点击开启，转速设置为 400r/min（图 5.40）。

③ 点击阀门 6#，将可能残余在管路中的水排净，随后关闭阀门 6#，打开阀门 1#，让示踪剂充满管路（图 5.41）。

④ 待釜Ⅰ出口液体的电导率恒定后，打开阀门 2#，向釜内脉冲注入示踪剂；点击釜Ⅰ出口电导率示数框，观察电导率随时间变化曲线，曲线走平后说明此时釜内的示踪剂被纯净水完全替换，该组实验结束，保存实验数据（图 5.42）。

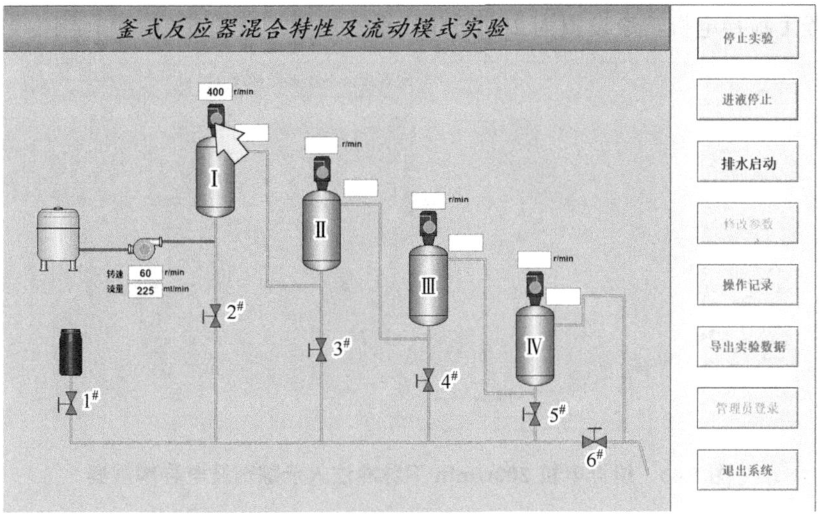

图 5.40　搅拌电机转速设置

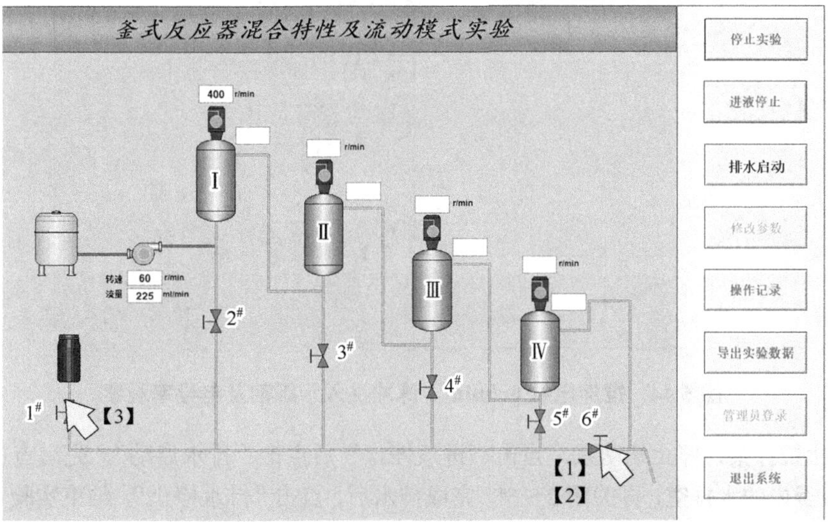

图 5.41　排水及充入示踪剂

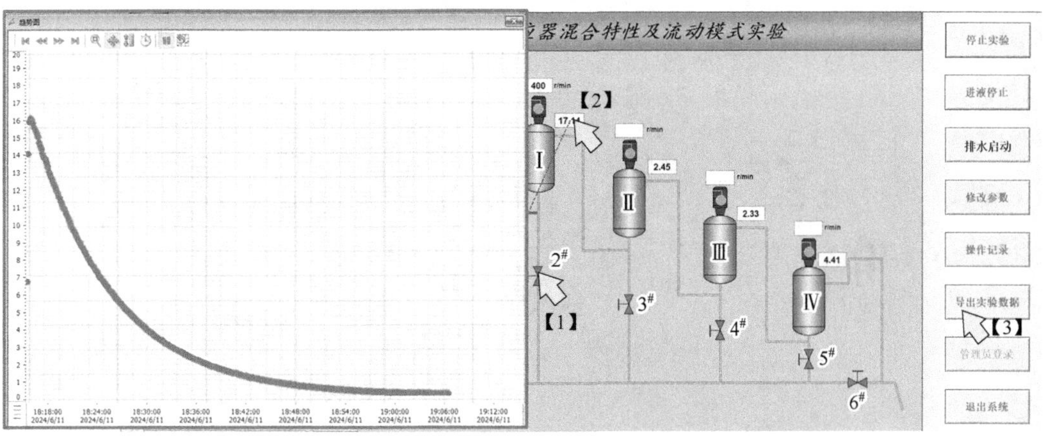

图 5.42　搅拌电机 400r/min 下脉冲注入示踪剂及电导率观察

⑤ 将釜Ⅰ搅拌电机转速设置为200r/min，重复步骤④（图5.43）。

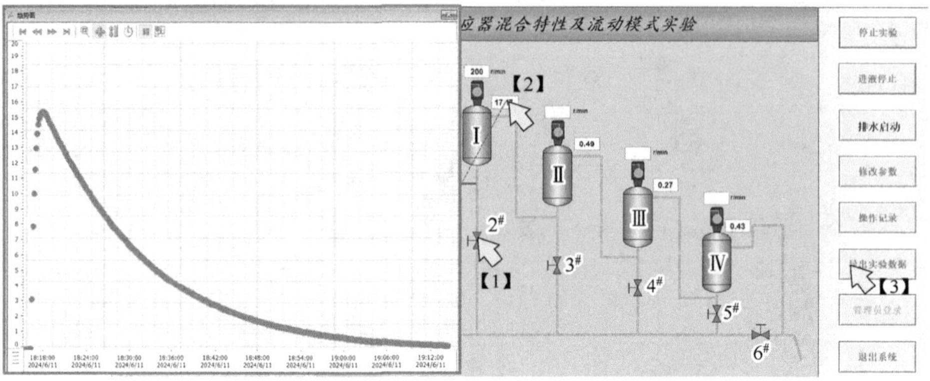

图5.43　搅拌电机200r/min下脉冲注入示踪剂及电导率观察

⑥ 将釜Ⅰ搅拌电机转速设置为0r/min，重复步骤④（图5.44）。

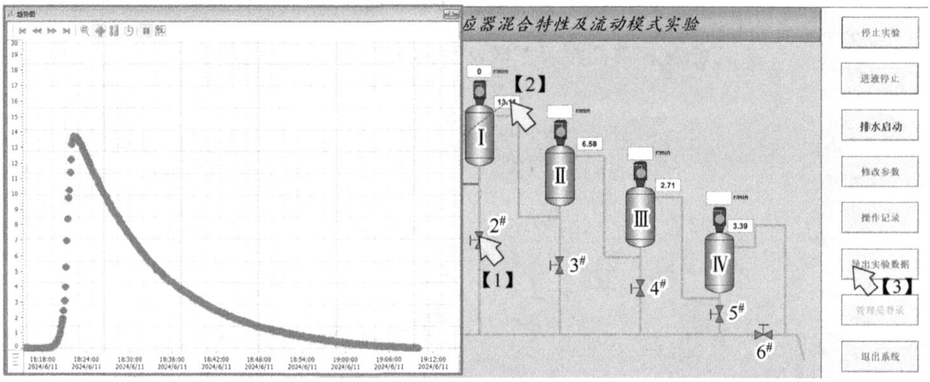

图5.44　搅拌电机0r/min下脉冲注入示踪剂及电导率观察

⑦ 停止搅拌桨，停止蠕动泵，点击“进液停止”后点击“排水启动”，先后点击阀6#、5#、4#、3#、2#将釜内的水排空，再关闭2～6#，完成排水后，点击“排水停止”，结束实验（图5.45）。

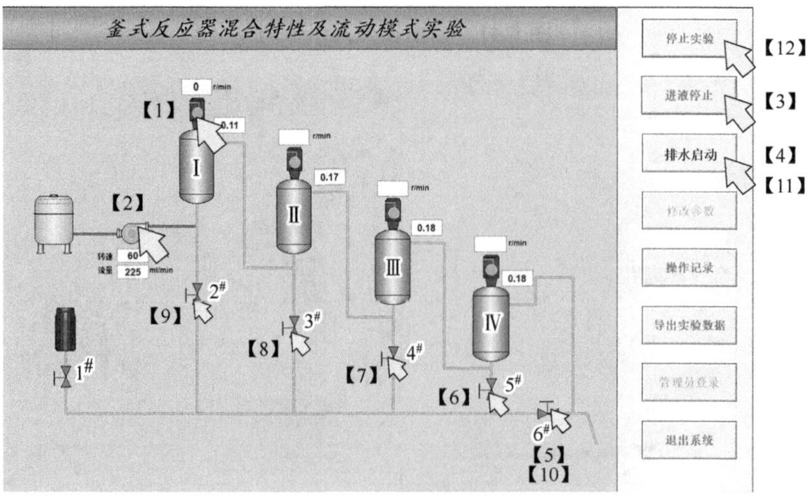

图5.45　结束实验

（2）搅拌桨类型及挡板对釜式反应器流动特性的影响

① 点击界面中“开始实验”“进液启动”按键，点击蠕动泵，设定流量为175mL/min（图5.46）。

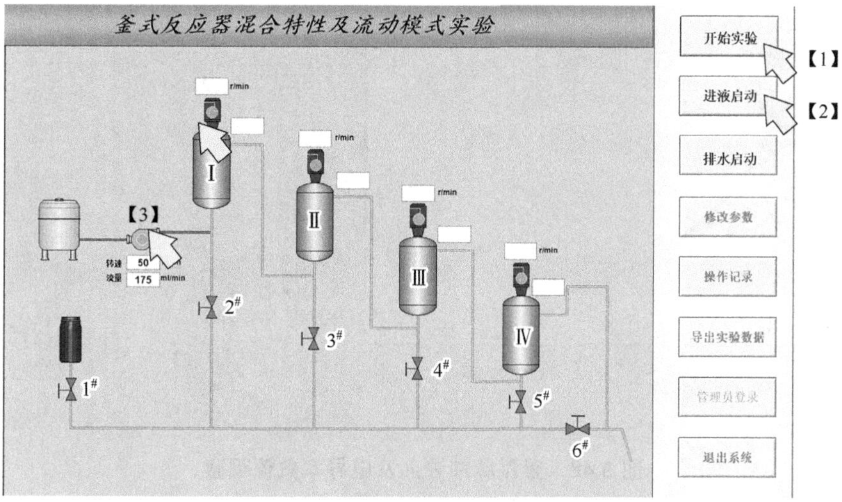

图5.46　开始实验及蠕动泵设置

② 点击釜Ⅳ上方搅拌电机设置转速为400r/min，等待蠕动泵将水充满整个体系，至釜Ⅳ出口电导率数值稳定（图5.47）。

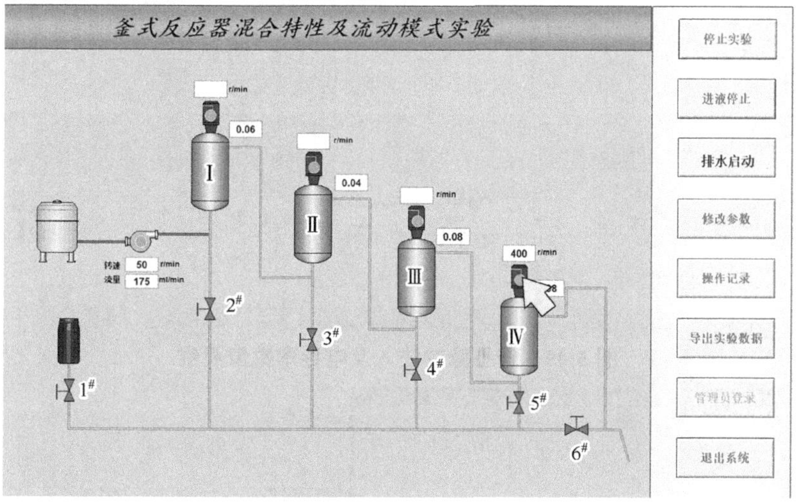

图5.47　釜Ⅳ转速设置

③ 先后打开阀门1#、5#，向釜Ⅳ内脉冲注入示踪剂；点击釜Ⅳ出口电导率示数框，观察电导率随时间变化曲线，曲线走平后说明此时釜内的示踪剂被纯净水完全替换，该组实验结束，保存实验数据（图5.48）。

④ 同步骤②，将釜Ⅲ搅拌转速设置为400r/min。

⑤ 先后打开阀门1#、4#，向釜Ⅲ内脉冲注入示踪剂；点击釜Ⅲ出口电导率示数框，观察电导率随时间变化曲线，曲线走平后，保存实验数据（图5.49）。

⑥ 同步骤②，将釜Ⅱ搅拌转速设置为400r/min。

⑦ 先后打开阀门1#、3#，向釜Ⅱ内脉冲注入示踪剂；点击釜Ⅱ出口电导率示数框，观察

电导率随时间变化曲线，曲线走平后，保存实验数据（图 5.50）。

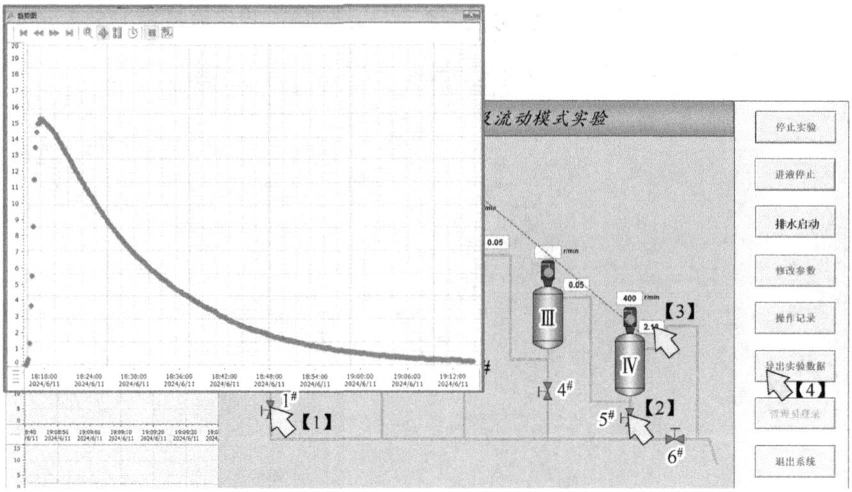

图 5.48　釜Ⅳ脉冲注入及电导率数值观察

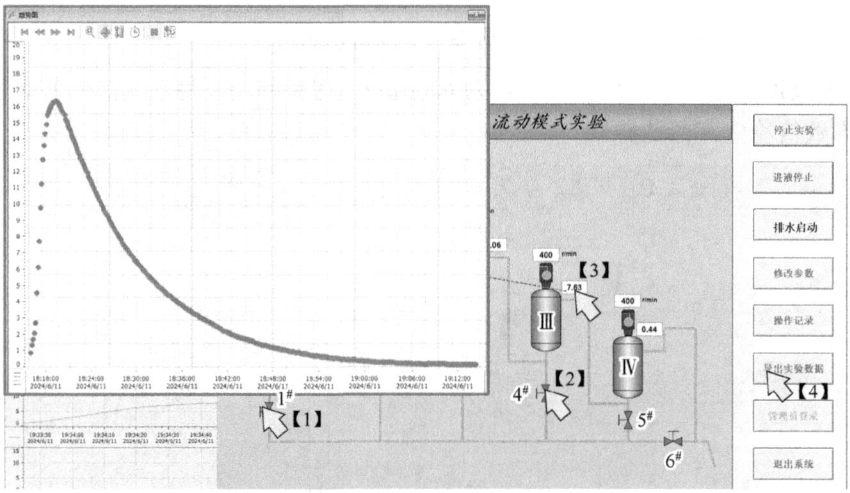

图 5.49　釜Ⅲ脉冲注入及电导率数值观察

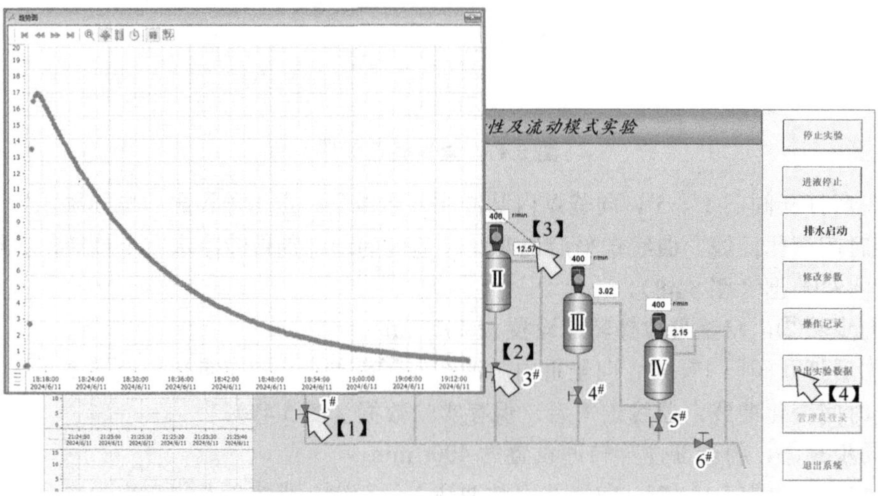

图 5.50　釜Ⅱ脉冲注入及电导率数值观察

⑧ 同步骤②，将釜Ⅰ搅拌转速设置为400r/min。

⑨ 先后打开阀门1#、2#，向釜Ⅰ内脉冲注入示踪剂；点击釜Ⅰ出口电导率示数框，观察电导率随时间变化曲线，曲线走平后，保存实验数据（图5.51）。

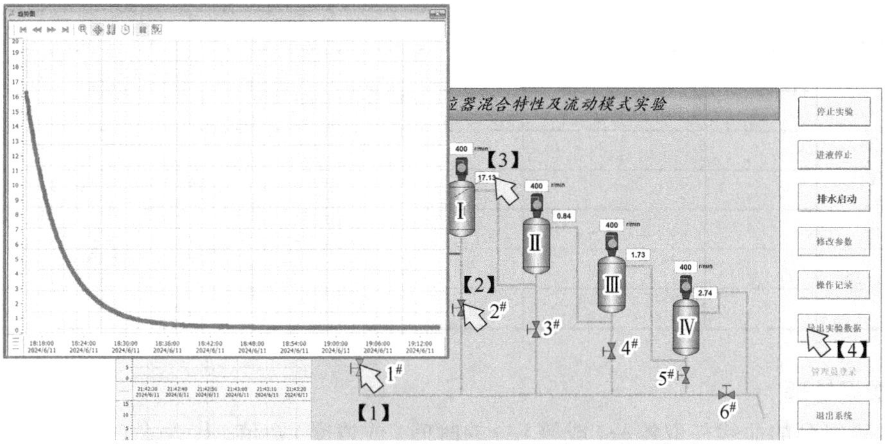

图 5.51　釜Ⅰ脉冲注入及电导率数值观察

⑩ 停止搅拌桨，停止蠕动泵，点击“进液停止”后点击“排水启动”，先后点击阀6#、5#、4#、3#、2#将釜内的水排空，再关闭2～6#，完成排水后，点击“排水停止”，结束实验（图5.52）。

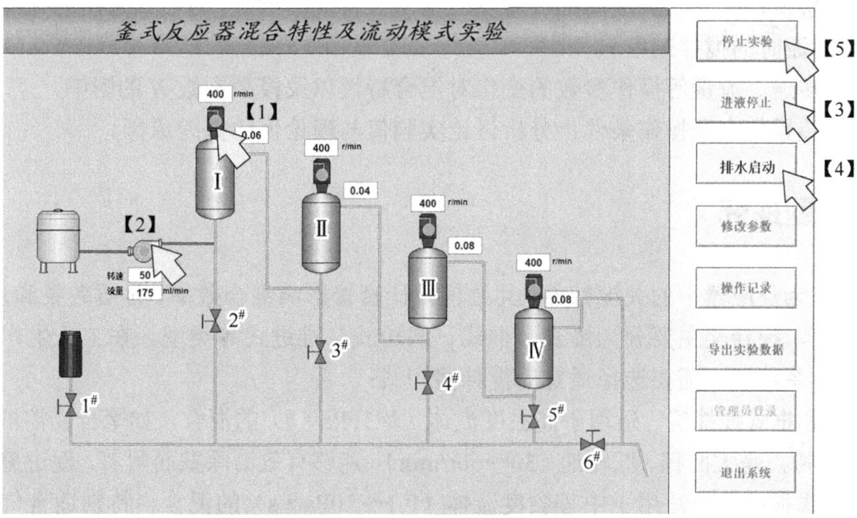

图 5.52　结束实验

七、实验记录及数据处理

1. 实验记录

实验数据记录在表5.7中。

表 5.7　数据记录表

实验类型	釜编号	搅拌桨转速/（r/min）	蠕动泵转速/（r/min）	流量/（mL/min）	脉冲时间/s	电导率文件名称
搅拌桨转速的影响						
搅拌桨类型的影响						
挡板的影响						

2. 数据处理

由实验得到的曲线任取等Δt（或等Δc）的时间（或浓度）数值，代入式（5.28）～式（5.31）即可计算其$\bar{t}$、σ_t^2以及模型参数N，式中的浓度c可直接由电导率L的数值代入计算。

八、思考题

① 分析用示踪法测定停留时间分布造成实验误差的主要因素。

② 在考察搅拌桨型式及纵向挡板对反应釜混合特性影响时，为什么选用的搅拌速率r要小于达到全混流时的搅拌速率r_m？

③ 讨论转速、流量等操作参数的变化对混合特性以及模型参数N的影响。

④ 结合装置特点及操作条件，分析讨论实验值与理论值的偏差原因。

九、课题探究

搅拌桨作为反应器中的关键部件，其结构设计直接影响混合效率、传质效果和反应速率。根据结构特征，搅拌桨主要分为锚式、框式、涡轮式、推进式等类型。在工业生产中，针对不同的反应体系特性，需要选择适宜的搅拌桨型式：

① 锚式和框式搅拌桨　适用于高黏度流体（＞10Pa·s）的混合，如聚合物溶液、高浓度悬浮液等。其特点是大面积、低转速（30～60r/min），能够有效消除壁面附着，促进整体流动。

② 涡轮式搅拌桨　适用于中等黏度流体（0.1～10Pa·s）的混合，特别适合气液传质过程。其特点是高剪切力，转速范围 150～300r/min，可产生强烈的径向流动，适用于发酵、氧化等反应。

③ 推进式搅拌桨　适用于低黏度流体（＜0.1Pa·s）的混合，主要用于均相体系的快速混合。其特点是轴向流动为主，转速可达 300～600r/min，适用于溶液配制、快速反应等过程。

查阅资料，分析有机玻璃（PMMA）生产中的聚合釜结构，通过多级组合和结构优化，实现剪切力与循环流量的平衡，有效地强化搅拌强度，提高混合效率，同时兼顾能耗经济性。可根据具体工艺要求调整桨叶角度和转速参数，以获得最佳搅拌效果。

实验十三　对映异构体的分离

一、实验背景

对映异构体，即手性分子，是指两个分子彼此呈左手与右手或实物与镜像的关系，虽然相似但无法完全重合。1848 年，Pasteur[22]通过研究发现，酒石酸的钠铵盐在低温下结晶时，可以形成两种互为镜像的晶体。他成功地在显微镜下用镊子将这两种晶体分开，并分别将其溶于水，发现其水溶液的旋光方向完全相反。这一发现首次在分子层次上证明了手性的存在。当等物质的量的两种手性分子混合后，会形成无旋光性的外消旋体。根据国际纯粹与应用化学联合会（IUPAC）的推荐，手性分子的命名通常采用 Cahn-Ingold-Prelog 顺序规则体系，或简单地使用 *R*/*S* 符号来区分两种对映异构体，其核心原则是“原子序数高的取代基优先于原子序数低的取代基”[23]。D/L 符号则仅限于氨基酸和糖类分子，其中 D/L 分别代表偏振光的右旋（顺时针）和左旋（逆时针）旋光。然而，D/L 符号并未被广泛使用，现已被代表手性的 *R*/*S* 符号和代表旋光性的+/−符号所取代[24]。

尽管手性分子的大多数物理化学性质相同，仅旋光性不同，但在医药领域中，左旋和右旋的手性分子在人体内的药理作用却可能截然不同。例如，20 世纪 60 年代发生的“反应停（沙利度胺）”事件就是一个典型案例。当时，沙利度胺被广泛用于治疗孕妇的妊娠反应，许多孕妇服药后恶心症状得到了明显缓解，因此该药被称为“孕妇的理想选择”。然而，随着药物的广泛使用，许多新生儿出现了短肢畸形，形似海豹，被称为“海豹肢畸形”。1961 年，这种畸形被证实是由于孕妇服用沙利度胺所致。最终，该药被禁用，但已有超过 1.2 万名婴儿受到影响。这一事件的发生是因为沙利度胺在上市前未经过充分的副作用检验。实际上，市售的沙利度胺是外消旋体，其中只有 *R*-沙利度胺对孕妇有镇静作用，而 *S*-沙利度胺则对胚胎具有强烈的致畸作用。

本实验选用的原料为苯甘氨酸外消旋体。苯甘氨酸的两种对映异构体在用途上存在显著差异：D-苯甘氨酸主要用于美洛西林及头孢菌素等多种抗生素的生物合成，而 L-苯甘氨酸则是制备 β-内酰胺类抗生素（如盘尼西林、普那霉素、阿莫西林等）的重要中间体。此外，L-苯甘氨酸还用于合成蛋白酶抑制剂、抗癌药物紫杉醇以及多肽类激素，广泛应用于医药和农药生产，并可用作食品添加剂。因此，作为重要的医药中间体，苯甘氨酸在用于医药合成前必须将其两种对映异构体进行分离[25]。

二、实验目的

① 通过苯甘氨酸的拆分实验，了解对映异构体的各种拆分方法；
② 理解有机物溶解、结晶的原理及意义，并将其用于分离提纯；
③ 掌握有机物拆分、结晶的基本操作。

三、实验原理

对映异构体的常用手性拆分方法主要包括结晶拆分法、膜拆分法、色谱拆分法和毛细管电泳拆分法等。其中，结晶拆分法因其技术成熟、适用于大规模工业生产、成本低廉且应用范围广泛等优势，成为手性拆分中最常用的方法。

结晶拆分法包括非对映体成盐拆分、优先结晶、优先富集和 Viedma 熟化等方法[22]。非对映体成盐拆分法是一种经典的手性拆分方法，其机理是通过向待拆分体系中加入手性拆分剂，拆分剂可以选择性地与某一种对映体形成盐，或与外消旋体形成一对非对映异构体的盐，然后利用二者溶解度的差异实现结晶拆分。优先结晶法则是通过向手性物质的外消旋溶液中加入其中一种纯对映体的晶体作为晶种，依靠手性分子间的自识别与自组装，使该对映体优先从溶液中结晶析出。优先富集是一种独特的由自发对称性破缺产生的对映体拆分现象，适用于某些特定的外消旋化合物体系。优先富集现象的发生需要满足两个条件：a. 在外消旋体的高过饱和度的溶液中，存在两种稳定性不同的晶型；b. 亚稳态晶型在溶剂的作用下向热力学上更为稳定的晶型转化。Viedma 熟化则是在恒温条件下，1∶1 混合的对映体晶体的饱和溶液在玻璃珠研磨作用下，发生手性对称性完全破坏，最初溶液悬浮的外消旋晶体全部转变为单一对映体晶体的固态去消旋化过程。Viedma 熟化包括以下四个作用因素：a. 溶液中的外消旋化作用；b. Ostwald 熟化；c. 同手性溶质分子的团簇对映选择性结合形成大晶体；d. 研磨。

本实验采用非对映体成盐拆分法，以外消旋的 D，L-苯甘氨酸为原料，选用 *d*（+）-樟脑磺酸为手性拆分剂。由于 D，L-苯甘氨酸和 *d*（+）-樟脑磺酸形成的复盐在水中的溶解度有较大差异（如表 5.8 所示），因此可通过结晶沉淀方式进行分离。具体操作步骤为：将 D，L-苯甘氨酸和 *d*（+）-樟脑磺酸溶于热溶剂中，形成非对映异构体复盐的饱和溶液。随着溶液温度的降低，复盐的溶解度也随之降低，溶液变为过饱和状态后，容易形成晶核并析出晶体。由于饱和溶液中结晶和溶解存在动态平衡，可通过降温或加晶种的方式破坏其平衡，使得一种结构优先析出。D-苯甘氨酸-*d*-樟脑磺酸复盐（简写为 D-PG-*d*-CS）的溶解度相对较小，因此在降温或加入 D-PG-*d*-CS 复盐晶种后，D-PG-*d*-CS 将优先析出，而 L-苯甘氨酸-*d*-樟脑磺酸复盐（简写为 L-PG-*d*-CS）则留在母液中与结晶分离，通过过滤即可实现拆分目的。

表 5.8　苯甘氨酸-樟脑磺酸复盐（PG-*d*-CS）溶解度

PG-*d*-CS	溶解度/（g/100gH_2O）（25℃）	$[\alpha]_D^{25}$（*c*=1mol/L HCl）
D-PG-*d*-CS	5.75	−49.7°
L-PG-*d*-CS	＞150	+74.9°

四、实验试剂和仪器

1. 实验试剂

D，L-苯甘氨酸（浓度为 98%，简写为 D，L-PG），*d*（+）-樟脑磺酸（浓度为 99%，简写为 *d*-CS），D-苯甘氨酸-*d*-樟脑磺酸复盐（简写为 D-PG-*d*-CS），浓硫酸（浓度为 98%），浓盐酸（浓度为 35%）。

2. 实验仪器

三口烧瓶（100mL），磁力搅拌加热器，温度计，加料漏斗，量筒（100mL），表面皿（直径 12cm），玻璃棒，抽滤瓶（1L），烧杯（250mL，100mL），砂芯漏斗（滤板代号 G1，100mL），循环水式真空泵，旋光仪（型号 WZZ-2B，配用长 20cm 样品实验管）。实验装置示意图如图 5.53 所示。

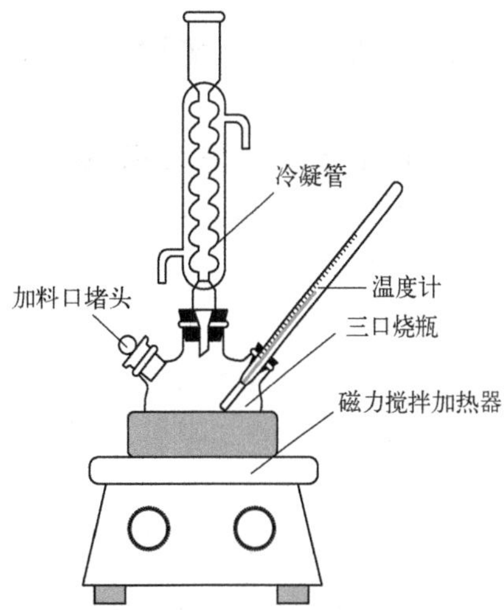

图 5.53　实验装置示意图

五、实验过程

1. 实验方法

采用非对映体成盐拆分法，实验流程如图 5.54 所示。另外，设置对比实验 1 通过加晶种促进结晶，以及对比实验 2 通过加浓 H_2SO_4 促进结晶，得到的 D-PG-*d*-CS 复盐取 1g 溶于 50mL 配制好的 1mol/L HCl 溶液中用于旋光度测试。

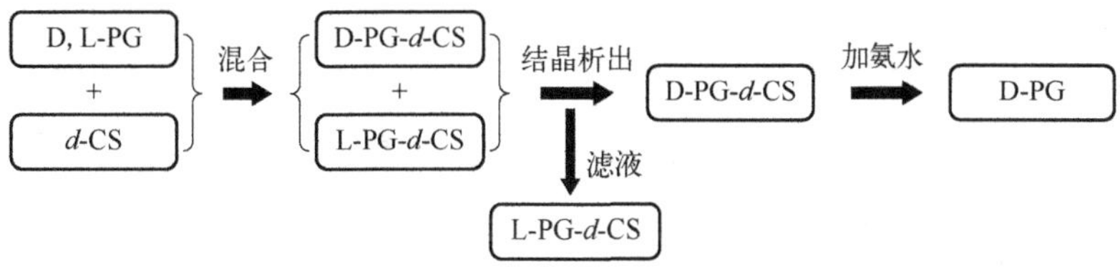

图 5.54　非对映体成盐拆分流程

2. 实验步骤

① 制备热溶液：向 100mL 三口烧瓶中依次加入 10g D，L-PG、15.4g *d*-CS、40g 蒸馏水，设置磁力搅拌加热器温度约 90℃，加热搅拌至烧瓶内溶清。

② 溶液冷却：溶清后关闭加热器，利用加热器余温缓慢冷却约 40min。然后移开加热器，在空气中冷却约 30min。若溶液仍未降至室温，则使用冷水浴进行冷却。

③ 过滤与干燥：冷却至室温后，使用砂芯漏斗进行真空过滤。用滤瓶中的滤液冲洗结晶产品后反复抽滤，共计 3 次，得到 D-PG-*d*-CS 复盐产品。将产品转移至表面皿，放入 70℃烘箱中烘干，称重。

④ 制备 HCl 稀溶液：配制约 500 mL 的 1mol/L HCl 稀溶液（质量分数 37%的浓盐酸密度为 1.2g/mL）。

⑤ 测定旋光度：称取 1g 产品样品，倒入 50 mL 1mol/L HCl 中搅拌至完全溶解。使用旋光仪测定其旋光度 α。

对比组实验 1：待热溶液溶清后，冷却至 80℃时加入约 0.4g D-PG-*d*-CS 复盐晶种，再继续冷却，其余操作步骤同实验组。

对比组实验 2：在初始加料时除了加入 10g D，L-PG、15.4g *d*-CS、40g 蒸馏水外，再加入 4g 浓 H_2SO_4，电磁搅拌加热至溶清，其余步骤同实验组。

六、虚拟仿真实验

1. 虚拟仿真实验装置结构认知

结构认知界面见图 5.55。

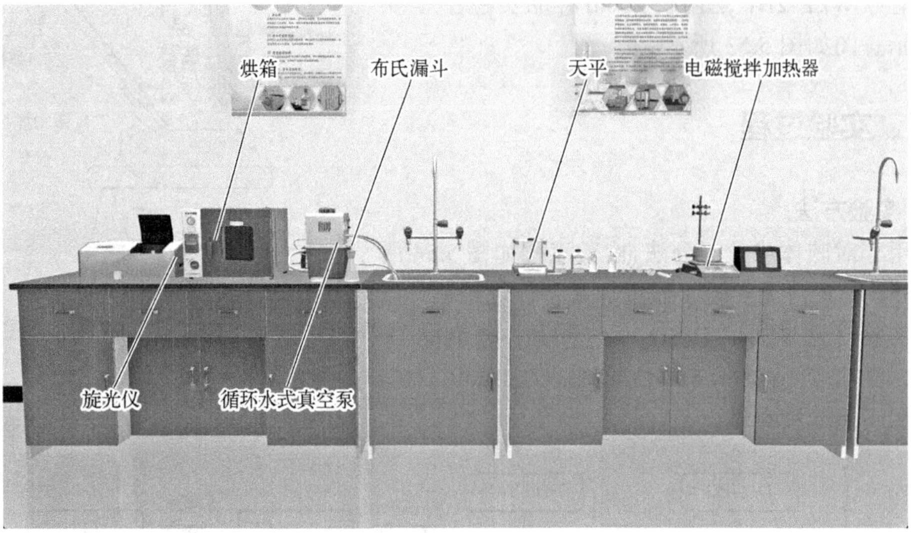

图 5.55 结构认知界面

2. 虚拟仿真实验步骤

① 实验准备：点击蒸馏水试剂瓶，量取 40g 加入 100mL 三口烧瓶中，磁子放入三口烧瓶中，将三口烧瓶放入加热套内，用夹子将三口烧瓶夹紧固定（图 5.56）。

(a) 量取40g蒸馏水　(b) 加入100mL三口烧瓶　(c) 磁子放入三口烧瓶　(d) 三口烧瓶放入加热套

图 5.56 准备实验装置

② 量取药品：点击 D,L-PG 试剂瓶，用电子天平称取 10g D,L-PG，倒入三口烧瓶中。点击 *d*-CS 试剂瓶，称取 15.4g，倒入三口烧瓶中，设置磁力搅拌转速为 400～500r/min（图 5.57）。

③ 热溶液制备：点击冷凝管，点击橡胶管，将冷凝管安装在三口烧瓶上方，打开冷却水。点击温度计，将温度计插在三口烧瓶的左口，待全部溶解，点击堵头将加料口塞上。加热搅拌至反应体系溶清（此时体系温度约为 83℃），反应约 20min（图 5.58）。

④ 关闭加热套加热电源，利用加热器的余温冷却约 40min，移走加热器，在空气中冷却

约 30min。拆除冷凝设备，关闭冷却水（图 5.59）。

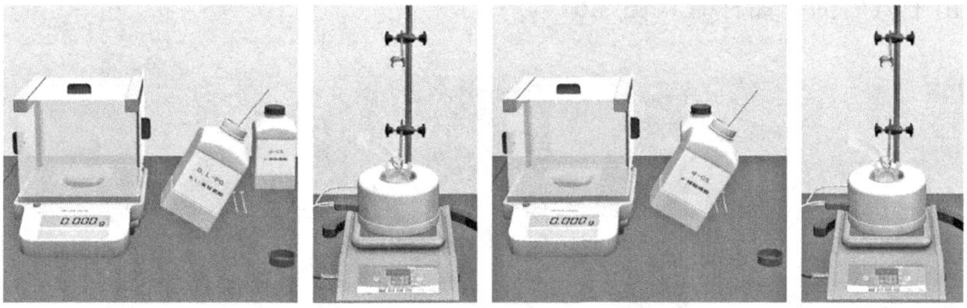

(a) 称取D, L-PG　(b) D, L-PG加入三口烧瓶　(c) 称取d-CS　(d) d-CS加入三口烧瓶

图 5.57　称取对映异构体

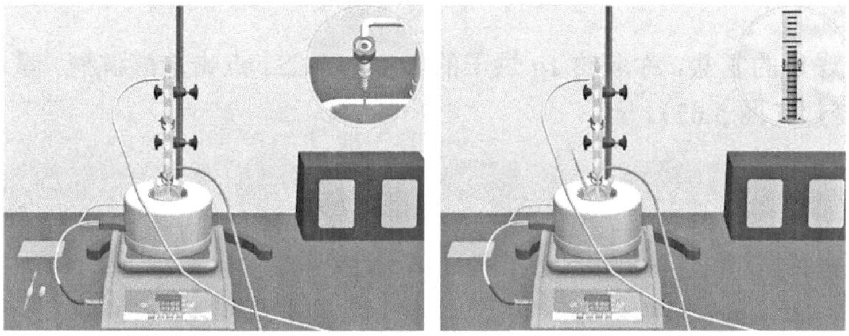

(a) 连接冷凝管打开冷却水　(b) 加热至反应温度

图 5.58　制备热溶液

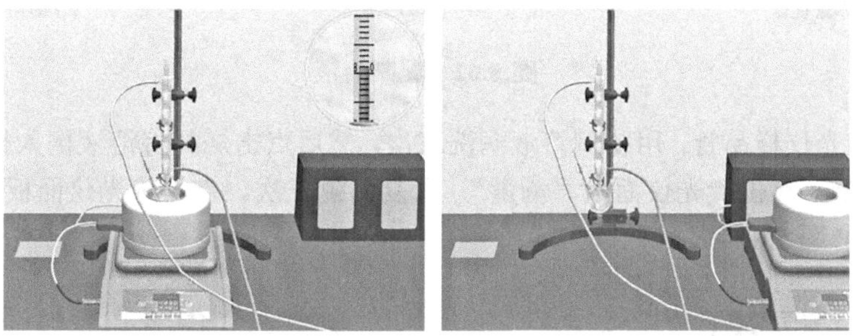

(a) 关加热，夹套余温冷却　(b) 空气冷却

图 5.59　分段冷却结晶

⑤ 冷却至室温后，点击真空泵，开启电机，真空过滤得到 D-PG-d-CS 复盐晶体。重复用滤瓶中的滤液冲洗结晶产品后抽滤，共计 3 次（图 5.60）。

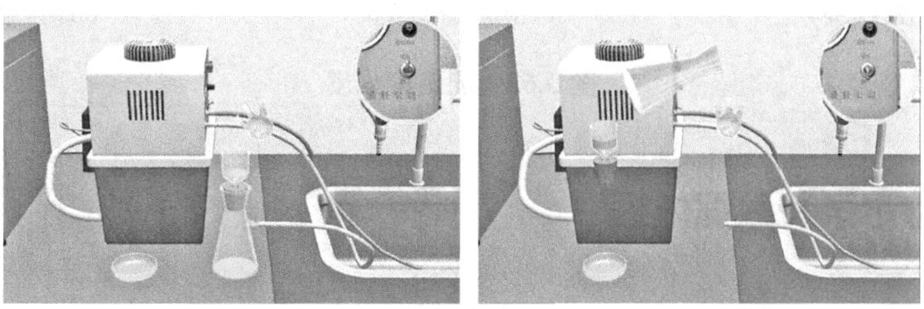

(a) 真空过滤　(b) 重复滤液冲洗、抽滤结晶产品

图 5.60　真空过滤

⑥ 点击抽滤瓶，将抽滤所得复盐结晶转移至表面皿。将产品复盐移入干燥箱中干燥，点击干燥箱取出干燥后的产品称重（图 5.61）。

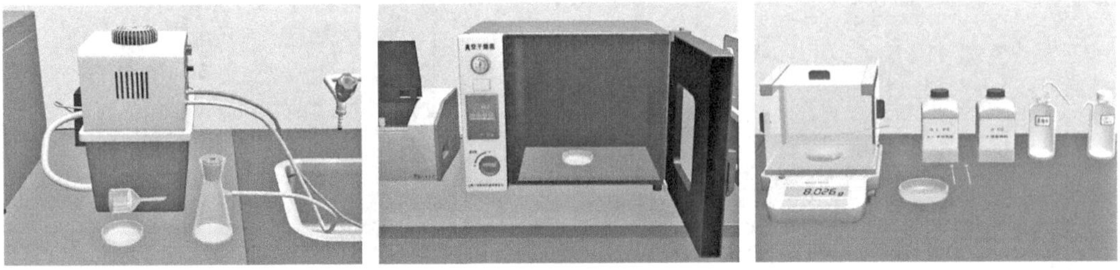

(a) 复盐结晶转移　　(b) 干燥　　(c) 产品称重

图 5.61　产品干燥称重

⑦ 点击干燥后的复盐，称取约 1g 烘干的 D-PG-*d*-CS。点击盐酸洗瓶，量取 50mL 1mol/L 的 HCl，溶解复盐（图 5.62）。

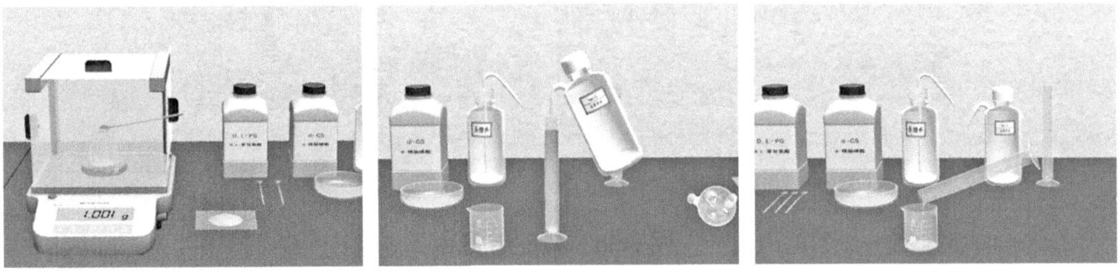

(a) 称量复盐　　(b) 量取HCl　　(c) 溶解复盐

图 5.62　配制溶液

⑧ 点击旋光仪样品管，用待测溶液润洗三次，然后点击烧杯将溶液倒入样品管中，放入旋光仪准备测量。点击旋光仪面板“测量”，重复测量三次。点击旋光仪面板“平均”，获得旋光度平均值（图 5.63）。

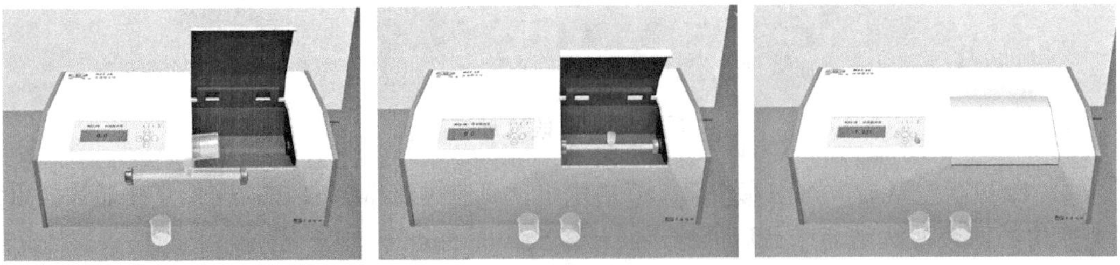

(a) 润洗旋光仪样品管并装样　　(b) 试管放入旋光仪　　(c) 测量旋光度

图 5.63　测定旋光度

七、实验记录及数据处理

1. 实验记录

实验数据及现象分别记录在表 5.9 和表 5.10 中。

表 5.9　数据记录表

项目	实验组	对比组 1	对比组 2
D,L-PG 质量/g			
d-CS 质量/g			
蒸馏水质量/g			
浓 H_2SO_4 质量/g			
复盐晶种质量/g			
釜内反应温度/℃			
最终冷却温度/℃			
D-PG-*d*-CS 产物质量/g			
旋光度/°			

表 5.10　实验现象记录表

时间	实验现象（包括实验操作、温度、溶液的变化、异常情况等）
0:00	
…	
…	
…	

2. 数据处理

① 产物收率计算：

$$\text{D-PG-}d\text{-CS收率}=\frac{\text{实测D-PG-}d\text{-CS质量}}{\text{理论D-PG-}d\text{-CS质量}}\times 100\% \qquad (5.32)$$

已知摩尔质量：D,L-PG 为 151.16g/mol，*d*-CS 为 232.3g/mol，D-PG-*d*-CS 为 383.47g/mol。

② 比旋光度以及光学纯度计算：

$$[\alpha]_\lambda^t=\frac{\alpha}{L(\text{dm})\times c(\text{g}/100\text{mL})}\times 100 \qquad (5.33)$$

$$\text{产物光学纯度}=100[\alpha]_\lambda^t/(-49.7°) \qquad (5.34)$$

式中，α 为测定的旋光度，°；t 为温度，℃；λ 为光源波长，$\lambda_{钠光}$=589.3nm；L 为试管长度（本实验 2dm）；c 为样品质量浓度，g/100mL。

八、思考题

① 请对实验组产物收率和光学纯度计算结果进行讨论。

② 实验过程中哪些工艺条件或操作对产物的收率和纯度有影响？分别是如何影响产物

收率和纯度的？

③ 在过滤步骤中洗涤过滤晶体应注意什么问题？减压过滤时如何转移烧杯中最后的少量晶体？

④ 比较三组实验结果的不同，分析其存在差异的原因。

九、课题探究

习近平总书记首次提出人类卫生健康共同体的崭新倡议，不仅进一步丰富和完善了人类命运共同体理念的内涵，更将这一理念进行了深化与升华。人民生命安全和身体健康是人类发展进步的根本前提，也是全球各国共同追求的目标。世界各国的科技人员始终致力于研究各类有助于人类抵抗疾病的药物，推动医学技术的进步，为全球公共卫生事业作出了巨大贡献。然而，历史的教训提醒我们，科学研究的每一步都必须以严谨和审慎为基础。20 世纪中叶，因服用“反应停”药物而导致了全球 1.2 万名“海豹儿”出生的悲剧，至今仍让人痛心疾首。在全球化的今天，疾病的传播早已超越国界，任何国家的公共卫生问题都可能迅速演变为全球性挑战。因此，构建人类卫生健康共同体显得尤为重要。

思考在构建人类卫生健康共同体的过程中，如何平衡科技创新与伦理约束，确保科学研究的快速发展既能有效应对疾病威胁，又不会以牺牲人类生命安全和健康为代价。

实验十四　阿司匹林的合成

一、实验背景

阿司匹林在医学史上被誉为最古老、最具吸引力且应用最广泛的药剂之一。其活性成分主要来源于柳树皮和绣线菊，具有解热止痛、治疗风湿性关节炎、预防或治疗心脏病、防止血栓和中风等功效。此外，阿司匹林对农作物有良好的增产、抗旱等特殊功效，还可用于乳腺癌、食管癌、直肠癌、结肠癌等多种癌症的防治，同时具有抗血小板凝聚等作用，因此被称为“万灵药”。2023 年，阿司匹林市场价值为 12 亿～15 亿美元，年增长率为 2%～3%。

阿司匹林的发现可追溯到公元前。中医典籍《神农本草经》记载，柳树的根、皮、枝、叶均可入药，具有祛痰明目、清热解毒、利尿防风之效，外敷可治牙痛。《本草纲目》中写道：“柳叶……小儿丹毒。用柳叶一斤，加水一斗，煮取汁三升，洗患处。一天宜洗七八次……”。这是我国关于柳树叶消炎功效的最早文字记载。

1758 年，英国神父爱德华・斯通无意间嚼了一片白柳树皮，发现他的关节痛和发热症状减轻了。他用同样的方法对 50 名病人进行治疗，发现这种汁液治疗发热非常有效。斯通将实验结果报告给英国皇家学会，但遗憾的是，当时并未得到足够的重视。

1828 年，法国药剂师亨利・勒鲁克斯（Henri Leroux）和意大利化学家约瑟夫・比希纳（Joseph Buchner）首次从柳树皮中提炼出黄色晶体活性成分，并命名为水杨苷（salicin，$C_{13}H_{18}O_7$）。由于其酸味，人们通常称其为水杨酸。1853 年，法国化学家夏尔・弗雷德里克・热拉尔从绣线菊中提炼出水杨酸，并将其与乙酸和乙酰结合，解决了水杨酸腐蚀食管和胃部的问题。然而，他未来得及验证这一发现就去世了。

1898 年，德国化学家费利克斯·霍夫曼（Felix Hoffmann）成功合成了可以替代水杨酸的有效药物——乙酰水杨酸，并于 1899 年申请了专利。1900 年，德国拜耳公司开始生产阿司匹林。拜耳公司最初并未投入大量广告费用，而是将这种药免费发放给医生，阿司匹林惊人的疗效成为最好的广告。仅仅两年内，各医学刊物上关于阿司匹林的文章达到了 160 篇，最终使拜耳公司发展成为如今的庞大帝国。

二、实验目的

① 通过本实验了解乙酰水杨酸（阿司匹林）的制备原理和方法。
② 掌握重结晶、熔点测定、抽滤等基本操作。
③ 了解乙酰水杨酸的应用价值。

三、实验原理

乙酰水杨酸即阿司匹林（aspirin），是一种具有酚羟基和羧基的双官能团化合物，由水杨酸（邻羟基苯甲酸）与乙酸酐进行醇解反应而获得，水杨酸可由水杨酸甲酯，即冬青油（由冬青树提取而得）水解制得。

酰基上的亲核取代反应机理如下[26]：

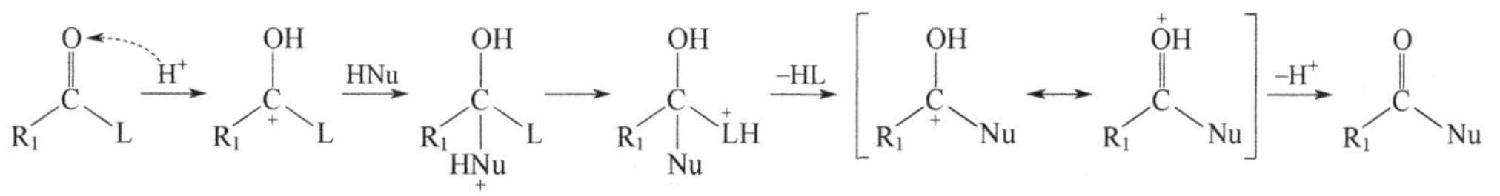

（5.35）

结合该反应机理，阿司匹林合成的反应机理为：在酸性环境下，氢离子质子化乙酸酐的羰基氧，使得羰基电子云更偏向羰基氧原子，使羰基碳原子核更裸露而成为易被进攻的碳正中心，再由水杨酸上电子云密度相对较大的羟基氧进攻该碳正中心进行亲核取代反应，反应方程如下所示：

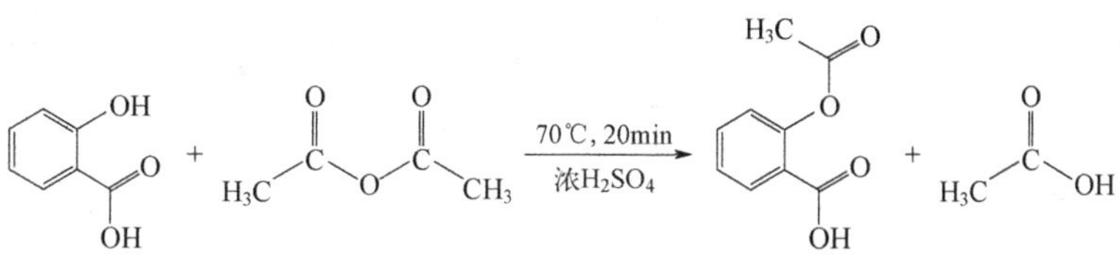

（5.36）

水杨酸　　乙酸酐　　乙酰水杨酸　　乙酸

该反应过程中存在如下多种副反应：

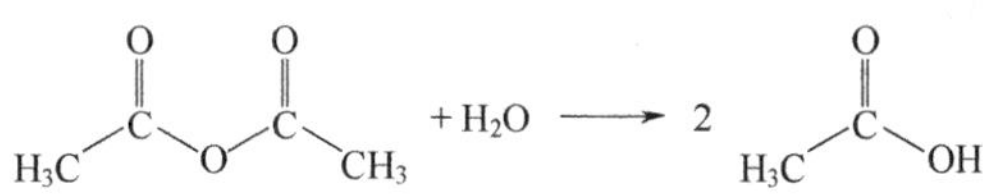

（5.37）

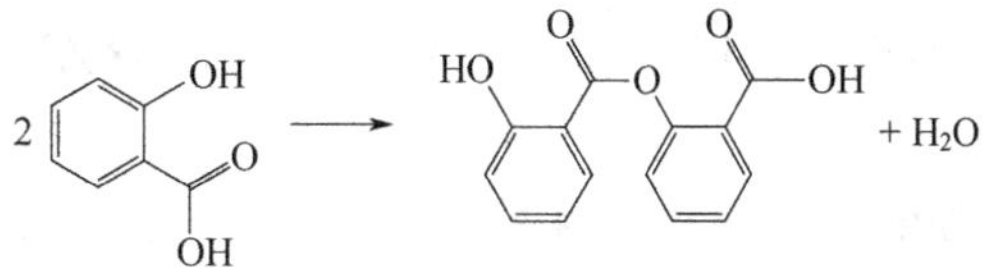

（5.38）

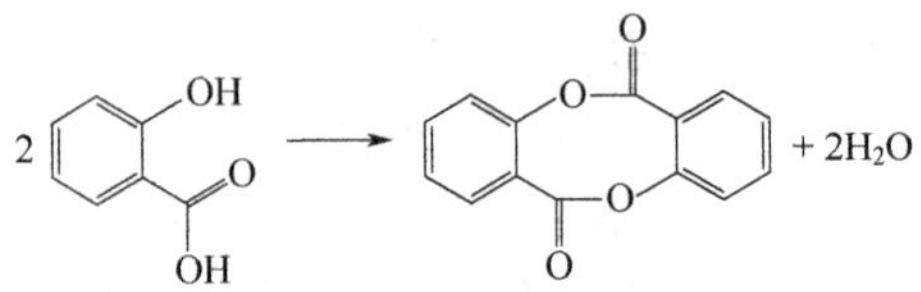

（5.39）

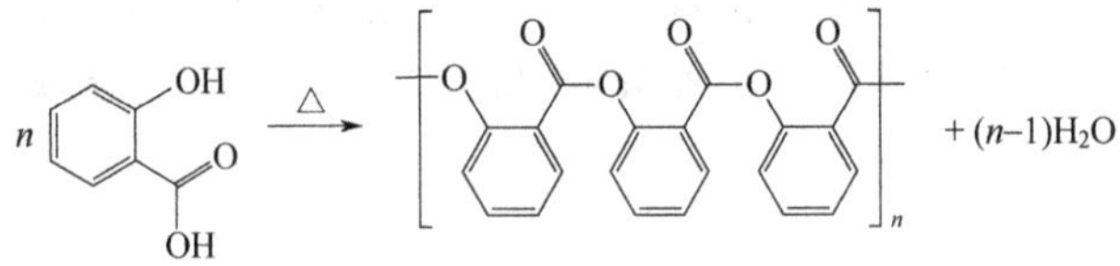

（5.40）

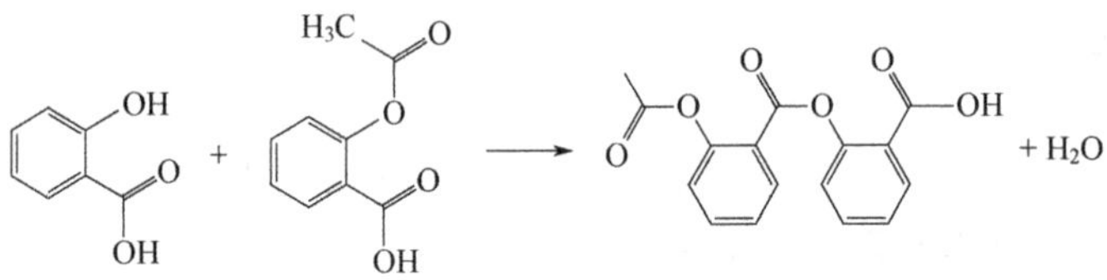

（5.41）

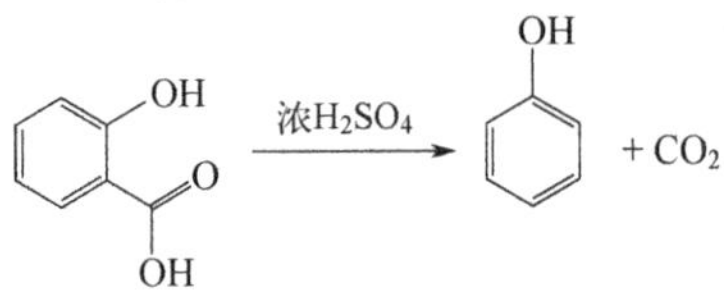

（5.42）

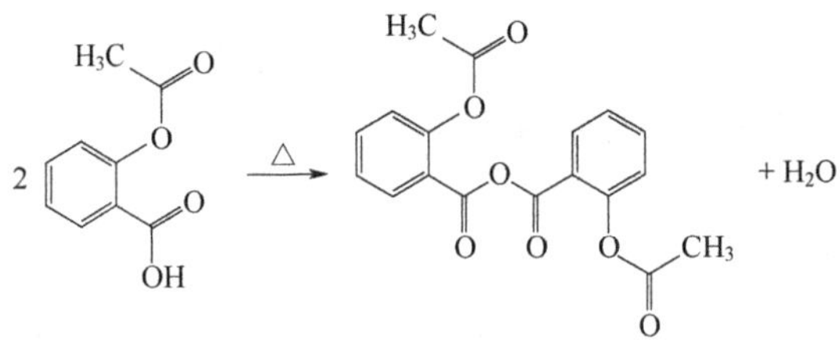

（5.43）

反应所涉及的主要物质的物理性质如表 5.11 所示。

表 5.11　反应所涉及的主要物质的物理性质

物性	水杨酸	乙酸酐	乙酰水杨酸	乙酸	双水杨酸酯	乙酰水杨酰水杨酸	双柳酸内酯	乙酰水杨酸酐
分子量	138.12	102.09	180.157	60.052	258.23	300.268	240.215	342.303
密度/（g/cm^3）（20℃）	1.375	1.087	1.34	1.05	1.4	1.346	1.36	1.306
熔点/℃	158～161	−73.1	134～136	16.6	139～151	161～168	225～230	80～83
沸点/℃	336.3	138.6	321.4	117.9	482.9	361.5	400.3～430.3	511.2±35.0
冷水溶解度	微溶	易溶	微溶	溶	易溶	难溶	难溶	难溶
醇中溶解度	易溶	溶	溶	溶	易溶	易溶	微溶	—
醚中溶解度	易溶	溶	溶	溶	—	溶	—	—

四、实验试剂和仪器

1. 实验试剂

水杨酸（分析纯），乙酸酐（分析纯），浓硫酸（浓度为 98%），无水乙醇（分析纯）。

2. 实验仪器

三口（圆底）烧瓶（250mL），机械搅拌器，表面皿（直径 12cm），一次性塑料滴管，玻璃棒，抽滤瓶（1L），烧杯（250mL，100mL），砂芯漏斗（滤板代号 G1，100mL），水环式真空泵，熔点仪（WRS-1B），超级恒温水浴槽，毛细管。实验装置示意图如图 5.64 所示。

五、实验过程

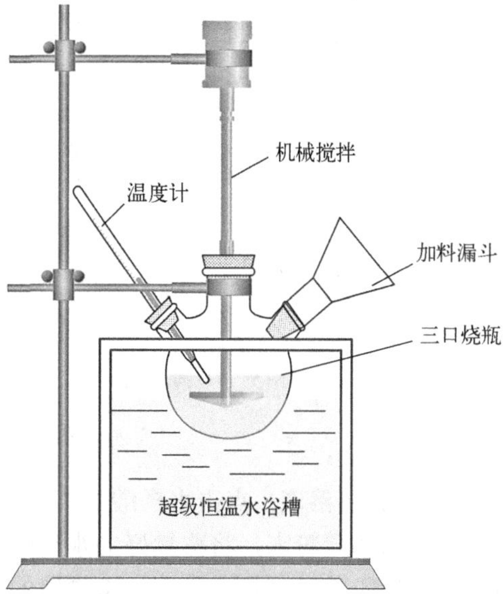

图 5.64　实验装置示意图

1. 实验方法

首先通过初步反应生成粗产物，随后利用冰水浴冷却使产物析出，并通过减压抽滤进行分离。接着加入无水乙醇加热溶解，再次冷却结晶以进行精制。通过减压抽滤得到最终产物后，进行干燥并称重。在此过程中，通过两次结晶和过滤，可以有效去除大部分酯类副产物。

2. 实验步骤

① 在 250mL 圆底烧瓶中，加入 14.0g（0.1mol）干燥的水杨酸和 30mL（0.2mol）新蒸的乙酸酐，再加入 10 滴浓硫酸。开启搅拌并加热，直至水杨酸完全溶解。保持烧瓶内温度在 70℃左右，持续反应 20min。

② 将反应液冷却至 50℃，在持续搅拌下倒入 100mL 冷水中。将混合物放入冰水浴中冷却至 10℃，然后进行抽滤。用低于 5℃的冷水洗涤两次，每次 30mL，得到乙酰水杨酸粗产品。

③ 将粗产品转移至 250mL 圆底烧瓶中，加入 20mL 无水乙醇和 65mL 纯净水。开启搅拌并加热至溶解，随后冷却至室温。再次放入冰水浴中冷却至 10℃，抽滤至干燥。将产物放入烘箱中，烘箱温度控制在 80℃以下，烘干后称重，并取样测量熔点。

六、虚拟仿真实验

1. 虚拟仿真实验装置结构认知

结构认知界面见图 5.65。

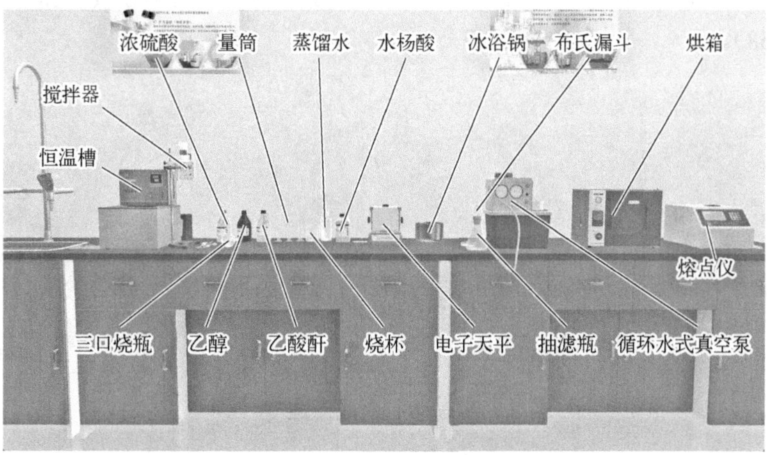

图 5.65　结构认知界面

2. 虚拟仿真实验步骤

① 实验装置搭建：先后点击搅拌桨、圆底烧瓶，将搅拌桨插入圆底烧瓶中，搅拌桨杆固定在电机上；点击铁架台，把圆底烧瓶固定在铁架台上（图 5.66）。

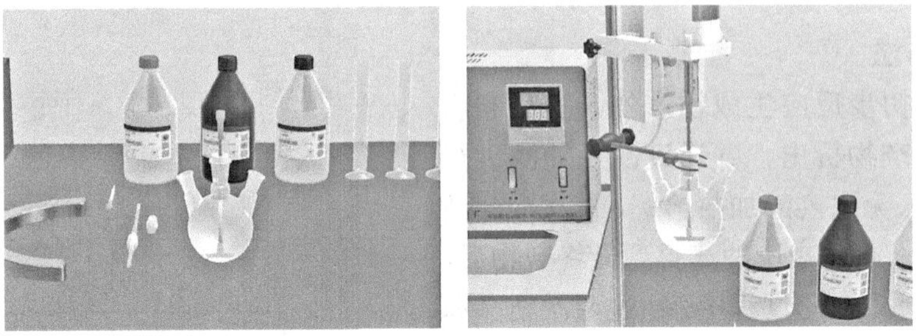

(a) 插入搅拌桨　　(b) 固定装置

图 5.66　搭建实验装置

② 制备热溶液：点击水杨酸试剂瓶，称取水杨酸 14g，点击电子天平，记录电子天平示数；点击水杨酸粉末，将称量好的水杨酸粉末倒入圆底烧瓶中；点击乙酸酐试剂瓶，用量筒量取 30mL 乙酸酐；点击量筒，将量取的乙酸酐加入圆底烧瓶中。点击浓硫酸试剂瓶，用滴管取 10 滴浓硫酸滴入圆底烧瓶中（图 5.67）。

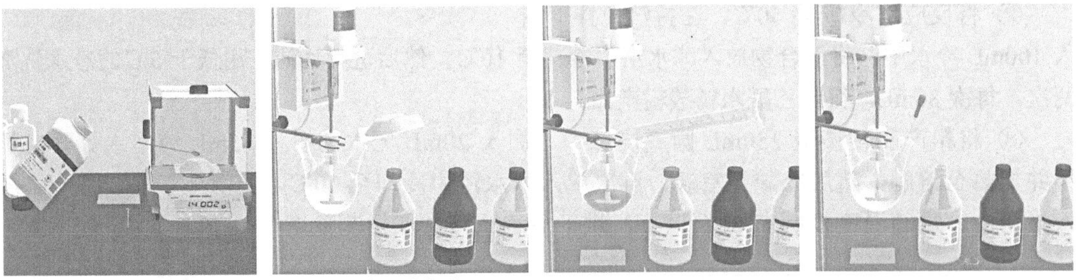

(a) 称取水杨酸　　(b) 加入水杨酸　　(c) 加入乙酸酐　　(d) 滴加浓硫酸

图 5.67　制备热溶液

③ 点击搅拌器控制面板，开启搅拌器；点击温度计，将温度计插入圆底烧瓶，盖上瓶塞；点击圆底烧瓶，将圆底烧瓶放入水浴中加热；点击数控恒温槽控制面板，加热至 70℃，反应 20min（图 5.68）。

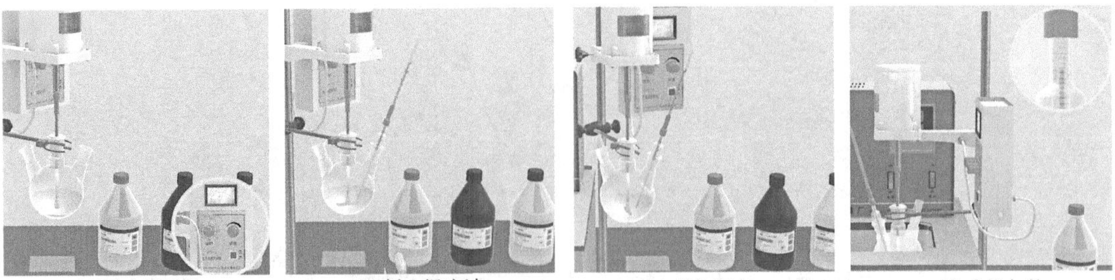

(a) 开启搅拌器　　(b) 插入温度计　　(c) 插入瓶塞　　(d) 水浴加热

图 5.68　合成反应

④ 点击圆底烧瓶，将反应产物在空气中冷却至 50℃；点击蒸馏水试剂瓶，量取 100mL

冷水；点击搅拌桨，停止搅拌，拆除实验装置，并将反应物倒入装有冷水的烧杯中；点击烧杯，将烧杯放入冰水浴中冷却至 10℃（图 5.69）。

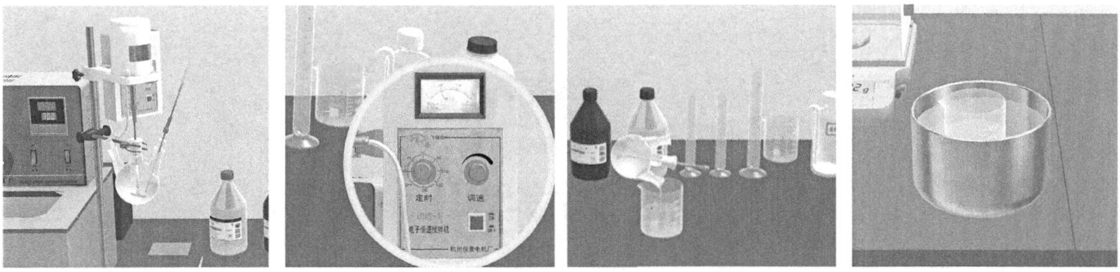

(a) 空气中冷却　(b) 停止搅拌　(c) 倒入烧杯　(d) 冰水浴

图 5.69　析出粗产品

⑤ 点击真空泵控制开关，打开真空泵；将反应产物倒入砂芯漏斗中进行减压抽滤，得到乙酰水杨酸粗产品；关闭真空泵（图 5.70）。

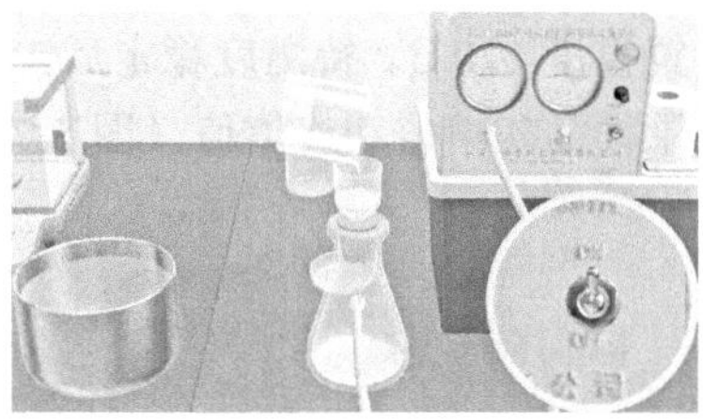

图 5.70　粗产物倒入砂芯漏斗减压抽滤

⑥ 点击抽滤瓶，将粗产品转入 250mL 圆底烧瓶中；点击量筒量取 20mL 无水乙醇，倒入圆底烧瓶；点击蒸馏水试剂瓶，量取 65mL 水倒入圆底烧瓶中；开启搅拌桨；点击数控恒温槽控制面板打开加热，将圆底烧瓶置于水浴中，加热至粗产品溶解（图 5.71）。

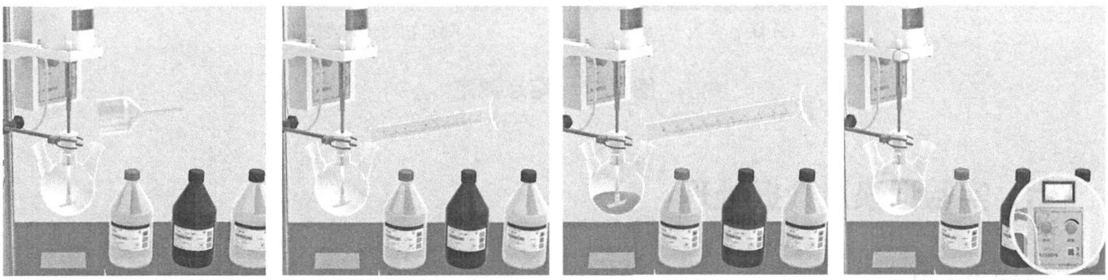

(a) 粗产品转入烧瓶　(b) 加无水乙醇　(c) 加蒸馏水　(d) 加热至溶解

图 5.71　溶解粗产品

⑦ 点击搅拌器面板，关闭搅拌桨；将溶液转入烧杯中，冷却至室温；将烧杯放入冰水浴中冷却至 10℃；开启真空泵，将溶液倒入砂芯漏斗中，抽滤至干燥（图 5.72）。

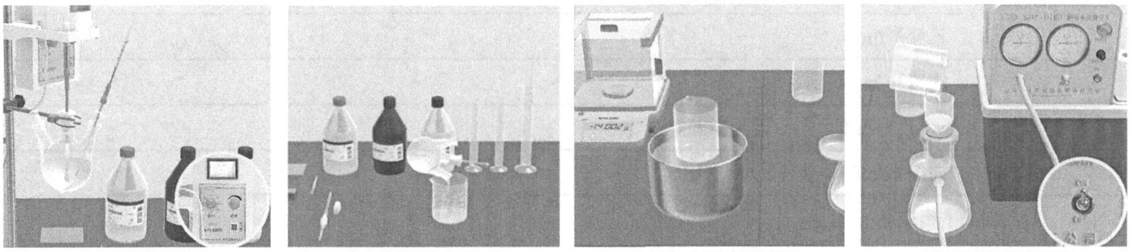

(a) 关闭搅拌　(b) 溶液转入烧杯　(c) 冰水浴中冷却　(d) 溶液减压抽滤

图 5.72　产品重结晶

⑧ 点击抽滤瓶，将产品平铺在表面皿上，放入 60℃的烘箱中；在电子天平上称量烘干后的产品（图 5.73）。

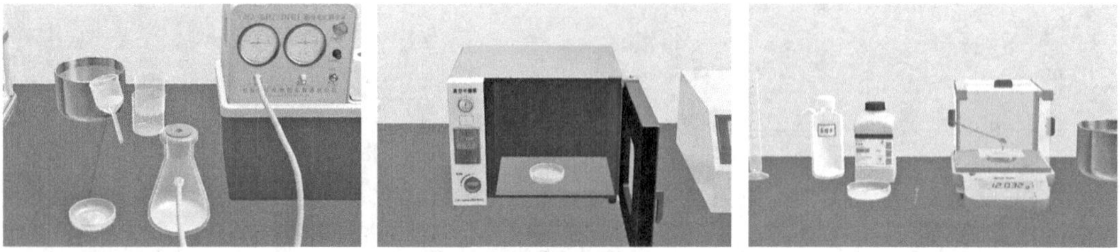

(a) 产品倒入表面皿　　(b) 烘箱中烘干　　(c) 称重

图 5.73　样品烘干称重

⑨ 点击毛细管，用毛细管装样品 7～8mm，振荡至 2～3mm；点击数字熔点仪控制面板，设置温度 120℃，待温度稳定后，插入毛细样品管；按升温键，开始测试熔点，测试结束后，记录样品初熔值和终熔值（图 5.74）。

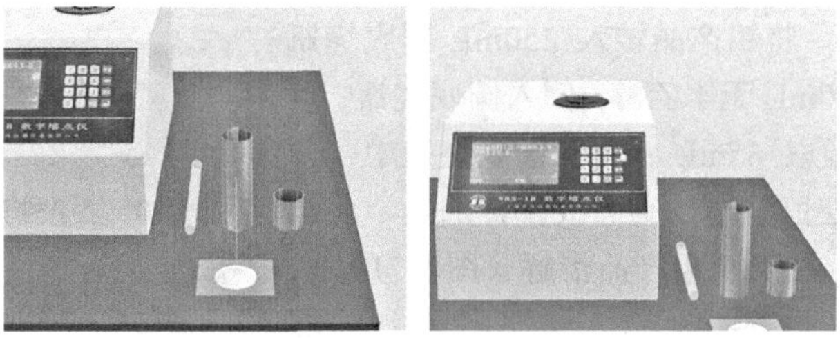

(a) 样品装入毛细管　　(b) 测定初熔值和终熔值

图 5.74　熔点测定

七、实验记录及数据处理

1. 实验记录

实验数据及现象分别记录在表 5.12 和表 5.13 中。

表 5.12　数据记录表

项目	数据
水杨酸/g	
乙酸酐/mL	
浓硫酸/mL	
无水乙醇/mL	
纯净水/mL	
粗产品/g	
精制产品/g	
初熔点/℃	
终熔点/℃	

表 5.13 实验现象记录表

时间	实验现象（包括实验操作、温度、溶液的变化、异常情况等）
0:00	
···	
···	
···	

2. 数据处理

① 产物收率计算。

② 根据熔点测量结果计算熔程。

八、思考题

① 请对实验结果进行讨论。

② 反应过程中有哪些工艺条件对实验结果产生影响？分别是如何影响实验结果的？

③ 为什么需要使用新蒸馏的乙酸酐？

④ 实验中加入浓硫酸的目的是什么？

⑤ 熔点测定时需要注意什么？为什么？

九、课题探究

在科学技术日新月异的今天，各行各业的科研人员都在不断探索和创新，致力于开发出能够改变世界的技术和产品。然而，正如古语所言，“酒香也怕巷子深”，即使是最伟大的研究成果，如果没有有效的推广手段，也可能被埋没在历史的尘埃中。阿司匹林的故事，正是这一理念的生动体现。

在当今这个信息爆炸的时代，科研人员和企业不仅要专注于技术的创新，还要学会如何将创新成果有效地传播出去。只有这样，才能真正实现科研成果的最大化价值，造福全人类。阿司匹林的成功，不仅是拜耳公司的胜利，更是科学与市场完美结合的典范。分析阐述阿司匹林的发展历程为我们从事科学研究提供了重要启示。

实验十五　PVC 抗冲改性剂 ACR 的制备及性能测试

一、实验背景

聚氯乙烯（polyvinyl chloride，简称 PVC）作为一种历史悠久、应用广泛的通用塑料，自

20 世纪初开发以来，凭借其优异的物理化学性能，已成为世界上产量最大的塑料品种之一。PVC 材料具有高强度、阻燃性、耐候性、耐化学腐蚀性等突出特性，其成型方法多样，包括挤出、注塑、压延、吹塑等，广泛应用于建筑、电子、医疗、包装等领域。

然而，PVC 材料在加工过程中存在诸多技术难题：首先，其熔体黏度大、流动性差，导致加工能耗高、效率低；其次，PVC 的热稳定性较差，成型温度范围窄（通常在 160～210℃之间），易发生热分解，特别是在设备的死角处容易结焦分解；再次，PVC 熔体强度低，树脂间的黏合力不足，易发生熔融破碎现象。这些缺陷不仅影响制品的一次加工性能（如挤出、注塑等），也制约了其二次加工特性（如焊接、粘接等）。此外，PVC 材料固有的脆性大、耐冲击性能差等缺点，进一步限制了其在工程领域的应用。

为了克服硬质 PVC 制品的这些缺陷，通常需要添加多种加工助剂进行改性。其中，ACR（acrylic copolymer resin）抗冲改性剂是一种高效的改性材料。ACR 抗冲改性剂具有独特的核-壳结构：其内核由交联的低玻璃化转变温度（T_g）丙烯酸酯类单体聚合物构成，提供优异的韧性；外壳则由聚甲基丙烯酸甲酯（PMMA）等高 T_g 聚合物组成，确保与 PVC 基体的良好相容性。这种多层核-壳结构的设计，使得 ACR 抗冲改性剂能够显著提高 PVC 制品的抗冲击强度，同时改善其加工性能。通过添加适量的 ACR 抗冲改性剂，不仅可以有效提高 PVC 制品的韧性，还能改善其熔体流动性，扩大加工温度窗口，降低热分解风险，从而显著提升 PVC 制品的综合性能。

二、实验目的

① 学习丙烯酸酯类单体精制的基本方法与操作流程。

② 学习乳液聚合的基本实验技能，深入理解乳液聚合体系的组成特点及其聚合原理，并能够准确观察和记录乳液聚合过程中的实验现象。

③ 掌握 ACR 改性 PVC 的原理及实施方法。

三、实验原理

1. 乳液聚合

乳液聚合是一种在机械搅拌或剧烈振荡下，利用乳化剂将不溶或微溶于水的单体分散在介质（如水）中形成乳液，并在水溶性引发剂的作用下进行的聚合反应。由于“隔离效应”的作用，乳液聚合可以在不降低聚合速率的条件下，同时获得较高的分子量。此外，乳液聚合还具有散热容易、温度易控制、工艺简单、无污染、易于连续化生产等优点，且聚合产品可以直接使用，因此在工业中得到了广泛应用。

在乳液聚合过程中，单体以较大的单体液滴和较小的增溶胶束的形式分散在水中，如图 5.75 所示。由于胶束的比表面积比液滴大数百倍，更有利于捕捉水相中的初级自由基和短链自由基，因此聚合反应主要发生在增溶胶束中，而不是单体液滴中，从而形成 M/P（单体/聚合物）乳胶粒。每个 M/P 乳胶粒中仅含一个自由基，因此聚合反应速率主要取决于乳胶粒子的数目。

乳液聚合可分为三个阶段[14]：

① 成核阶段　从聚合开始到胶束全部消失，随着乳胶粒数目的不断增加，聚合反应速率递增。

② 粒子成长阶段　从胶束消失开始到单体液滴消失为止，此阶段乳胶粒数目保持恒定，单体液滴不断向乳胶粒提供单体以维持其单体浓度的稳定，聚合速率基本保持不变。

③ 减速阶段　从单体液滴消失开始到聚合结束。

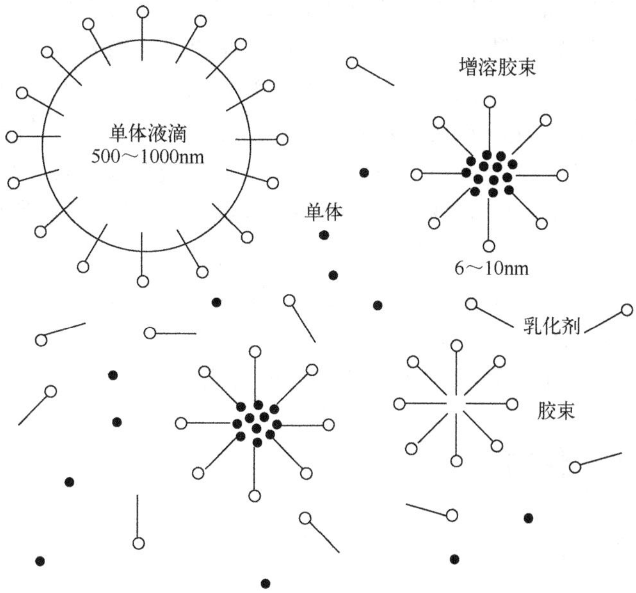

图 5.75　乳液聚合过程示意图

常规乳液聚合体系主要由微溶于水或不溶于水的单体、水、水溶性引发剂和水溶性乳化剂四部分组成。

乳化剂是乳液聚合的重要组成部分，常用的乳化剂是水溶性阴离子表面活性剂。乳化剂的作用之一是使单体乳化成微小液滴，形成稳定的乳液。更重要的是，当乳化剂浓度超过某一临界浓度（CMC）后，乳化剂分子会聚集成胶束，成为引发聚合的场所。乳化剂之所以能够起到乳化作用，是因为其分子由亲水的极性基团和疏水（亲油）的非极性基团组成。对于同一乳化剂而言，乳化剂浓度越大，乳胶粒子的粒径越小，粒径分布越窄。此外，阴离子型乳化剂与非离子型乳化剂配合使用可使聚合物乳胶粒子的粒径分布更窄。

引发剂除了单一的过硫酸盐外，还有氧化还原引发体系。氧化还原引发体系除了主还原剂外，还包括副还原剂，有时还需加入络合剂。

由于大多数乳胶对氢离子浓度非常敏感，为了保持乳胶的稳定性，通常还需加入一定量的 pH 调节剂。

2. 共混技术

共混是指将多种材料进行均匀混合的物理方法，旨在提升材料性能。工业上，典型的共混应用包括使用炼胶机将不同橡胶或橡胶与塑料均匀混炼成胶料。通过共混，可以显著提高高分子材料的物理力学性能、加工性能，降低成本，并扩大其应用范围。共混技术是实现聚合物改性和生产高性能新材料的重要途径之一。根据生产方法的不同，共混产物可分为机械共混物、化学共混物、胶乳共混物和溶液共混物。其中，机械共混物，即通过辊筒、挤出机或强力混合器将不同聚合物熔体进行混合得到的共混物，占据主要地位。

共混物通常是多组分多相体系，其性能取决于所含组分的性质、形态和相界面性质。在选择共混体系时，应考虑以下几个关键因素：

① 相容性因素　相容性是共混的基本条件。两相之间良好的相容性是共混产物具有优异性能（特别是力学性能）的前提。相容性不仅影响共混过程的难易程度，还决定分散相的分散效果。因此，通常应优先选择相容性较好的聚合物体系进行共混。

② 结晶性因素　结晶性塑料与非结晶性塑料在性能上有显著差异。通过共混不同结晶性能的聚合物，通常可以实现性能的互补。结晶性塑料通常具有较高的刚性和硬度，较好的耐化学药品性和耐磨性，且加工流动性较好。然而，结晶性塑料的缺点是较脆，且制品的成型收缩率较高。相比之下，非结晶性工程塑料具有较好的尺寸稳定性，但加工流动性较差。

③ 性能因素　在选择共混体系时，性能因素主要考虑共混组成之间的性能互补，或通过共混改善聚合物的某一方面性能，甚至引入某种特殊性能。

④ 价格因素　通过将价格昂贵的聚合物与较为廉价的聚合物进行共混，可以在不影响性能的前提下，显著降低成本。

通过综合考虑上述因素，共混技术能够有效地优化材料性能，满足多样化的工业需求。

四、实验试剂和仪器

本实验所用试剂及仪器分别列于表 5.14 和表 5.15 中。

表 5.14　实验试剂

试剂名称	规格	用量
丙烯酸丁酯	分析纯	60g（67mL）
甲基丙烯酸甲酯	分析纯	25g（26mL）
过硫酸钾（KPS）	重结晶	0.48g
碳酸氢钠	分析纯	0.8g
十二烷基硫酸钠（SDS）	分析纯	1.5g
聚乙二醇辛基苯基醚（OP-10）	试剂级	4.5g
二甲基丙烯酸乙二醇酯（EGDMA）	—	0.60mL
甲基丙烯酸烯丙酯（ALMA）	—	0.30mL
氢氧化钠溶液	5%	200mL
PVC	SG-5	—
有机锡稳定剂	SMS318	—

表 5.15　实验仪器

仪器名称	规格	数量
分液漏斗	1000mL	1
恒压漏斗	100mL	1
玻璃反应釜	500mL	1
冷凝管	ϕ19mm	1
循环加热水浴	THS-15	1
橡胶管	ϕ8×14mm	2m

续表

仪器名称	规格	数量
氮气包	1L	1
温度计	0～100℃	1
量筒	100mL	1
注射器	10mL	1
长穿刺针	20cm	1
烧杯	500mL	1
塑料滴管	3mL	3
称量瓶	60mm×30mm	1
菌种瓶	10mL	1
激光粒度仪	Zetasizer3000HSA	1
高速混合机	GHF-03A	1
双辊开炼机	—	1
实验室压片机	GT-7014-A50C	1
万能制样机	—	1
摆锤材料冲击仪	CEAST	1

ACR 乳液聚合装置示意图如图 5.76 所示。

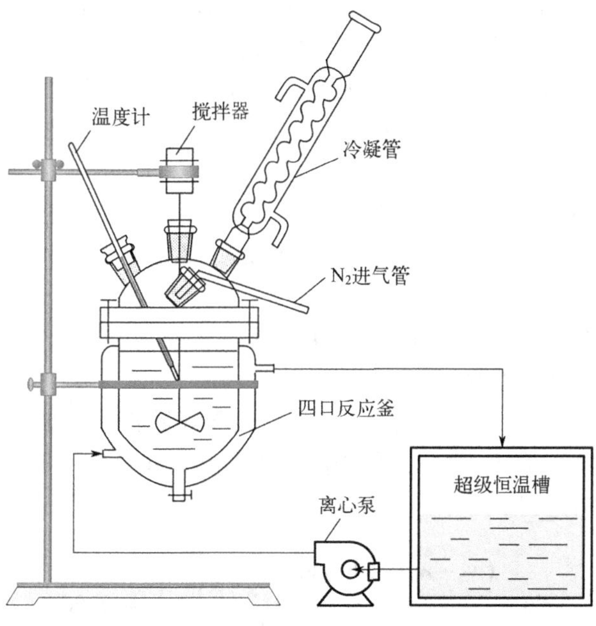

图 5.76　ACR 乳液聚合装置示意图

五、实验过程

1. 实验方法

以丙烯酸丁酯（BA）作为核层单体，甲基丙烯酸甲酯（MMA）作为壳层单体，采用复合乳化剂体系［由十二烷基硫酸钠和聚乙二醇辛基苯基醚（OP-10）组成］，以过硫酸钾（KPS）

为引发剂进行乳液聚合反应，制备具有核-壳结构的 ACR 增韧剂，对 PVC 进行增韧改性。

2. 实验步骤

（1）单体的精制

① 将 500mL 丙烯酸丁酯（BA）加入 1000mL 的分液漏斗中，加入 50mL 的氢氧化钠溶液（5%），充分振荡 2min，静置 10min，分层，分出下层深棕色液体，保留上层有机相，重复萃取有机相三次，直至下层水相变为无色透明，以洗脱丙烯酸丁酯中的丙烯酸等杂质。

② 用 100mL 去离子水洗涤有机相若干次（一般要 5 次以上），直到下层水相的 pH=7 为止，然后将有机相倒出，备用。

③ 以相同方法精制甲基丙烯酸甲酯（MMA）500mL，备用。

（2）过硫酸钾的精制

取 10g 过硫酸钾放于 100mL 烧杯中，用 40℃水进行加热，在磁力搅拌下加入尽量少的去离子水（如果有不溶物可进行过滤），然后置于冰箱中冷却 30min，溶液中将有晶体析出，经过滤得到的晶体，置于真空干燥器中，减压除去水分，置于冰箱中备用。

（3）ACR 乳液的制备

① 向装有回流冷凝管、氮气导管和温度计的 500mL 玻璃反应釜中加入 300mL 去离子水、67mL 丙烯酸丁酯、1.5g 十二烷基硫酸钠、4.5g 聚乙二醇辛基苯基醚（OP-10）、0.8g 碳酸氢钠、0.6mL EGDMA（交联剂）和 0.3mL ALMA（接枝剂）。

② 开动机械搅拌，始终保持搅拌转速为 400r/min，在室温下预乳化 15min。

③ 用循环水浴将反应釜加热至 70℃（釜内温度）。

④ 称取 0.48g 重结晶后的过硫酸钾（KPS），使用 8mL 去离子水溶解后，加入反应釜中。

⑤ 保持搅拌转速为 400r/min，70℃下反应 1h，用菌种瓶取约 5mL 样品用于转化率和粒径的测定。

⑥ 量取 26mL 甲基丙烯酸甲酯，以约每秒 1 滴的速度缓慢滴加至反应釜中，滴加完毕后将温度升高至 80℃，补加 0.2g 过硫酸钾（可用 5mL 去离子水溶解），保持搅拌转速 400r/min 下反应 1h，结束反应。

⑦ ACR 乳液合成结束，取约 5mL 样品用于粒径的测定。

（4）丙烯酸丁酯转化率的测定

取一干燥称量瓶，称重（w_0），取 5g ACR 乳液于容量瓶中（准确称取，w_1），滴加两滴 0.5%对苯二酚/乙醇溶液，置于 60℃烘箱中干燥 6h 除水，再于 70℃的真空干燥箱中真空干燥 5h，称重（w_2），则单体转化率为

$$x\% = \frac{(w_2 - w_0) - (w_1 - w_0) \times \dfrac{w_e}{w_m + w_w + w_e}}{(w_1 - w_0) \times \dfrac{w_m}{w_m + w_w + w_e}} \times 100\% \tag{5.44}$$

式中，w_w 为去离子水的总质量，g；w_e 为乳化剂的总质量，g；w_m 为单体的总质量，g。

（5）ACR 乳液的破乳

将反应结束后的反应釜接入自来水冷却至 40～50℃，取 100mL 冷却后的 ACR 乳液，加入装有约 300mL 无水乙醇的烧杯中进行搅拌，加入少量氯化钠进行盐析。此时，ACR 将缓慢沉淀出来。用离心机将所得产物进行分离，用去离子水反复冲洗数次，洗掉残余的乳化剂和少量的单体，最后得到柔软的白色固体。

将所得产物在通风橱内风干24h，再置于真空干燥器内，室温负压下烘干，备用。

（6）粒径表征

取部分乳液用大量纯净水稀释到半透明状，使用激光粒度仪测量其粒径及分布。

（7）ACR共混改性PVC——抗冲（增韧）研究

① ACR的破碎：将干燥后的ACR经液氮极冷后，加入粉碎机制成粉末。

② 高速混匀：将PVC、ACR粉末、有机锡稳定剂按100∶12∶3的比例称重，共230g物料加入高速混合机中，高速混合约8min后备用。

③ 双辊混炼：将混合好的样品在170℃下用双辊开炼机进行塑炼，辊距0.5mm，于后辊重复滚料，得到片材。实验时需佩戴石棉手套，重复将高速混匀的粉状物料缓慢加入双辊间隙，直至物料可以覆裹后辊形成均匀片层，此时用铲刀将片层及时刮下。再重复将刮下的片层继续加入双辊间隙、铲刀刮下，直至刮下的片层没有明显的相分离（橘皮纹）。

注意事项：由于双辊温度较高以及辊轮的危险性，操作时一定要注意力高度集中，使用铲刀时速度要快，防止手或手套、铲刀被卷入辊轮中。由于后辊右侧温度较左侧高，所以使用铲刀刮下片层时，先从右侧开始刮，防止右侧片层烧焦。

④ 冲击样条制备：将片材叠放在模具中，于185℃实验室压片机中预热2min，再加压至15MPa保压5min，中间放气两次，取出至冷压机定型3min，卸模得到冲击样条。将放置24h之后的样条用万能制样机裁出2mm深的V形缺口。

⑤ 冲击实验：冲击实验执行国家标准GB/T 1843—2008《塑料　悬臂梁冲击强度的测定》。

六、虚拟仿真实验

1. 虚拟仿真实验装置结构认知

结构认知界面见图5.77。

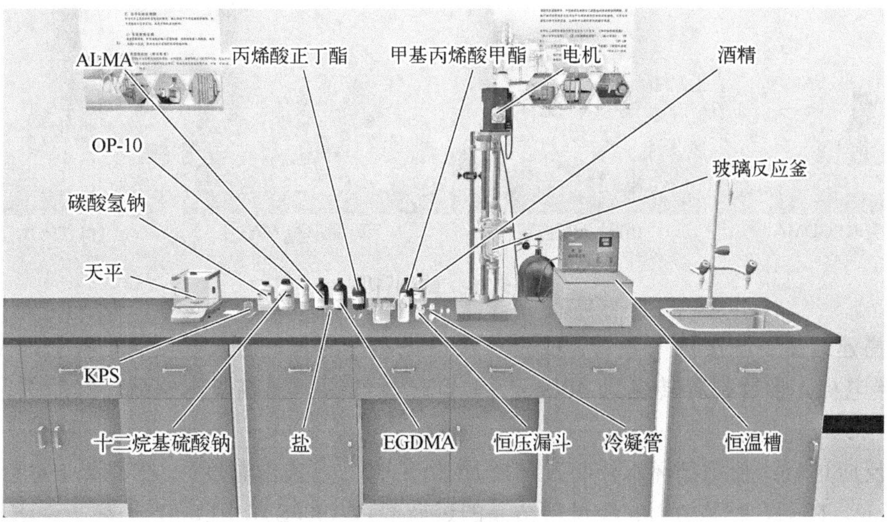

图5.77　结构认知界面

2. 虚拟仿真实验步骤

① 称取试剂：用量筒准确量取300mL蒸馏水，倒入玻璃反应釜中。使用小烧杯精确称

取 4.5g 聚乙二醇辛基苯基醚（OP-10）。用 100mL 量筒量取 67mL 丙烯酸丁酯。用少量丙烯酸丁酯溶解 OP-10，待完全溶解后，将溶液倒入反应釜中，并将剩余的丙烯酸丁酯一并加入反应釜。依次称取 1.5g 十二烷基硫酸钠和 0.8g 碳酸氢钠，加入反应釜中。使用针筒准确量取 0.6mL EGDMA（交联剂）和 0.3mL ALMA（接枝剂），加入反应釜中（图 5.78）。

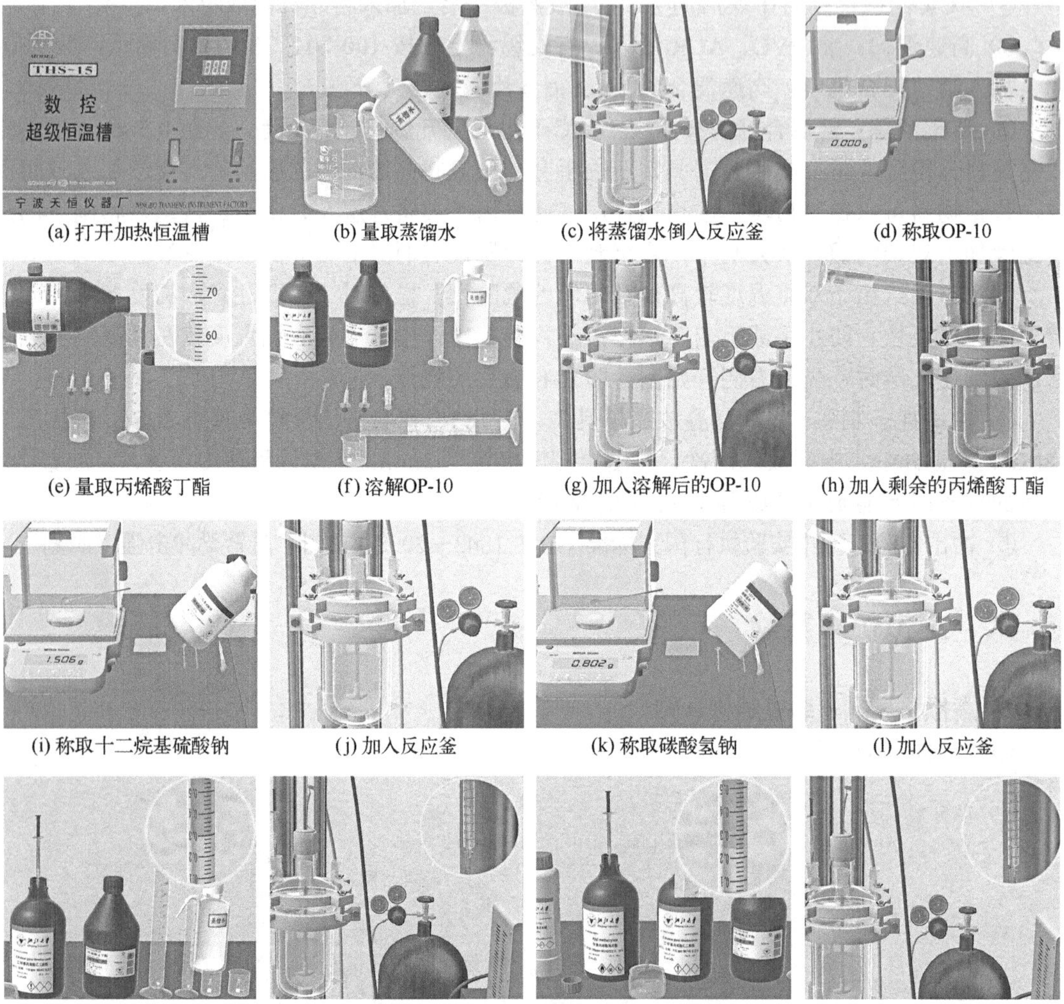

(a) 打开加热恒温槽　(b) 量取蒸馏水　(c) 将蒸馏水倒入反应釜　(d) 称取OP-10

(e) 量取丙烯酸丁酯　(f) 溶解OP-10　(g) 加入溶解后的OP-10　(h) 加入剩余的丙烯酸丁酯

(i) 称取十二烷基硫酸钠　(j) 加入反应釜　(k) 称取碳酸氢钠　(l) 加入反应釜

(m) 量取EGDMA　(n) 注入反应釜　(o) 量取ALMA　(p) 注入反应釜

图 5.78　试剂称取

② 搭建装置：连接氮气导管，反应釜接口加装冷凝器、插入温度计、塞上玻璃堵头，打开搅拌电机，设置搅拌转速为 400r/min，打开氮气阀门置换釜内空气，然后关闭氮气阀门（图 5.79）。

③ 反应过程：使用循环水浴将反应釜加热至 70℃（釜内温度）。在室温下进行预乳化，持续 15min。随后，称取 0.48g 经过重结晶的过硫酸钾（KPS），用 8mL 去离子水溶解后，将其加入反应釜中。保持搅拌转速为 400r/min，在 70℃下反应 1h。接着，量取 26mL 甲基丙烯酸甲酯（MMA），以约 1 滴每秒的速度缓慢滴加至反应釜中。滴加完毕后，将温度升高至 80℃，并补加 0.2g 过硫酸钾（可用 5mL 去离子水溶解）。最后，在保持搅拌转速 400r/min 的条件下，继续反应 1h（图 5.80）。

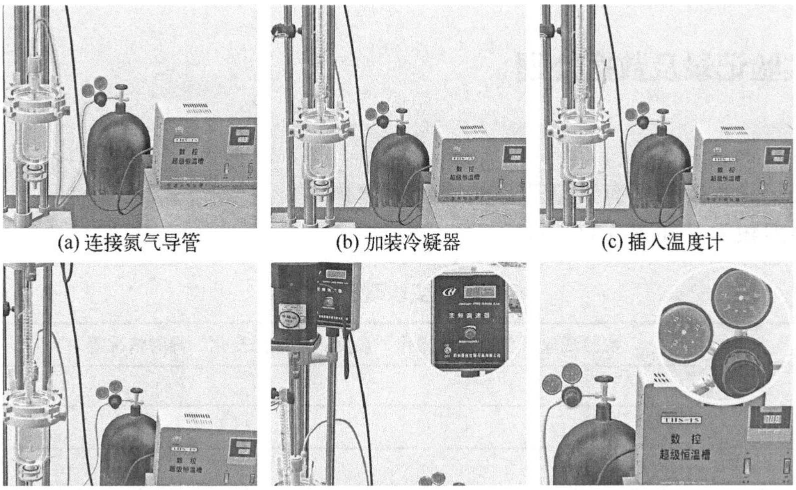

(a) 连接氮气导管　(b) 加装冷凝器　(c) 插入温度计

(d) 堵头塞住加料口　(e) 打开搅拌电机　(f) 打开氮气阀

图 5.79　装置搭建

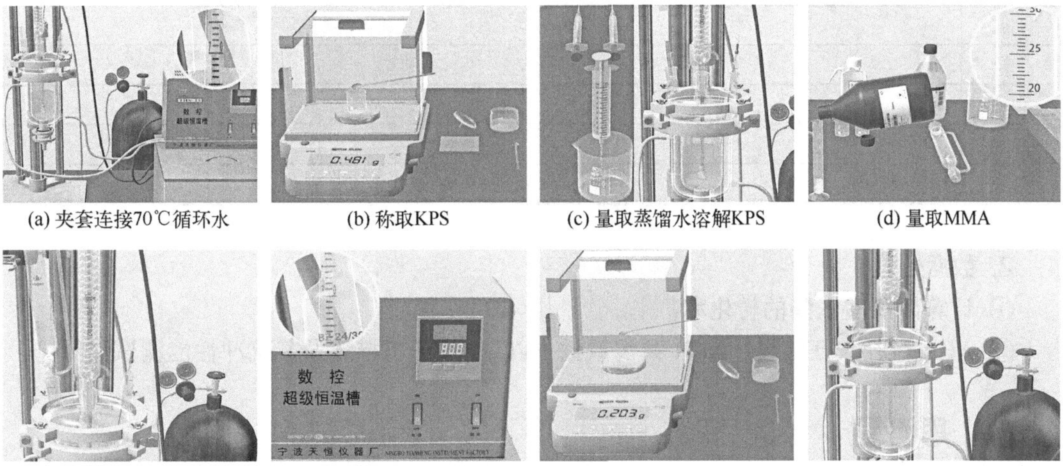

(a) 夹套连接70℃循环水　(b) 称取KPS　(c) 量取蒸馏水溶解KPS　(d) 量取MMA

(e) 缓慢滴加MMA　(f) 反应釜升温至80℃　(g) 再次称取KPS　(h) 将KPS加入反应釜中

图 5.80　反应过程

④ 反应结束：待反应结束后，将反应釜夹套接入自来水进行冷却，使温度降至 40～50℃。随后，量取约 300mL 的乙醇，并接取 100mL 反应釜中的冷却 ACR 乳液。向乙醇和 ACR 混合液中加入少量氯化钠进行盐析，ACR 将逐渐沉淀析出。最后，关闭恒温槽和自来水，拆卸并清洗玻璃仪器（图 5.81）。

(a) 夹套接自来水冷却　(b) 量取乙醇　(c) 打开反应釜出料口　(d) 向乙醇和ACR混合液中加入氯化钠

图 5.81　反应结束取出产物

七、实验记录及数据处理

1. 实验记录

① 详细记录称取的所有试剂药品的质量或体积。

② 实验现象记录在表 5.16 中。

表 5.16　实验现象记录表

时间	实验现象（包括实验操作、温度、溶液的变化、异常情况等）
0:00	
…	
…	
…	

2. 数据处理

① 计算丙烯酸丁酯的转化率；

② ACR 粒径表征结果、ACR 共混改性 PVC 样品形态描述及其抗冲性能测试结果。

八、思考题

① 对实验结果进行讨论，分析可能造成误差的原因。

② 为什么要对单体进行精制？为什么要在低温下精制引发剂？

③ 什么是乳液聚合？比较乳液聚合和本体聚合的优劣。

④ 简述乳化剂的种类及其特点。

⑤ 反应体系中加入少量碳酸氢钠的作用是什么？

⑥ 比较共混改性与原位改性的特点。

九、课题探究

聚氯乙烯（polyvinyl chloride，简称 PVC）作为当今世界上最重要的通用塑料品种之一，其生产工艺涵盖了从单体合成到聚合反应的完整流程。这一过程不仅涉及复杂的化学反应，还包括多种单元操作，是一个典型的“三传一反”（传质、传热、动量传递及反应工程）过程。随着现代工业技术的不断进步，PVC 生产过程中的多项技术革新显著提升了生产效率和产品质量。然而，在追求提高人类生活水平的同时，我们也必须正确处理其与环境保护之间的辩证关系，确保可持续发展。

近年来，PVC 生产工艺中的技术革新主要集中在以下几个方面：一是采用先进的自动化控制系统，提高了生产过程的稳定性和可控性；二是引入绿色化学工艺，减少有害副产物的生成；三是通过优化反应器设计，提升传质和传热效率，降低能耗。这些技术革新不仅提高了 PVC 的生产效率，还显著减少了对环境的影响。

然而，PVC 生产过程中仍面临一些环境挑战，特别是氯乙烯单体的毒性和生产过程中可能产生的二噁英等有害物质。因此，现代 PVC 工业在追求经济效益的同时，必须严格遵守环保法规，采用清洁生产技术，减少污染物排放。此外，PVC 废弃物的回收和再利用也是当前研究的热点，通过开发高效的回收技术，可以有效减少 PVC 对环境的长期影响。总之，PVC 作为一种重要的通用塑料，其生产工艺的不断优化和技术革新，不仅提升了人类的生活质量，也为环境保护提供了新的解决方案。未来，随着科技的进步和环保意识的增强，PVC 工业将继续朝着更加绿色、高效的方向发展。

基于当今聚氯乙烯工业生产过程所采用的多项技术革新，探究如何正确处理提高人类生活水平与保护人类生存环境的辩证关系。

实验十六　微反应器中气液两相流动特性研究

一、实验背景

微化工技术兴起于 20 世纪 80 年代，作为化工领域的一项革命性创新，为传统化工技术中存在的设备投资大、效率低以及安全性差等问题提供了全新的解决方案。传统化工技术在大规模生产中往往面临反应器体积庞大、传质传热效率低下、反应过程难以精确控制等挑战，而微化工技术则通过其独特的小尺寸、大比表面积和高度可控的流动过程，显著提升了反应效率和安全性[27]。

微化工技术的核心优势在于其微尺度下的流体行为与宏观尺度下的显著差异。在微尺度下，流体的层流特性占主导地位，传质和传热过程更加高效，反应物在微通道中的混合和反应更加均匀，从而大大提高了反应的选择性和产率。此外，微化工设备的小尺寸还使得反应过程中的热量和质量传递更加迅速，减少了副反应的发生，进一步提升了反应的安全性。

与传统化工设备相比，微化工设备的放大过程也表现出显著的优势。传统化工设备在放大过程中常常面临“放大效应”的困扰，即随着设备尺寸的增大，反应器内的流体动力学、传质传热等行为会发生显著变化，导致反应效率下降或反应条件难以控制。而微化工技术通过增加微化工设备的数量来实现生产规模的扩大，避免了传统放大过程中的复杂问题。这种“数增放大”策略不仅简化了从小试到中试再到工业生产的过渡过程，还大大缩短了技术开发的时间，为化工生产的技术放大路线提供了新的思路。

此外，微化工技术在绿色化工和可持续发展方面也具有广阔的应用前景。由于其高效和低能耗的特点，微化工技术能够显著减少化工生产中的废物排放和能源消耗，符合当前全球对绿色化工和可持续发展的需求。随着微制造技术和材料科学的不断进步，微化工设备的制造成本也在逐步降低，进一步推动了其在工业生产中的广泛应用。

微化工技术凭借其独特的优势和广阔的应用前景，正在成为现代化工领域的重要发展方向。通过不断的技术创新和应用探索，微化工技术有望在未来为化工行业带来更多的突破和变革。

二、实验目的

① 掌握微反应器中压降的实验测量及数据处理方法，了解微反应器中典型的气液两相流型，掌握微反应器中气液两相流型的测量及数据处理方法。

② 掌握微反应器中气泡尺寸的测量方法、弹状流和泡状流流型下气液比表面积的计算方法，考察气液流量比对气液比表面积的影响规律。

③ 与传统管式反应器中气液两相流的压降、流型、气液比表面积进行对比，加深对微反应器特点的理解。

三、实验原理

1. 微反应器中气液两相流动压降

压降是反应器设计和性能评估的关键参数之一。在微反应器中，压降主要由流体流动过程中与器壁摩擦引起的能量耗散所致。这一现象与多种操作条件密切相关，包括流速、流体性质、气液比以及管道尺寸等参数。为了准确预测和评估微反应器中的压降，研究者们提出了多种气-液两相流压降模型，其中最为常用的是均相流模型和分相流模型。

① 均相流模型假设通道内流动的两相流体充分混合，相与相之间不存在滑移速度，从而可以将两相视为单一相。基于这一假设，通道内流体流动产生的压降Δp可以通过以下方程进行计算[28-31]：

$$\Delta p = \lambda_{gl} \frac{L}{d} \times \frac{\rho_{gl} u_{gl}^2}{2} \tag{5.45}$$

式中，λ_{gl}为摩擦系数；L为微通道长度，m；d为微通道内径，m；ρ_{gl}为气-液两相流的密度，kg/m^3；u_{gl}为气-液两相流的流速，m/s。

$$u_{gl} = \frac{4(Q_g + Q_l)}{\pi d^2} \tag{5.46}$$

$$\rho_{gl} = x_l \rho_l + (1 - x_l)\rho_g \tag{5.47}$$

$$x_l = \frac{Q_l}{Q_g + Q_l} \tag{5.48}$$

式中，Q_g为气相体积流量，m^3/s；Q_l为液相体积流量，m^3/s；ρ_g为气相密度，kg/m^3；ρ_l为液相密度，kg/m^3；x_l为液相体积分率。

微通道内气-液两相流的雷诺数都比较小，流动属于层流，则有：

$$\lambda = \frac{64}{Re_{gl}} = \frac{64\mu_{gl}}{\rho_{gl} u_{gl} d} \tag{5.49}$$

式中，Re_{gl}为雷诺数，无量纲；μ_{gl}为气液两相混合动力黏度，Pa • s。

两相流体的混合黏度μ_{gl}可用不同的均相流模型进行计算。

Dukler 关联式：

$$\mu_{gl} = \rho_{gl}\left[\frac{x_l\mu_l}{\rho_l} + \frac{(1-x_l)\mu_g}{\rho_g}\right] \tag{5.50}$$

McAdams 关联式：

$$\mu_{gl} = \left(\frac{x_l}{\mu_l} + \frac{1-x_l}{\mu_g}\right)^{-1} \tag{5.51}$$

Cicchitti 关联式：

$$\mu_{gl} = x_l\mu_l + (1-x_l)\mu_g \tag{5.52}$$

式中，μ_g为气相动力黏度，Pa·s；μ_l为液相动力黏度，Pa·s。

② 分相流模型把两相流看作两个单相流，各自分开流动，两相之间无相互作用，但是有速度差。先把两相分别按单相流处理，根据各自所占截面计算平均速度和压降，再考虑相间作用计算压降。L-M 关联式是人们在研究宏观尺度下的两相流压降问题时常用的分相流模型，定义式如下[29]：

$$X^2 = \frac{\left(\frac{\Delta p}{\Delta L}\right)_l}{\left(\frac{\Delta p}{\Delta L}\right)_g} \tag{5.53}$$

$$\Phi_l^2 = \frac{\left(\frac{\Delta p}{\Delta L}\right)_{gl}}{\left(\frac{\Delta p}{\Delta L}\right)_l} \tag{5.54}$$

式中，$\left(\frac{\Delta p}{\Delta L}\right)_l$、$\left(\frac{\Delta p}{\Delta L}\right)_g$、$\left(\frac{\Delta p}{\Delta L}\right)_{gl}$分别表示管道完全充满液体时单位长度上液相流动压降、管道完全充满气体时单位长度上气相流动压降、单位长度上两相流动压降。

$\left(\frac{\Delta p}{\Delta L}\right)_l$、$\left(\frac{\Delta p}{\Delta L}\right)_g$使用单相流压降公式［式（5.55）、式（5.56）］计算得到，$\left(\frac{\Delta p}{\Delta L}\right)_{gl}$由实验测得。

$$\left(\frac{\Delta p}{\Delta L}\right)_l = \frac{\lambda\rho_l u_l^2}{2d} \tag{5.55}$$

$$\left(\frac{\Delta p}{\Delta L}\right)_g = \frac{\lambda_g\rho_g u_g^2}{2d} \tag{5.56}$$

参数 Φ_l和 X之间满足如下的关系式[29]：

$$\Phi_l^2 = 1 + \frac{C}{X} + \frac{1}{X^2} \tag{5.57}$$

式中，C 是 Tabular 常数，取决于气液流动状态，其取值如表 5.17 所示。

表 5.17　Tabular 常数的取值

气相流动状态	液相流动状态	C 值
层流	层流	5

续表

气相流动状态	液相流动状态	C 值
层流	湍流	10
湍流	层流	12
湍流	湍流	20

在本实验中，采用压差传感器测量微反应器入口和出口处的压降，采用流量计测量气液两相流量。通过式（5.53）和式（5.57）求得 X 和 Φ_l 值，结合式（5.54）计算微反应器中气液两相流压降，并与实测值进行对比。也可根据式（5.45）计算微反应器中气液两相流的摩擦系数。

2. 微反应器中气液两相流型及典型流型下气液比表面积计算

流型是气-液两相流最重要的性质之一，不同流型下气-液两相流的压降、传质、传热以及反应特性都有较大差异。管式微通道内气-液两相流的流型一般可分为泡状流、弹状流、弹状-环状流、搅拌流、环状流等典型流型[31]。

以气速、液速为横纵坐标绘制的具有圆形截面和半三角形截面的微通道内流型分布如图 5.82 所示[32]，可以清楚地显示不同流型对应的操作条件。

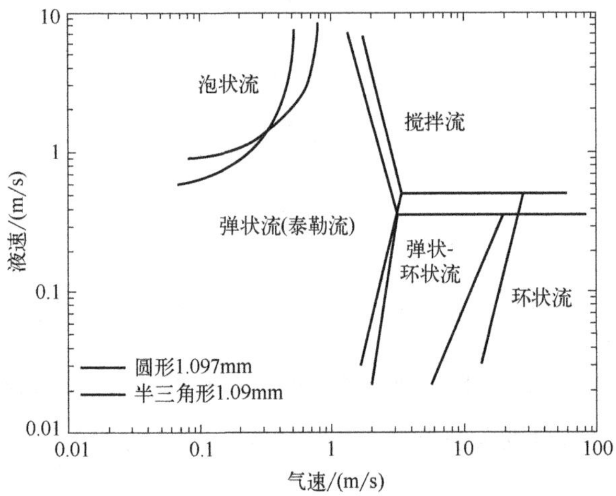

图 5.82 圆形截面和半三角形截面微通道内流型分布图

但是，这种流型图只适用于特定的流动体系和通道结构，普适性不强。如将其转换成无量纲数，例如分别以气相韦伯数和液相韦伯数为横纵坐标所绘制的流型图适用范围更广。

在诸多气液流型中，弹状流是一种适用于气液反应过程强化的理想流型，其基本特征是：气体为分散相以气泡形式存在，且气泡长度大于通道宽度；液相为连续相以液弹形式存在，相邻液弹通过液膜连接；气泡和液弹交替出现，液弹内存在内循环促进径向混合，如图 5.83 所示[29]。

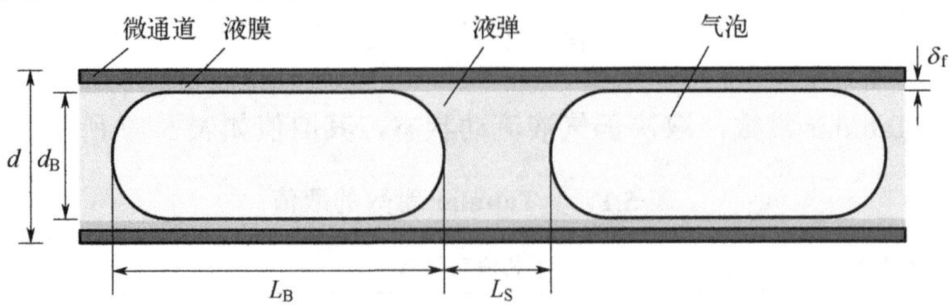

图 5.83 液体弹状流示意图

在某些实验条件下，也会出现气体为连续相以气弹形式存在，相邻气弹通过气膜连接；液柱和气弹交替出现的弹状流，如图 5.84 所示[29]。

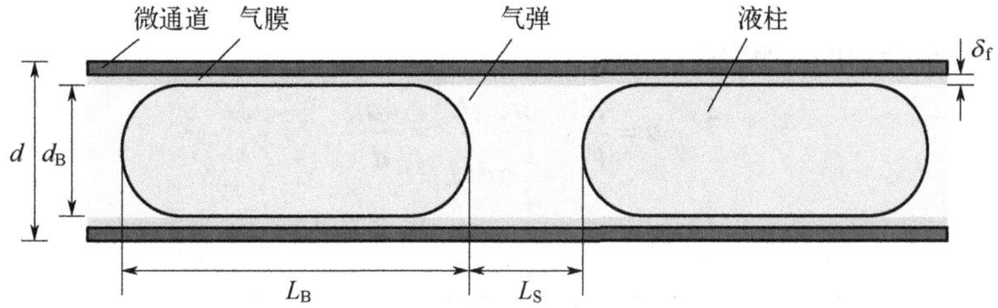

图 5.84　气体弹状流示意图

对于弹状流可以做以下假设：a. 每个流速条件下气泡长度均一，液柱长度均一；b. 气泡的前后端均是半球形，气泡主体为圆柱体。由于气泡和液弹周期性交替出现，因此可以取一个气泡和一个液弹组成的单元进行计算，其中气液比表面积 a_{gl} 的计算如式 5.58 所示[29]。

$$a_{gl}=\frac{S}{V}=\frac{\pi d_B^2+\pi d_B(L_B-d_B)}{\frac{1}{4}\pi d^2(L_B+L_S)}=\frac{d_B L_B}{\frac{1}{4}d^2(L_B+L_S)} \tag{5.58}$$

$$d=d_B+2\delta_f \tag{5.59}$$

式中，a_{gl} 为气液比表面积，m^2/m^3；S 为气泡表面积，m^2；V 为液体体积，m^3；δ_f 为液膜厚度，mm；L_B 为气泡长度，mm；L_S 为相邻气泡间距，mm；d_B 为气泡宽度，mm。

由以上两式可以得到：

$$a_{gl}=\frac{\left(4-8\frac{\delta_f}{d}\right)\frac{L_B}{d}}{L_B+L_S} \tag{5.60}$$

由于气泡和通道壁面之间的液膜很薄，直接从相机拍摄的照片中测量其厚度误差较大，可通过物料衡算估算液膜厚度。考虑到壁面附近液膜厚度较小、壁面对液膜有黏性曳力且液膜内液速很小，可以假设气泡与壁面之间的液膜是停滞的，液弹与壁面之间也有一层停滞的液膜且两处液膜厚度相同，根据物料衡算可得：

$$(u_l+u_g)A=u_B A_B=u_S A_B \tag{5.61}$$

式中，A 为微通道反应器横截面积，m^2；A_B 为气泡主体的横截面积，m^2；u_l 为表观液相流速，m/s；u_g 为表观气相流速，m/s；u_B 为气泡速度，m/s；u_S 为液弹速度，m/s。

每个流速条件下，随机选择 10 个气泡和液柱进行测量并取其平均值。根据连续两张图像中气泡移动距离和高速摄像机或手机的拍摄频率，计算气泡的移动速度 u_B。在弹状流中，由于气泡和通道内壁之间存在液膜，因此气泡的运动速度略高于两相表观流速之和，即

$$u_B=\eta(u_l+u_g) \tag{5.62}$$

由式（5.61）和式（5.62）可得：

$$\frac{\delta_f}{d}=\frac{1}{2}\left(1-\sqrt{\frac{A_B}{A}}\right)=\frac{1}{2}\left(1-\sqrt{\frac{u_l+u_g}{u_B}}\right)=\frac{1}{2}\left(1-\sqrt{\frac{1}{\eta}}\right) \tag{5.63}$$

将式（5.63）代入式（5.60）可得：

$$a_{gl}=\frac{4\sqrt{\frac{1}{\eta}\times\frac{L_B}{d}}}{L_B+L_S} \quad (5.64)$$

对于如图 5.85 所示的环状流[29]，有

$$a=\frac{S}{V}=\frac{\pi d_G L}{\frac{1}{4}\pi d^2 L}=\frac{4d_G}{d^2} \quad (5.65)$$

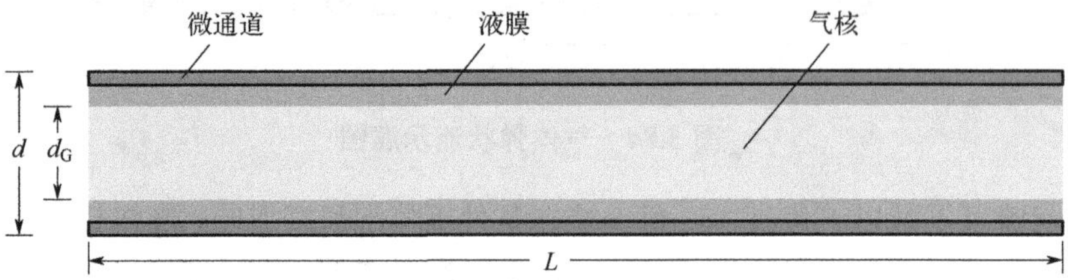

图 5.85　环状流示意图

鉴于微反应器中气体运动所引起的密度变化小，可忽略其压缩性，将其作为不可压缩流体来处理，则有

$$\frac{Q_G}{Q_G+Q_L}=\frac{A_G L}{AL}=\frac{d_G^2}{d^2} \quad (5.66)$$

式中，A 和 A_G 分别是微通道的横截面积和气核的横截面积，m^2。

由式（5.63）和式（5.66）得：

$$a=\frac{4}{d}\sqrt{\frac{Q_G}{Q_G+Q_L}} \quad (5.67)$$

对于如图 5.86 所示的管式微反应器中泡状流，假设气泡是球形，其直径为 d_{di}，通过统计单位体积液体内气泡的直径和数量，可根据式（5.68）计算气液比表面积。

$$a=\frac{\sum_{i=1}^{n}\pi d_{di}^2}{V_1-\sum_{i=1}^{n}\frac{1}{6}\pi d_{di}^3} \quad (5.68)$$

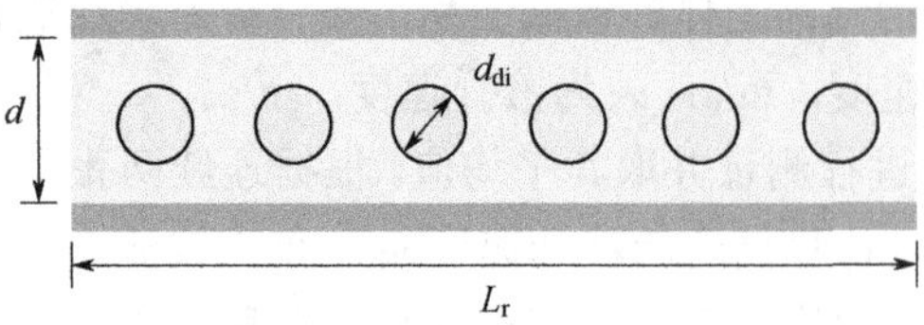

图 5.86　管式微反应器中泡状流示意图

式中，n 为气泡数量，V_1 是液体体积，可根据管道内径和长度计算。

对于心形微反应器可采用类似方法计算气液相比表面积，需要考虑的是心形通道内气泡为球形的假设是否成立。如气泡直径大于心形通道高度，则气泡会变形，此时需对气泡比表面积计算公式进行修正。

四、实验试剂和仪器

1. 实验试剂

水、无水乙醇、色素、氮气或空气。

2. 实验仪器

本实验所采用的实验装置包括心形微反应器模组、管式微反应器模组、进料系统、控制器、数据记录与存储系统、加热冷却恒温系统等。其中，管式微反应器模组和心形微反应器模组可以相互替换。心形微反应器模组外设夹套，可通过加热冷却恒温系统提供的换热介质进行温度控制。以管式微反应器模组为例，其气液两相流动特性测量实验流程如图 5.87 所示，主要由液体储罐、液体进料泵、液体流量计、气体钢瓶、减压阀、气体流量计、混合器、管式微反应器模组、收集罐以及压力表、高速摄像机或手机、冷光源等组成。微通道反应器采用玻璃、聚氯乙烯、聚四氟乙烯等材料制成，具有透明可视的特性，通道截面为圆形或矩形，其直径和长度可根据实验需求进行选择。

在实验过程中，为了更好地拍摄流型，可在水中加入不同颜色的水溶性食用色素进行染色。为了减少物料消耗，如图 5.87 所示，微反应器的出料不进入收集罐，而是沿液体循环流程返回液体储罐，经气液分离后，液体可循环使用。在进行液相循环操作时，液体储罐兼具气液分离的作用。实验结束后，首先将液体循环流程切换至管路清洗流程，将微反应器出口管路连接至收集罐。接着将液体储罐中的液体倒入废液桶，清洗干净后装入一定量的去离子水或无水乙醇，连接管路，启动泵，将系统中残留的液体全部置换干净。

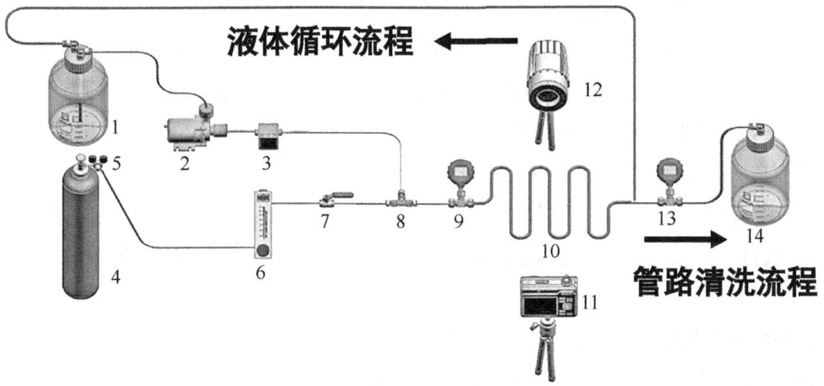

图 5.87　管式微反应器内气液两相流动特性测量流程示意图

1—液体储罐；2—液体进料泵；3—液体流量计；4—气体钢瓶；5—减压阀；6—气体流量计；7—气体阀门；8—混合器；9—进口压力表；10—微反应器模组；11—高速摄像机或手机；12—冷光源；13—出口压力表；14—收集罐

五、实验过程

1. 实验方法

来自液体储罐的水首先通过进料泵增压，随后经液体流量计精确计量后进入混合器。同时，来自气体钢瓶的空气或氮气也经过气体流量计计量后进入混合器。气液两相在混合器中充分混合后，进入管式微反应器。在微反应器中，气液两相边流动边混合，最终从出口流入收集罐。在收集罐中，气体和液体进行分离，气体排入大气，废液则集中收集并进行后续处理。

实验过程中，采用高速相机或手机拍摄微反应器内的流型。微反应器放置在载物架台上，一侧放置高速摄像机或手机，另一侧放置冷光源以提供均匀的照明。高速摄像机或手机采集的数据实时传输到电脑中，由专用软件接收并存储在硬盘中，以便后续进行图像和数据处理。

2. 实验步骤

实验启动：首先，依次打开仪器总电源开关、控制系统电源开关和微反应器模组电源开关，随后启动操作软件并将其切换至“运行”模式。将液体流量计出口管路连接至心形微反应器模组的液相入口，并将回流液管路连接至模组的液相出口。同时，将气体钢瓶出口管路连接至心形微反应器的气体入口。准备 600～800mL 的水，注入液体储罐中，注意液面高度不得超过液体回流管路接口。若实验需要，可在液体储罐中加入适量色素（颜色自选），并充分搅拌至混合均匀。完成以上步骤后，检查所有连接处是否密封良好，确保实验准备就绪。

（1）微反应器实验一：心形微反应器流动特性测量

注意：心形微反应器模组测量并记录进出口压力，而不是直接测量压降。

① 心形微反应器单相流动压降测量

a. 将气相流量计处于全关状态，在控制系统界面调节 P1 进料泵开度至 10%或 20%，开启液相流量计阀门，点击 P1 进料泵“开”按钮。

b. 待液体流量、微反应器进出口压力均稳定后，记录进出口压力和液体流量。

c. 从小到大改变液体流量，待液体流量、微反应器进出口压力稳定后，记录不同液速条件下进出口压力和液体流量。

② 心形微反应器气液两相流动压降测量

a. 待单相压降测试完毕后，调节 P1 进料泵开度设定值至 10%；打开气体钢瓶，顺时针缓慢拧紧背压阀至减压器上低压减压表读数约为 0.2MPa。缓慢打开气相流量计阀门，使流量稳定在较小流量，例如 10mL/min。待液体流量、气体流量、微反应器进出口压力均稳定后，记录进出口压力、液体流量、气体流量。

b. 保持液体流量不变，改变气体流量，例如气体流量分别为 20、30、40、50、60mL/min，待液体流量、气体流量、微反应器进出口压力均稳定后，记录不同条件下的进出口压力、液体流量、气体流量。

c. 待两相流动压降测试完毕后，关闭气体钢瓶减压阀和气体流量计，关闭液体进料泵，断开液体储罐至泵进口管路，全开液体进料泵，排空管路中液体。待管路液体排空后关闭液体进料泵，将泵进口管路接回液体储罐。

将管路连接至管式微反应器模组，准备测量 1/4 英寸管式微反应器流动特性。具体步骤为：断开心形微反应器模组进出口管路，转接到管式微反应器模组；断开气瓶连接心形微反应器模组气相快接的管路，转接到管式微反应器模组。

（2）微反应器实验二：1/4 英寸管式微反应器流动特性测量

重复微反应器实验一的操作步骤，测量 1/4 英寸管式微反应器中单相流动压降、气液两相流动压降。

待两相流动压降测试完毕后，打开手机和光源，对准管式微反应器，调节光源和手机参数，直至可以拍摄到清晰的图像，准备测量气液两相流型。

调节气体流量和液体流量，使管式微反应器中分别出现泡状流、弹状流、环状流等不同的流型。待液体流量和气体流量稳定后，拍摄视频并保存，同时记录气体流量和液体流量。建议实验组数不少于 9 组，确保每种流型至少出现 2 次。

完成 1/4 英寸管式微反应器中流动特性测试后，执行液体排空操作。

（3）微反应器实验三：1/8 英寸管式微反应器流动特性测量

断开管式微反应器（1/4 英寸）进出口快接头，向上取出安装有管式微反应器（1/4 英寸）

的有机玻璃板；插入安装有管式微反应器（1/8 英寸）的有机玻璃板，并连接进出口管路。

重复微反应器实验二的实验操作步骤，测量 1/8 英寸管式微反应器中单相流动压降、气液两相流动压降和气液两相流型。

（4）装置清洗和关机

① 实验结束后的初步处理：关闭气体钢瓶减压阀和气体流量计，关闭液体进料泵。断开液体储罐至泵进口管路，使其竖直向上。全开液体进料泵，排空管路中液体后，关闭液体进料泵。将泵进口管路接回液体储罐。

② 管式微反应器清洗程序：将储罐内水倒空，加入适量清水。将液体循环流程切换为清洗流程，开启进料泵，对管式微反应器进行清洗。清洗时间约为 5 倍停留时间。关闭进料泵，断开液体储罐和泵之间的管路。全开液体进料泵排空管路，待液体排空后，关闭液体进料泵。

③ 心形微反应器清洗程序：更改管路，将管式微反应器切换为心形微反应器。将储罐内水倒空，加入适量清水。开启进料泵，对心形微反应器进行清洗。清洗时间约为 5 倍停留时间。关闭进料泵，断开液体储罐和泵之间的管路。全开液体进料泵排空管路，待液体排空后，关闭液体进料泵。

④ 无水乙醇清洗程序：将储罐内水倒空，加入适量无水乙醇。开启进料泵，对心形微反应器进行清洗。清洗时间约为 5 倍停留时间。关闭进料泵，断开液体储罐和泵之间的管路。全开液体进料泵排空管路，待液体排空后，关闭液体进料泵。更改管路，将心形微反应器切换为管式微反应器，用无水乙醇清洗管式微反应器。

⑤ 关机与整理：清洗完成后，关闭所有实验仪器的电源。将液体储罐和收集罐中的液体分别倒入废液桶。清洗液体储罐和收集罐，将清洗后的容器放回原位。整理实验台，完成实验。

六、虚拟仿真实验

1. 虚拟仿真实验装置结构认知

结构认知界面见图 5.88。

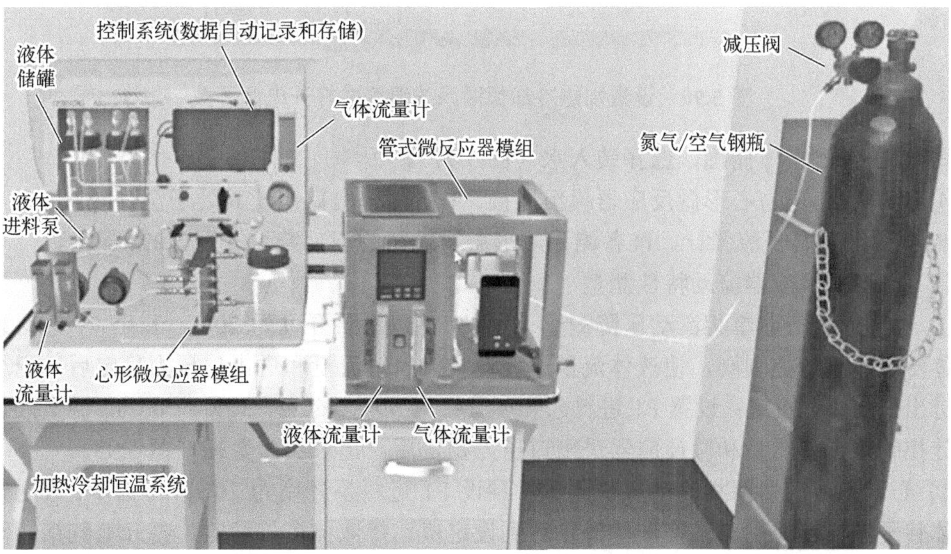

图 5.88　结构认知界面

2. 虚拟仿真实验步骤

（1）实验准备

① 打开仪器总电源开关、微反应器模组电源开关、控制系统电源开关（图 5.89）。

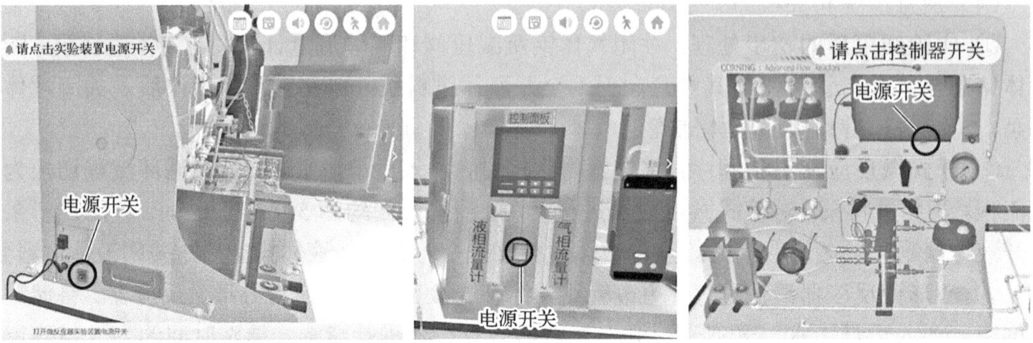

图 5.89　打开电源开关

② 可选步骤：点击加热冷却恒温系统温度预设按钮，设置其温度为 20℃，再打开电源开关（图 5.90）。

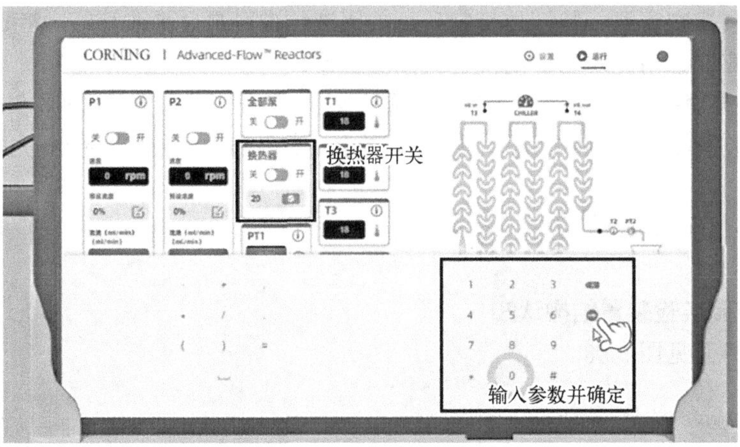

图 5.90　设置加热冷却恒温系统温度并打开电源开关

③ 点击左侧液体储罐，选择装入水（图 5.91）。

④ 此时管路已与心形微反应器模组连接。单击两个出口阀使其处于全开状态，全开连接 P1 进料泵的液体转子流量计，准备测量心形微反应器的流动特性（图 5.92）。

（2）心形微反应器流动特性测量

① 心形微反应器单相流动压降测量　预设 P1 进料泵开度为 20%，开启 P1 进料泵，调节液体转子流量计控制阀，使液体流量达到设定值，待流量和进出口压力稳定后，记录微反应器进出口压力、流量；设置 P1 进料泵开度分别为 40%、60%、80%、100%，调节液体转子流量计控制阀，待流量和微反应器进出口压力稳定后，记录实验数据（图 5.93）。

② 心形微反应器两相流动压降测量　预设 P1 进料泵开度为 20%，开启 P1 进料泵，调节液体转子流量计控制阀，使液体流量达到设定值。待液体流量稳定，打开氮气钢瓶阀门，调节减压阀使压力为 0.2～0.3MPa。保持液体流量不变，调节气体转子流量计控制阀，使气体

流量达到设置值，例如气体流量分别为 20、30、40、50、60mL/min，待液体流量、气体流量、微反应器进出口压力均稳定后，记录不同条件下进出口压力、液体流量、气体流量（图 5.94）。

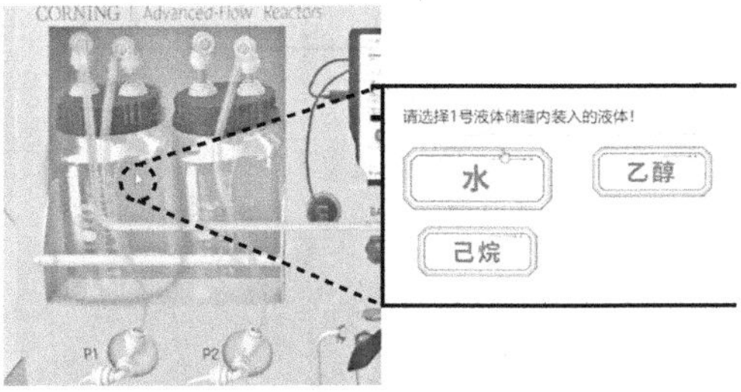

图 5.91　液体储罐加水

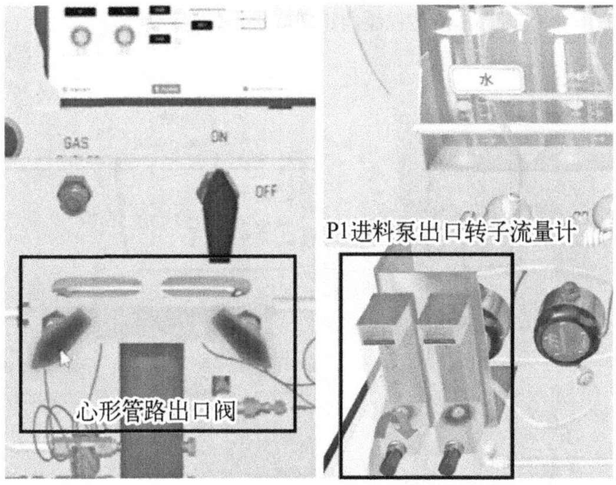

图 5.92　心形微反应器单相流动特性测量前准备操作

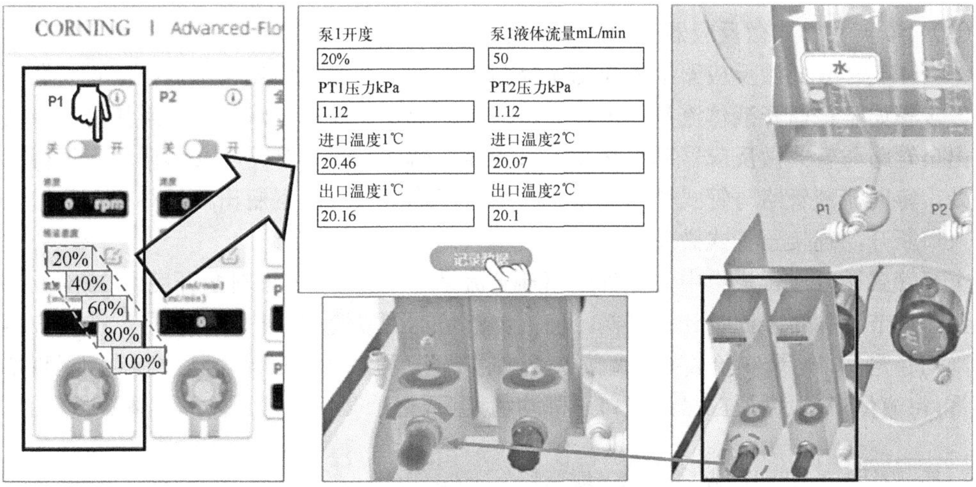

图 5.93　心形微反应器单相流动压降测量

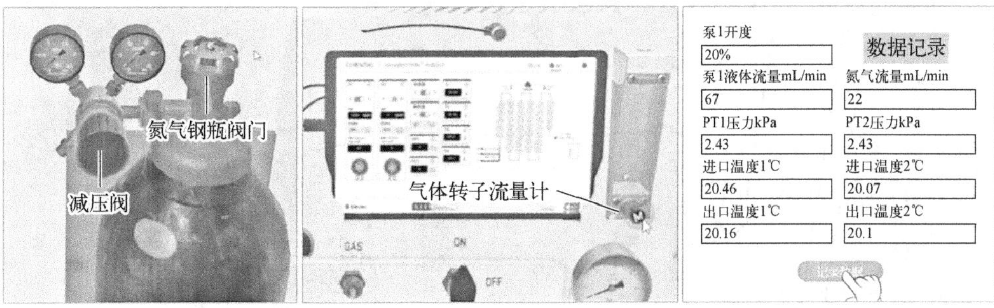

图 5.94　气路启动操作和心形微反应器气液两相流动压降测量

③ 停止实验并执行管路排液操作　心形微反应器两相流动特性实验测试完毕，关闭气体转子流量计，关闭氮气钢瓶阀门。关闭 P1 进料泵，关闭加热冷却恒温系统，执行管路排液

操作：断开液体储罐至泵进口的管路，使其竖直向上通大气；全开液体进料泵 P1，排空管路中液体后，关闭液体进料泵，将泵进口管路接回液体储罐（图 5.95）。

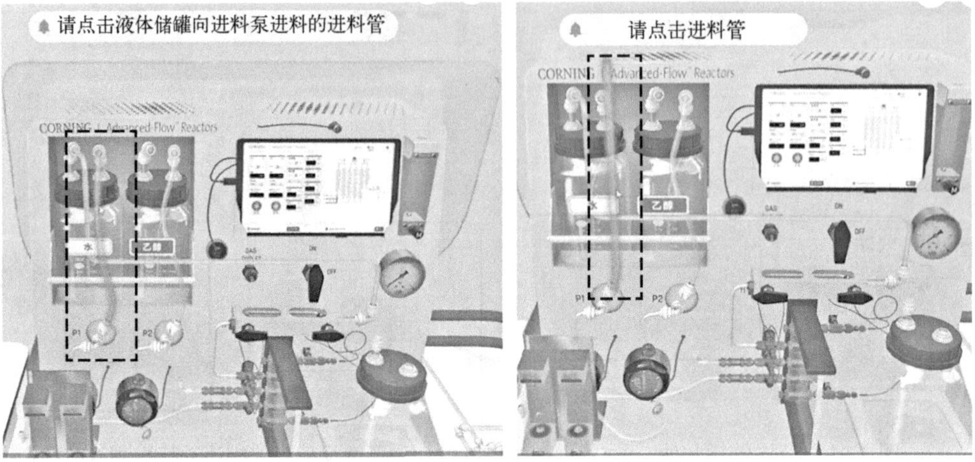

图 5.95　管路排液操作

（3）1/4 英寸管式微反应器流动特性测量

① 1/4 英寸管式微反应器单相流动压降测量　将心形微反应器模组切换至管式微反应器模组，步骤如下：断开液体流量计出口管路与心形微反应器模组液相入口连接处，将液体流量计出口管路与管式微反应器模组液相入口相连；断开回流液管路与心形微反应器模组出口连接处，将回流液管路与管式微反应器模组出口相连；使气体钢瓶出口管路与心形微反应器气体入口断开，连接至管式微反应器模组气相入口。

全开管式微反应器模组中大量程液相转子流量计。预设 P1 进料泵开度为 20%，开启 P1 进料泵，调节液体转子流量计控制阀，使液体流量达到设定值。待液体流量、微反应器进出口压降均稳定后，记录实验数据。调节 P1 进料泵开度和液体转子流量计控制阀，逐步增大液体流量，待液体流量、微反应器进出口压降均稳定后，记录微反应器压降和液体流量（图 5.96）。

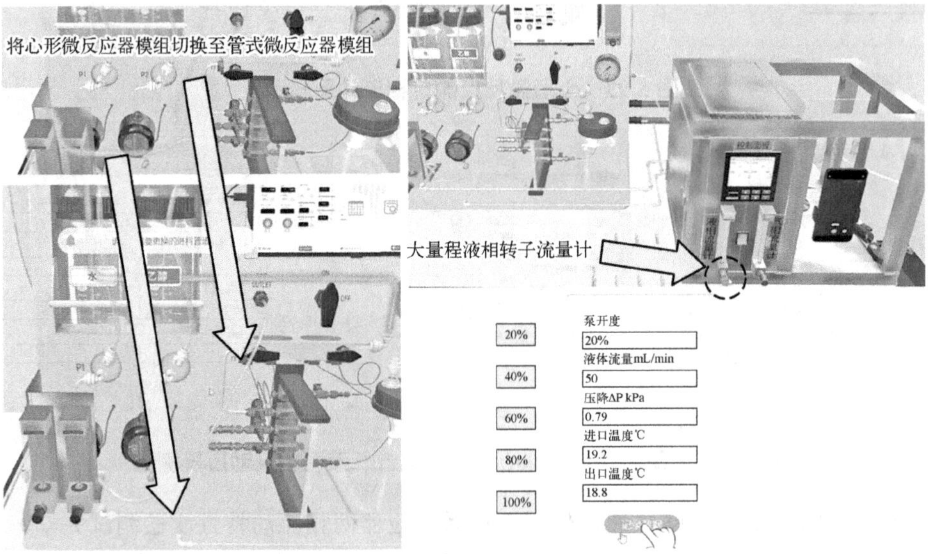

图 5.96　心形微反应器模组切换至管式微反应器模组单相流动压降测量

② 1/4 英寸管式微反应器气液两相流动压降测量　待单相压降测试完毕后，改变 P1 进料泵开度为 30%，调节液体转子流量计控制阀，使液体流量达到设定值。打开氮气钢瓶，全开小量程气体转子流量计控制阀，调节管式微反应器模组中大量程气体转子流量计控制阀，使氮气流量达到设定值 100mL/min。待压降和流量稳定后，记录第 1 组实验数据。调节氮气流量分别为 200、300、400、500mL/min，待压降和流量稳定后，记录实验数据。

设置 P1 进料泵开度为 60%，调节液体转子流量计控制阀，使液体流量达到设定值。改变氮气流量，测量不同条件下 1/4 英寸管式微反应器的气液两相流动压降（图 5.97）。

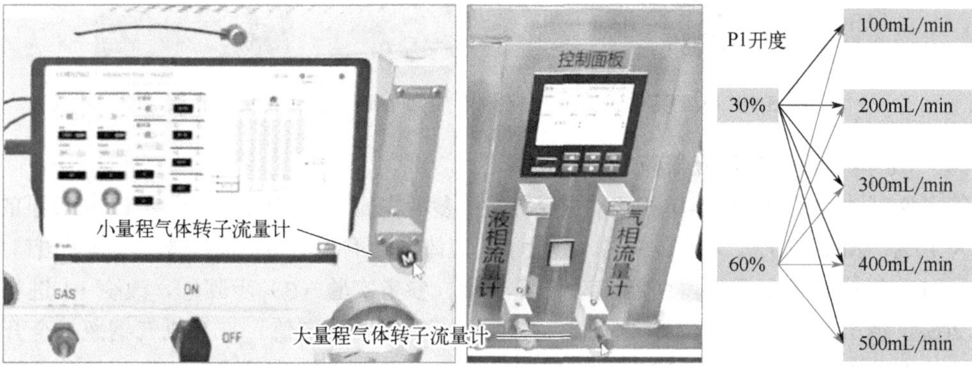

图 5.97　管式微反应器（1/4 英寸）气体流量、液体流量调节与两相流动压降测量

③ 1/4 英寸管式微反应器气液两相流型测量　改变 P1 进料泵开度为 90%，调节大量程液相转子流量计控制阀，使液体流量为 340mL/min。调节小量程气体转子流量计控制阀，使气体流量为 10mL/min。打开手机和光源，对准微反应器，调节光源和手机参数，直至可以拍摄到清晰的图像（泡状流），拍摄视频并保存，同时记录液体流量和气体流量。调节气体流量和液体流量，使管式微反应器中分别出现泡状流、弹状流、环状流等不同的流型；待液体流量和气体流量稳定后，拍摄视频并保存，同时记录气体流量、液体流量（图 5.98）。

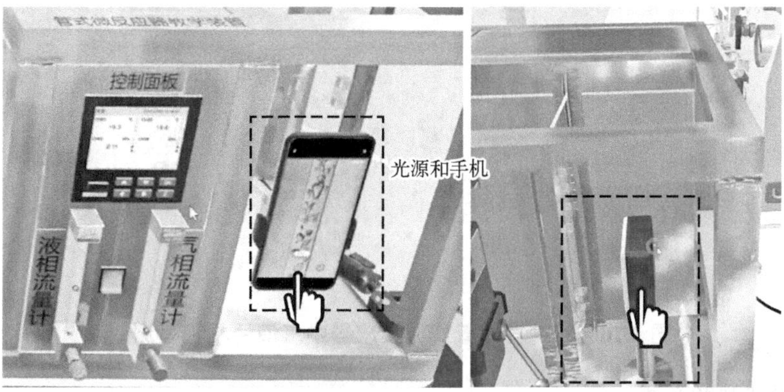

图 5.98　管式微反应器（1/4 英寸）两相流型测量

待 1/4 英寸管式微反应器中气液两相流型测试完毕后，关闭管式微反应器模组中气体转子流量计控制阀，关闭液体进料泵，参考图 5.95 执行管路液体排空操作。

待液体排空后，将 1/4 英寸管式微反应器更换为 1/8 英寸管式微反应器，步骤为：断开管式微反应器（1/4 英寸）进出口快接头，向上取出安装有管式微反应器（1/4 英寸）的有机玻璃板；插入安装有管式微反应器（1/8 英寸）的有机玻璃板，并连接进出口管路（图 5.99）。

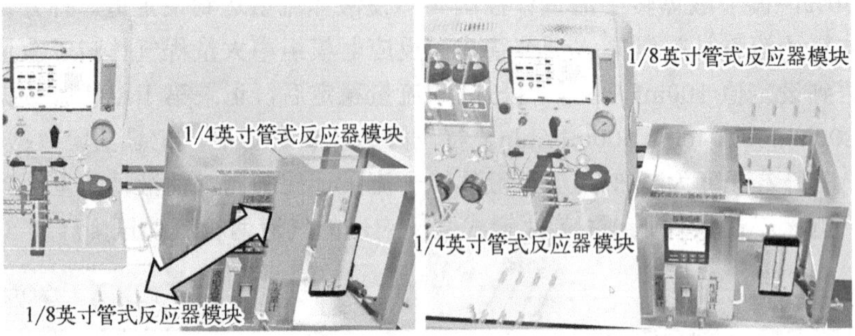

图 5.99　1/4 英寸管式微反应器更换为 1/8 英寸管式微反应器

（4）1/8 英寸管式微反应器流动特性测量

① 1/8 英寸管式微反应器单相流动压降测量　参考实验（3）步骤①，设置 P1 进料泵的开度分别为 10%、20%、30%、40%、50%，测量不同液体流量下 1/8 英寸管式微反应器进出口压降。

② 1/8 英寸管式微反应器两相流动压降测量　参考实验（3）步骤②，改变 P1 进料泵开度为 20%，调节液体转子流量计控制阀，使液体流量达到设定值。打开氮气钢瓶，全开管式微反应器上的大量程气体转子流量计控制阀。调节小量程气体转子流量计控制阀，使氮气流量达到设定值 10mL/min。待压降和流量稳定后，记录第 1 组实验数据。随后改变气体流量，测量不同条件下气液两相流动压降。

③ 1/8 英寸管式微反应器两相流型测量　参考实验（3）步骤③，改变气体流量和液体流量，使 1/8 英寸管式微反应器中分别出现泡状流、弹状流、环状流等不同流型。待液体流量和气体流量稳定后，拍摄视频并保存，同时记录气体流量、液体流量（图 5.100）。

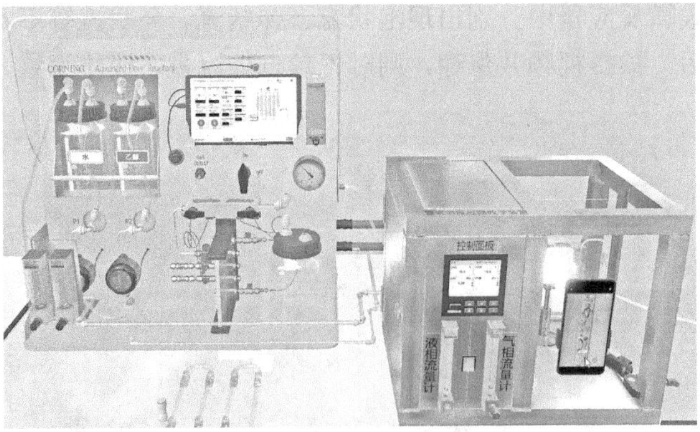

图 5.100　1/8 英寸管式微反应器中气液两相流型测量

（5）装置清洗和关机

待实验全部完成后，关闭管式微反应器模组的气体转子流量计控制阀，关闭 P1 进料泵。执行管路排液操作。关闭氮气钢瓶，关闭两个气体转子流量计控制阀。

将储罐内水倒空，先加入一定量的清水，液体循环流程切换为清洗流程，开启进料泵，对微反应器进行清洗；计时，在约 5 倍停留时间后，关闭进料泵；断开液体储罐与液体进料泵之间的管路，全开液体进料泵排空管路，待管路液体排空后，关闭液体进料泵。再加入一定量的乙醇，对微反应器进行清洗；计时，在约 5 倍停留时间后，关闭进料泵；断开液体储罐与液体进料泵之间的管路，全开液体进料泵排空管路，待管路液体排空后，关闭液体进料泵（图 5.101）。

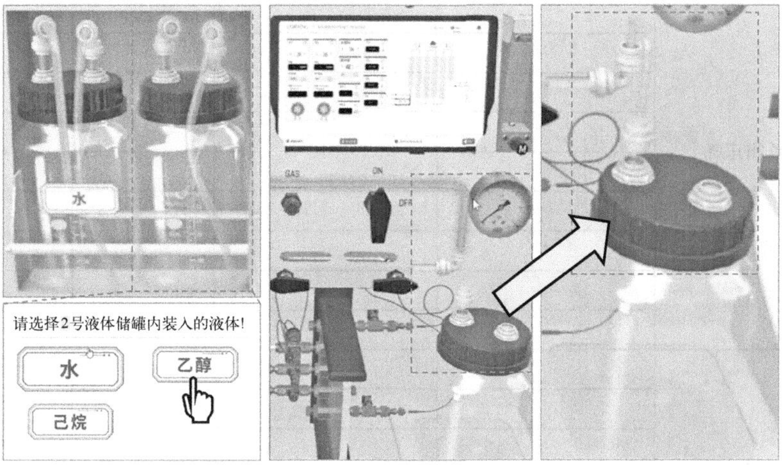

图 5.101　液体循环流程切换为清洗流程并执行微反应器清洗操作

单击两个液体储罐，将液体进料罐和收集罐中液体分别倒入废液桶后清洗干净，再放回原位（图 5.102）。

单击关闭仪器总电源开关、微反应器模组电源开关、控制系统电源开关，整理实验台，实验结束。

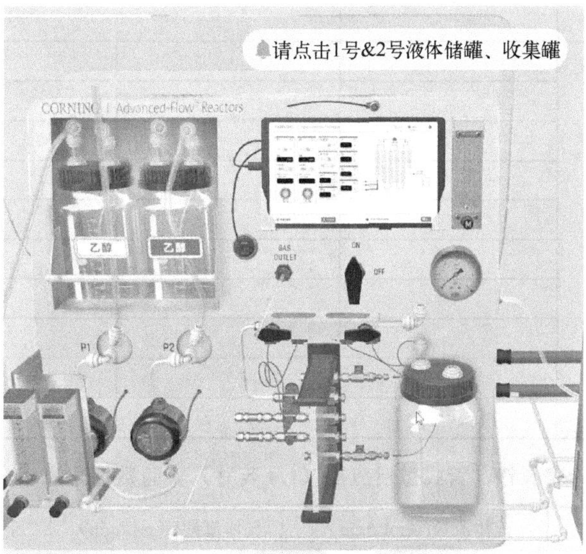

图 5.102　液体进料罐和收集罐清洗

七、实验记录及数据处理

1. 实验记录

实验数据分别记录在表 5.18～表 5.20 中。

表 5.18 心形微反应器实验数据记录表

序号	实验类别	液体流量/（mL/min）	气体流量/（mL/min）	进口压力/kPa	出口压力/kPa	流型
1	单相压降					
2						
3						
4						
5						
6						
7						
8						
9						
10						
11	两相压降					
12						
13						
14						
15						
16						
17						
18						
19						
20						
21	两相流型					
22						
23						
24						
25						
26						
27						
28						
29						
30						

表 5.19 管式微反应器（1/4 英寸）实验数据记录表

序号	实验类别	液体流量/（mL/min）	气体流量/（mL/min）	压降Δp/kPa	流型
1	单相压降				
2					
3					
4					
5					
6					

续表

序号	实验类别	液体流量/（mL/min）	气体流量/（mL/min）	压降Δp/kPa	流型
7	单相压降				
8					
9					
10					
11	两相压降				
12					
13					
14					
15					
16					
17					
18					
19					
20					
21	两相流型				
22					
23					
24					
25					
26					
27					
28					
29					
30					

表 5.20　管式微反应器（1/8 英寸）实验数据记录表

序号	实验类别	液体流量/（mL/min）	气体流量/（mL/min）	压降Δp/kPa	流型
1	单相压降				
2					
3					
4					
5					
6					
7					
8					
9					
10					
11	两相压降				
12					

续表

序号	实验类别	液体流量/（mL/min）	气体流量/（mL/min）	压降Δp/kPa	流型
13	两相压降				
14					
15					
16					
17					
18					
19					
20					
21	两相流型				
22					
23					
24					
25					
26					
27					
28					
29					
30					

2. 数据处理

① 压降测量

• 计算不同操作条件下微反应器内液体流速 u_l、气体流速 u_g、两相流速 u_{gl}，气体雷诺数 Re_g、液体雷诺数 Re_l、两相流体雷诺数 Re_{gl}，气体压降Δp_g、液体压降Δp_l、两相流压降Δp_{gl}，以及分相流模型参数 Φ_l 和 X、两相流摩擦系数 λ_{gl}，填入表 5.21。

• 分别采用单相流模型和分相流模型计算气液两相流压降，并与实验值进行对比，分析其相对偏差大小，讨论偏差产生的原因，并尝试对模型进行修正。

• 以气液两相流压降Δp_{gl}为纵坐标，实际液体流速 u_l 的平方或两相流速 u_{gl} 的平方为横坐标，绘制压降-流速曲线图，并进行分析讨论。

• 以 λ_{gl} 为纵坐标、Re_l 或 Re_{gl} 为横坐标，绘制 λ_{gl}～Re_l 或 λ_{gl}～Re_{gl} 曲线图，并与常规尺寸管道阻力实验数据进行对比分析。

表 5.21　压降实验数据处理

序号	气体流速/（m/s）	液体流速/（m/s）	Re_g	Re_l	气相压降/kPa	液相压降/kPa	Φ_l	X	λ_{gl}	两相压降		
										计算值/kPa	实测值/kPa	相对偏差
1												
2												
3												
4												

续表

序号	气体流速/（m/s）	液体流速/（m/s）	Re_g	Re_l	气相压降/kPa	液相压降/kPa	Φ_l	X	λ_{gl}	两相压降		
										计算值/kPa	实测值/kPa	相对偏差
5												
6												
7												
8												
9												
10												

② 流型测量：分别计算不同操作条件下的表观液速、表观气速、气相韦伯数、液相韦伯数，根据观测得到的气液两相流动特征，结合前面所描述的流型特征判别气液两相流型，填入表 5.22 中。分别绘制以表观液速为纵坐标、表观气速为横坐标的流型图和以气相韦伯数为纵坐标、液相韦伯数为横坐标的流型图。

表 5.22 气液两相流流型检测数据汇总表

序号	液体流量/（m^3/s）	气体流量/（m^3/s）	表观液速/（m/s）	表观气速/（m/s）	气相韦伯数	液相韦伯数	气液两相流型
1							
2							
3							
4							
5							
6							
7							
8							
9							
10							

③ 气液比表面积测量：选取弹状流流型的图像，按照前面所述的方法进行处理，得到如表 5.23 所示的数据，计算气液比表面积。对比分析直接从相机拍摄的照片中测量的液膜厚度与根据物料平衡计算的液膜厚度的相对偏差，并分析其对气液比表面积测量结果的影响。选取泡状流流型的图像，按照前面所述的方法进行处理，得到如表 5.24 所示的数据，计算气液比表面积。

表 5.23 弹状流下气液比表面积测量数据记录表

序号	表观气速 u_G /（m/s）	表观液速 u_L /（m/s）	气泡速度 u_B /（m/s）	$\eta=\frac{u_B}{u_G+u_L}$	气泡长度 L_B/m	液柱长度 L_S/m	通道直径 d/m	气液比表面积 a/（m^2/m^3）
1								
2								

续表

序号	表观气速 u_G /（m/s）	表观液速 u_L /（m/s）	气泡速度 u_B /（m/s）	$\eta = \frac{u_B}{u_G + u_L}$	气泡长度 L_B/m	液柱长度 L_S/m	通道直径 d/m	气液比表面积 a/（m^2/m^3）
3								
4								
5								
6								
7								
8								
9								
10								
平均值								

表 5.24　泡状流下气液比表面积测量数据记录表

序号	气体流量 Q_G /（m^3/s）	液体流量 Q_L /（m^3/s）	液体体积 V_l/m^3	气泡数量/个	气泡表面积/m^2	气液比表面积 a /（m^2/m^3）
1						
2						
3						
4						
5						
6						
7						
8						
9						
10						
平均值						

八、思考题

① 微反应器通道直径变大、长度不变，会对流型和压降产生什么影响？微反应器通道尺寸不变，改变液体物性，例如黏度或密度，会对流型和压降产生什么影响？微反应器截面积不变，改变截面形状，会对流型和压降产生什么影响？

② 微反应器中气-液两相是否存在速度差（滑移速度）？如何估计气-液两相的速度差？气含率对两相滑移速度有何影响？

③ 微反应器中气-液两相流摩擦系数与单相流摩擦系数有何差异？两相流摩擦系数主要受哪些参数的影响？

④ 在相同流型下改变气液流量比，气液比表面积会如何变化？思考二者之间的关联。

九、课题探究

二十一世纪以来，环境恶化和能源枯竭等全球性问题日益凸显，化学工业正面临着前所未有的机遇与挑战。在此背景下，探索新型、高效、绿色的化学反应途径成为学术界和工业界共同关注的焦点。微反应器技术凭借其独特的传质传热特性、精确的反应控制能力以及优异的安全性能，在精细化工、制药、能源等多个领域展现出巨大的应用潜力，被广泛认为是实现绿色化学目标的理想工具之一。然而，该技术在处理复杂反应体系（如高黏度流体或含固体颗粒的反应体系）时仍面临显著的技术瓶颈，这在一定程度上限制了其更广泛的应用。通过整合材料科学、流体力学、表面化学等多学科研究方法，探究微反应器内的传递-反应耦合机制，优化其结构设计与功能材料选择，并讨论其对于拓展微反应器在绿色化学中的应用范围具有的理论意义和实用价值。

参考文献

[1] 成春春，赵启文，张爱华．化工专业实验［M］．北京：化学工业出版社，2021.

[2] 董凯．化工专业实验与实训［M］．北京：化学工业出版社，2020.

[3] 李云雁，胡传荣．试验设计与数据处理［M］．北京：化学工业出版社，2008.

[4] 郭锴，唐小恒，周绪美．化学反应工程［M］．3 版．北京：化学工业出版社，2017.

[5] 陈建峰，陈甘棠，陈丰秋．化学反应工程［M］．5 版．北京：化学工业出版社，2024.

[6] 邹刚，王巧纯，武文俊．精细化工专业实验教程［M］．北京：化学工业出版社，2021.

[7] 赵俭波，吕喜风，张园．精细化工专业实验［M］．北京：化学工业出版社，2021.

[8] 王金玉，刘莹，吴洋．物理化学实验［M］．北京：化学工业出版社，2023.

[9] 顾文秀，高海燕．物理化学实验［M］．北京：化学工业出版社，2019.

[10] 朱明华．仪器分析［M］．4 版．北京：高等教育出版社，2008.

[11] 罗士平．物理化学实验［M］．2 版．北京：化学工业出版社，2010.

[12] 陈新志，蔡振云，钱超，等．化工热力学［M］．5 版．北京：化学工业出版社，2020.

[13] Stephenson R M，Malanowski S．Handbook of the Thermodynamics of Organic Compounds［M］．Amsterdam：Elsevier，1987.

[14] 潘祖仁．高分子化学［M］．6 版．北京：化学工业出版社，2025.

[15] 樊能廷．有机合成事典［M］．北京：北京理工大学出版社，1992.

[16] 吴彩娟，杨亦文，任其龙．间溴硝基苯的制备［J］．中国医药工业杂志，2002，33（4）：160-161.

[17] Harrison J J，Pellegrini J P，Selwitz C M．Bromination of deactivated aromatics using potassium bromate［J］．The Journal of Organic Chemistry，1981，46（10）：2169-2171.

[18] Groweiss A．Use of Sodium Bromate for Aromatic Bromination Research and Development［J］．Organic Process Research and Development，2000，4（1）：30-33.

[19] 胡浩斌，李惠成，武芸．化工专业实验［M］．天津：天津大学出版社，2017.

[20] 董雁春．苯乙烯生产工艺及技术经济分析［J］．石油化工技术与经济，2021，37（5）：10-14.

[21] 黄仲九，单国荣，房鼎业．化学工艺学［M］．3 版．北京：高等教育出版社，2016.

[22] 王耀国，赵绍磊，杨一纯，等．手性药物结晶拆分的研究进展［J］．化工学报，2019，70（10）：3651-3662.

[23] Nguyen L A，He H，Pham-Huy C．Chiral Drugs An Overview［J］．International Journal of Biomedical science，2006，2（2）：85-100.

[24] 刘天天，王爱平，靳洪涛．手性药物研发进展与相关指导原则介绍［J］．药物评价研究，2018，41（12）：2362-2368.

[25] 贾园园．L-苯甘氨酸生物合成工艺的开发及优化［D］．南阳：南阳师范学院，2021.

[26] 高鸿宾，王庆文，高振胜．有机化学［M］．2 版．北京：化学工业出版社，2015.

[27] Pennemann H，Watts P，Haswell S J，et al．Benchmarking of microreactor applications［J］．Organic Process Research & Development，2004，8（3）：422-439.

[28] 王如竹，汪荣顺．低温系统［M］．上海：上海交通大学出版社，2000.

［29］戴莉．微通道内的气液两相流动与传质研究［D］．天津：天津大学，2010．

［30］姚娜．微通道中气液两相的流动与传质［D］．西安：西北大学，2012．

［31］ Triplett K A，Ghiaasiaan S M，Abdel-Khalik S I，et al．Gas-liquid two-phase flow in microchannels Part I：two-phase flow patterns［J］．International Journal of Multiphase Flow，1999，25（3）：377-394．

［32］刘有智．化工过程强化方法与技术［M］．北京：化学工业出版社，2017．